光伏电站技术监督
培训教材

中国电力技术市场协会
国家电力投资集团有限公司　编
电力行业技术监督协作网

内容提要

为了规范和强化光伏电站在规划、设计、建设、运营等全过程的技术监督工作，完善光伏发电企业技术监督体系，提高光伏发电企业技术监督管理工作人员的综合素质，中国电力技术市场协会联合国家电力投资集团有限公司、电力行业技术监督协作网，共同编写了本书。

全书内容分为三篇十五章，第一篇为光伏电站技术监督概述，对光伏电站系统和设备、电力技术监督做了总体介绍；第二篇为光伏电站技术监督专业要求，重点介绍光伏电站包含的八项专业技术监督，从总体要求、各阶段重点要求、相关技术监督试验、典型问题等四个方面进行了详细的阐述，并提出了防止光伏电站设备事故的重点要求；第三篇为光伏电站技术监督先进技术应用，介绍了大数据平台、智能无人机技术等在光伏电站技术监督工作中的应用及前景。

本书可作为光伏发电技术监督和管理工作人员的参考书，也可作为光伏电站技术监督培训用书。

图书在版编目（CIP）数据

光伏电站技术监督培训教材 / 中国电力技术市场协会，国家电力投资集团有限公司，电力行业技术监督协作网编 .— 北京：中国电力出版社，2024.5

ISBN 978-7-5198-8273-0

Ⅰ．①光…　Ⅱ．①中…　②国…　③电…　Ⅲ．①光伏电站—技术监督—技术培训—教材　Ⅳ．① TM615

中国国家版本馆 CIP 数据核字（2023）第 210436 号

出版发行：中国电力出版社
地　　址：北京市东城区北京站西街 19 号（邮政编码 100005）
网　　址：http：//www.cepp.sgcc.com.cn
责任编辑：赵鸣志（010-63412385）
责任校对：黄　蓓　王海南
装帧设计：赵丽媛
责任印制：吴　迪

印　　刷：三河市航远印刷有限公司
版　　次：2024 年 5 月第一版
印　　次：2024 年 5 月北京第一次印刷
开　　本：787 毫米 ×1092 毫米　16 开本
印　　张：14.25
字　　数：310 千字
印　　数：0001—1000 册
定　　价：90.00 元

编写委员会

主　　任　潘跃龙

副 主 任　刘建平　张清川　薛信春

主　　编　左晓文

副 主 编　俞卫新　王劲松

执行主编　申伟伟　王亚顺　许宝霞

审　　核　王劲松　邱佳芝　姚　谦　杨海超　杨　琨　李群波　李秀芬

编写人员　杨建卫　李　玮　曹晟磊　王　尊　黄善永　王靖程　周建中　吴胜峰　刘睿晨　穆啸天　郎巍振

前 言

根据国家能源局统计数据，截至2023年6月，我国非化石能源发电装机容量占比达到50.9%，超过化石能源发电装机容量，这是国家在加快能源转型、实现双碳目标道路上一个重要的里程碑。当前全国光伏发电装机容量已达到4.4亿kW，占全国发电装机容量的16.6%。

“安全第一、预防为主、综合治理”是电力工业生产建设的基本方针。技术监督是保证电力设备安全生产、稳定运行的重要技术手段，是电力企业生产过程中的重要组成部分。光伏电站具有建设周期短、设备布置分散、设备故障频次高等特点，因此开展光伏电站的技术监督尤为重要，数字化、智能化等先进技术监督手段的应用使得光伏技术监督工作日趋精细。为了规范和强化光伏电站在规划、设计、建设、运营等全过程的技术监督工作，完善光伏发电企业技术监督体系，提高光伏发电企业技术监督管理工作人员的综合素质，中国电力技术市场协会组织国家电投技术监督中心、国家电投中电华创电力技术研究有限公司等一批长期从事电力技术监督工作的专家，根据近年来国家、行业和各电力集团公司颁发的现行光伏电力技术监督管理方面的标准、制度和规定，结合电力技术监督的基本程序和现场技术管理经验，共同编写了《光伏电站技术监督培训教材》。

本书根据光伏电站特点，对光伏电站技术监督管理体系、监督与实施内容进行了系统性介绍。全书内容分为三篇十五章，其中第一篇为光伏电站技术监督概述，包括光伏电站简介、光伏电站设备概述、技术监督工作内容、技术监督检查与评估；第二篇为光伏电站技术监督技术要求，包括光伏电站组件及逆变器监督、光伏电站绝缘监督、光伏电站继电保护监督、光伏电站电测监督、光伏电站电能质量监督、光伏电站监控自动化监督、光伏电站能效监督、光伏电站化学及生态环保监督，各专业技术监督都对总体要求、各阶段重点要求、相关技术监督试验、典型问题进行了详细的阐述，并提出了防止光伏电站设备事故的重点要求；第三篇为光伏电站技术监督先进技术应用，包括新能源智慧运维平台应用、智能无人机技术。本书可作为从事光伏发电技术监督和管理工作人员的参考书，也可作为光伏电站技术监督培训用书。

本书由国家电投中电华创电力技术研究有限公司负责组织编写，本书第一篇主要由王亚顺、杨建卫编写，第二篇主要由黄善永、曹晟磊、李玮、王靖程、吴胜峰编写，第三篇主要由王尊、穆啸天、刘睿晨、朗巍振编写。本书在编写过程中，得到了国家电投中电华创电力技术研究有限公司、中国大唐集团科学技术研究总院有限公司、西安热工研究院有限公司、江西大唐国际新余第二发电有限责任公司等单位领导及专家的大力支持与悉心指导，在此表示衷心的感谢！由于编者水平有限，难免存在不妥之处，敬请广大读者批评指正。

编　者

2024 年 4 月

目　录

第二篇　光伏电站技术监督专业要求

第三篇　光伏电站技术监督先进技术应用

第一篇

光伏电站技术监督概述

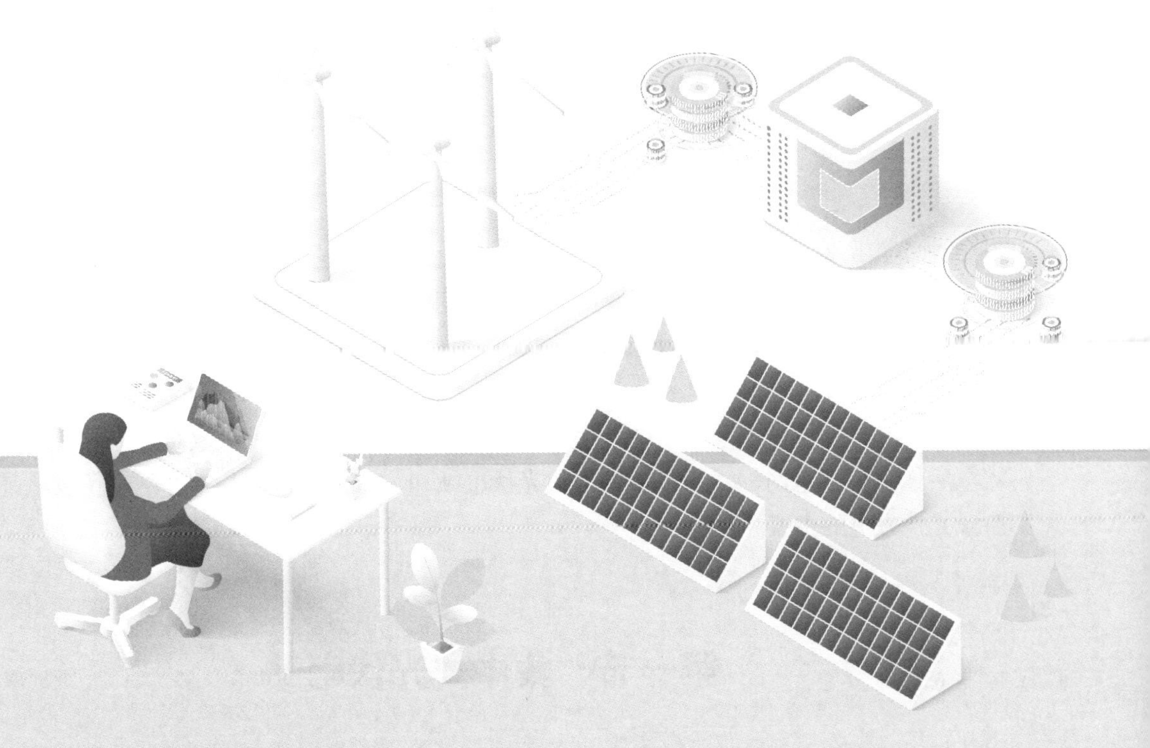

第一章

光伏电站简介

光伏发电分为独立光伏发电和并网光伏发电，如图 1-1 所示。

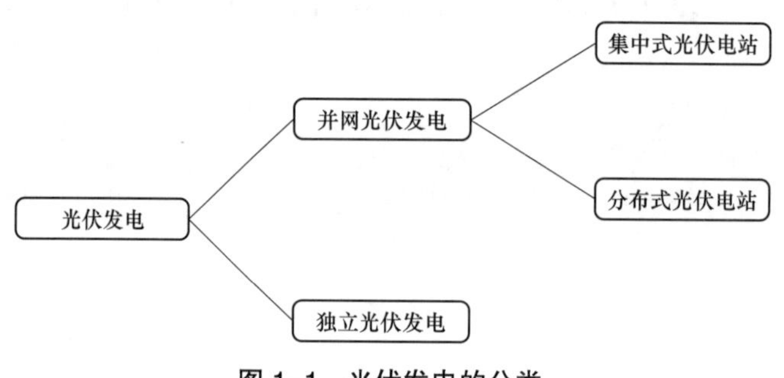

图 1-1 光伏发电的分类

独立光伏发电也称为离网光伏发电，主要由太阳能电池组件、控制器、蓄电池组成，若要为交流负载供电，还需要配置交流逆变器。独立光伏电站包括无电网地区的户用和村庄电源系统，通信信号电源、阴极保护、太阳能路灯等各种带有蓄电池的可以独立运行的光伏发电系统。

并网光伏发电是太阳能组件产生的直流电经过并网逆变器转换成符合电网要求的交流电后接入公共电网，一般包括集中式光伏电站和分布式光伏电站。并网光伏发电是现阶段光伏发电的主流。

第一节　集中式光伏电站

集中式光伏电站是指充分利用空旷地区丰富和相对稳定的太阳能资源构建的大型光伏电站，将光伏列阵产生的直流电能经并网逆变器转化为交流电，通过升压站升压后，接入高压输电系统供给远距离负荷，进而将所发电能直接输送到电网，由电网公司收购全部或部分电量并统一调配供用户使用。集中式光伏电站一般具有投资规模大、建设周

期长、占地面积大等特点。

一、集中式光伏电站的系统结构

集中式光伏发电是指将大量太阳能电池板汇聚到一个中心站点集中发电，通过逆变器将直流电转换为交流电，再通过配电网输送给用户。这种发电方式主要应用于大型商业用途，如电站、工厂等，主要设备包括太阳能电池板、汇流箱、逆变器、变压器、配电系统等。集中式光伏电站的发电流程如图 1–2 所示。

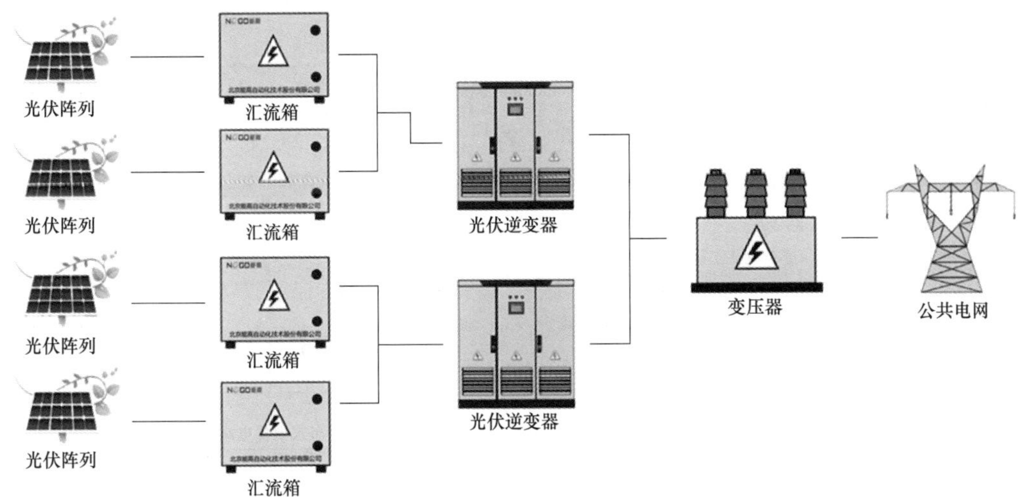

图 1–2　集中式光伏电站发电流程

逆变器作为光伏发电系统的核心设备，其作用是将光伏组件产生的直流电转换为市电频率下的交流电。目前常见的大型集中式光伏电站通常采用集中式逆变器或组串式逆变器，两者在设备体积、接入方式与适配功率等方面存在不同。

集中式逆变器的系统结构是先由光伏组件将太阳能转变为直流电能，多个组件通过串联或并联方式形成光伏组串汇集到直流汇流箱中，接入逆变器后逆变为交流电，再经变压器将电压升压成与电网电压同频率、同相位、同幅值，最后并入电网公网（见图 1–3）。

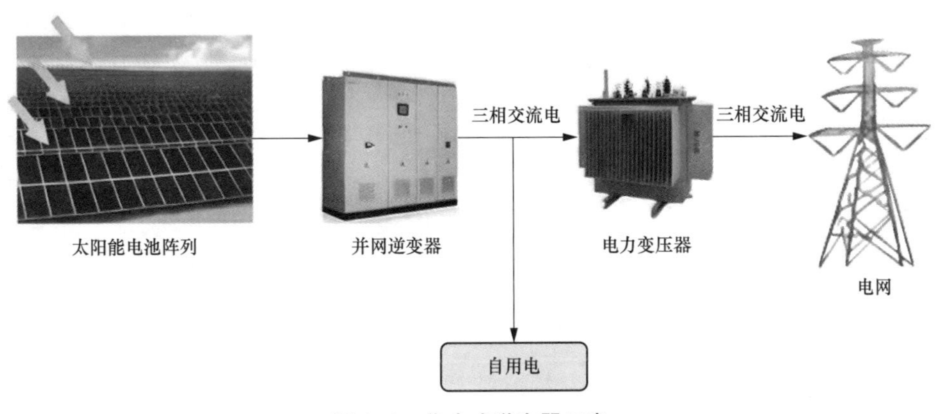

图 1–3　集中式逆变器示意

以某 60MW 光伏电站阵列配置为例。每 22 块光伏组件（每块 300W）串联为一条支路，每条支路接入 1 台直流汇流箱，每 6 台直流汇流箱将直流电汇总后接入 1 台集中式逆变器，经集中式逆变器逆变成交流电后接入箱式变压器。具体参数见表 1-1。

表 1-1　　某集中式光伏阵列配置

<table>
<tr><th colspan="5">组串组件构成</th><th colspan="3">汇流箱</th><th colspan="4">逆变器</th><th colspan="3">箱式变压器</th></tr>
<tr><th rowspan="2">编号</th><th>组件容量</th><th>数量</th><th>组串功率</th><th>工作电压</th><th rowspan="2">编号</th><th>接入组串数量</th><th>组件总功率</th><th rowspan="2">编号</th><th>接入汇流箱数量</th><th>容量</th><th>交流输出电压</th><th rowspan="2">编号</th><th>逆变器数量</th><th>交流输出电压</th></tr>
<tr><th>W/ 块</th><th>块</th><th>kW</th><th>V</th><th>串</th><th>kW</th><th>台</th><th>kW</th><th>V</th><th>台</th><th>kV</th></tr>
<tr><td>1</td><td rowspan="6">300</td><td>22</td><td>6.6</td><td rowspan="6">660</td><td>1HL101</td><td>15</td><td>99</td><td rowspan="3">1NB1</td><td rowspan="3">6</td><td rowspan="3">613</td><td rowspan="6">315</td><td rowspan="6">1 号</td><td rowspan="6">2</td><td rowspan="6">35</td></tr>
<tr><td>2</td><td>22</td><td>6.6</td><td>1HL102</td><td>15</td><td>99</td></tr>
<tr><td>3</td><td>22</td><td>6.6</td><td>1HL103</td><td>15</td><td>99</td></tr>
<tr><td>…</td><td>…</td><td>…</td><td>…</td><td>…</td><td>…</td><td>…</td><td>…</td><td>…</td></tr>
<tr><td>11</td><td>22</td><td>6.6</td><td>1HL211</td><td>14</td><td>92.4</td><td rowspan="2">1NB2</td><td rowspan="2">6</td><td rowspan="2">567</td></tr>
<tr><td>12</td><td>22</td><td>8</td><td>1HL212</td><td>16</td><td>105.6</td></tr>
</table>

与集中式逆变器先汇流再逆变不同，组串式逆变的系统结构是先逆变再汇流。光伏组件多个组串通过串联或并联方式形成多个光伏组串汇集到组串式逆变器，多个组串式逆变器将直流电逆变成额定输出电压等级的交流电，通过汇流箱接入一台箱式变压器后组成一个光伏方阵，最后经过变压器升压并入规定电压等级的公共电网，如图 1-4 所示。

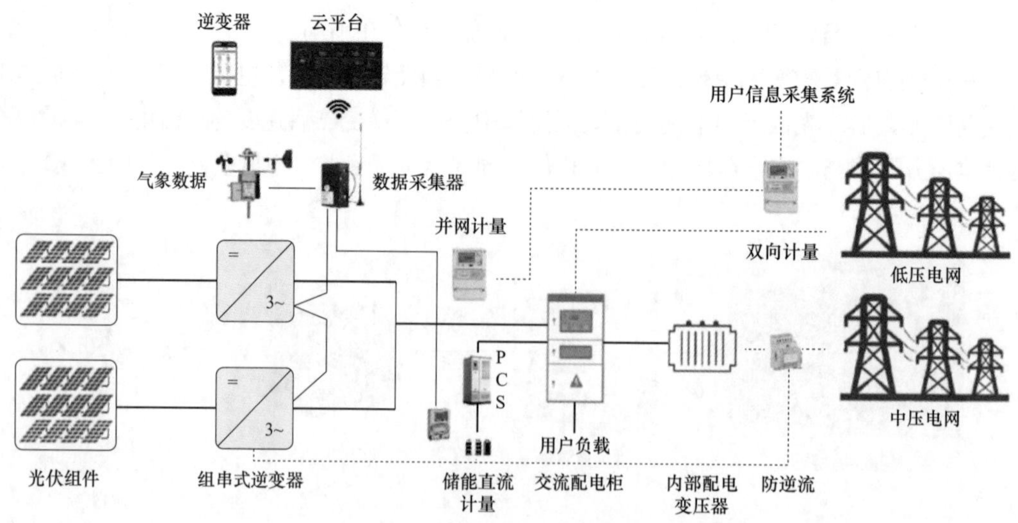

图 1-4　组串式逆变并网示意

以某 50MW 某光伏电站阵列配置为例，具体参数见表 1-2。每 22 块光伏组件（每

块 300W）串联为一条支路，每条支路直接接入逆变器，每台逆变器可接入 16 条支路，每 18 台逆变器接入 1 台箱式变压器构成一个光伏方阵，每 10 台箱式变压器汇集至 1 条集电线路，全站共 4 条集电线路。

表 1–2　　　　某组串式光伏阵列配置

组串组件构成					逆变器			箱式变压器		
编号	组件容量	数量	组串功率	工作电压	编号	接入组串数量	组件总功率	编号	逆变器数量	交流输出电压
	W/块	块	kW	V		串	kW		台	kV
1	300	22	6.6	660	1NB101	16	105.6	1号	18	35
2		22	6.6		1NB102	16	105.6			
3		22	6.6		1NB103	16	105.6			
…		…	…		…	…	…			
17		22	6.6		1NB117	16	105.6			
18		22	8		1NB118	16	105.6			

二、集中式光伏电站的区域类型及特点

根据光伏阵列所在地形特点的不同，大型集中式光伏电站大致可分为荒漠，山丘，农光、渔光互补和水面光伏等几种主要类型。

1. 荒漠电站

利用广阔平坦的荒漠地面资源开发的光伏电站（见图 1–5）。该类型电站规模大，一般大于 50MW。电站逆变输出经过升压后直接馈入 110kV、220kV、330kV 或者更高电压等级的高压输电网，所处环境地势平坦，光伏组件朝向一致，无遮挡。荒漠电站是我国光伏电站的主力，主要集中在我国西部地区。

图 1–5　典型荒漠电站

2. 山丘电站

利用山地、丘陵等资源开发的光伏电站（见图 1–6）。该类电站规模大小不一，从几兆瓦到上百兆瓦不等。发电以并入高压输电网为主；受地形影响，多有组件朝向不一致或早晚遮挡问题。该类电站主要应用于山区、矿山以及大量不能种植的荒地。

图 1–6　典型山丘电站

3. 农光、渔光互补电站

在既有的坑塘水面、农林业设施、养殖大棚上敷设光伏组件，同时在组件下开展苗圃种植或水产养殖的功能复合型光伏电站（见图 1–7）。农光、渔光互补电站无污染、零排放，又不额外占用土地，可实现土地、鱼塘资源的立体化增值利用，实现光伏发展和农业生产双赢。农光、渔光互补电站一般装机容量略小，项目位置往往距村、镇农户生产生活集中区域较近，周边环境对电站生产发电干扰因素较多，运行维护管理环境相对复杂。该类电站在土地资源紧缺，并且更加注重土地利用效率的我国中东部经济发达地区应用较为普遍。

图 1–7　典型渔光互补电站

4. 水面光伏电站

通常是利用闲置水域面积，利用浮筒、浮台等漂浮体并安装光伏组件形成的电站（见图 1–8）。该类电站具有不占用土地资源，减少水量蒸发，漂浮体遮挡阳光抑制藻类生长的作用。根据理论测算，由于水体对光伏组件的冷却作用，可抑制组件表面温度上升，电池板的温度若降低 1℃，可获得比相同地区地面高出 10% ～ 15% 的发电量。

图 1–8　典型水面光伏电站

第二节　分布式光伏电站

分布式光伏电站是指位于用户所在地附近的供电系统，通常由光伏组件、汇流箱和逆变器等分布式光伏发电设备组成，主要建设在厂房、办公楼及居民住宅的屋顶上，所生产的电力以用户侧“自发自用、余电上网”或“全额上网”的方式消纳。分布式光伏发电形式多种多样，因资源条件和用能需求而异。

一、分布式光伏电站的系统结构

太阳能资源具有分散、能量密度低的特点，因此光伏发电本身就具有分布式发电的天然优势。我国的产业化基础和人口高密度区域主要位于中东部地区，但是中东部地区的土地资源非常紧张，不具备大量建设大型地面电站的条件，而分布式光伏发电是一种具有广阔发展前景的发电和能源综合利用方式。倡导就近发电，就近并网，就近转换，就近使用的原则，不仅能够提供同等规模光伏电站的发电量，还有效解决了电力在升压及长途运输中的损耗问题。工商业用户利用厂房、公共建筑等屋顶资源开发的分布式光伏发电系统，其规模因为受有效屋顶面积限制，所以装机容量一般在几千瓦到几十兆瓦，此类分布式发电系统鼓励就地消纳，或者直接馈入低压配电网或 35kV 及以下中高压电网；其组件朝向、倾角及阴影遮挡情况呈现多样化。该类电站是当前分布式光伏应

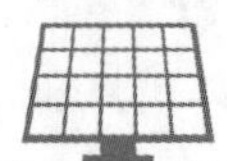

用的主要形式，主要集中在我国中东部和南方地区。

与集中式光伏电站相比，分布式光伏电站具备占地面积小、电网供电依赖小、灵活智能等优点，是未来光伏发电发展的主要方向；与其他清洁能源相比，光伏发电与终端用户用电峰值基本匹配，光伏相比于其他可再生能源更适用于分布式发电应用。目前，我国分布式光伏电站的累计装机容量虽小于集中式光伏电站，但随着国家政策力度的加大，所占比重也在不断提升。

二、分布式光伏电站的运营模式

分布式光伏电站的运营模式通常分为“全额上网”模式和“自发自用、余电上网”两种模式，具体情况如下。

（一）“全额上网”模式

“全额上网”模式即分布式光伏电站生产的电力全部售予电网，不作自用，这种情况下，电网以光伏发电标杆上网电价收购全部电量。

“全额上网”模式发电流程如图 1–9 所示。

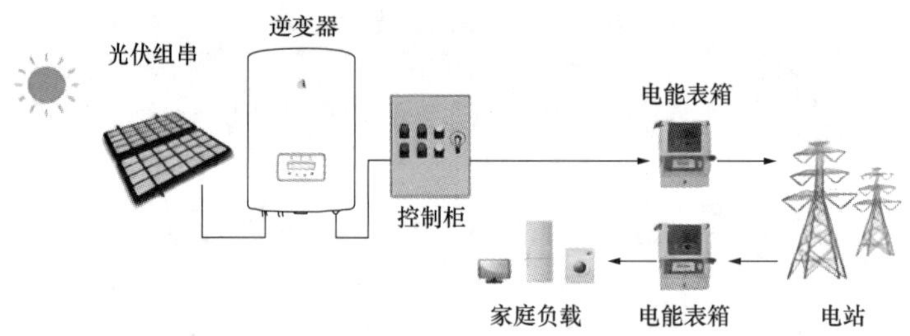

图 1–9　“全额上网”模式发电流程

（二）“自发自用、余电上网”模式

在“自发自用、余电上网”模式中，分布式光伏电站生产的电力主要由用户自己使用，多余电量售予电网。用户直接用掉的光伏电量，以节省电费的方式直接享受电网的销售电价；余电电量单独计量，并以当地燃煤机组标杆电价结算。

“自发自用、余电上网”模式发电流程如图 1–10 所示。

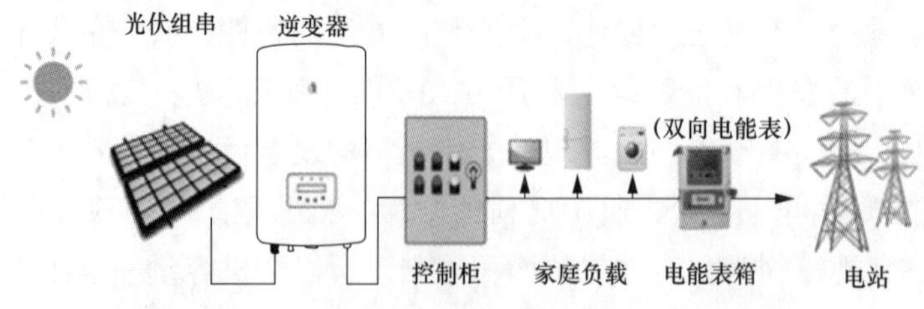

图 1–10　“自发自用、余电上网”模式发电流程

第二章 光伏电站设备概述

第一节　光伏组件

一、光伏组件结构及工作原理

（一）常规光伏组件结构及发电原理

太阳能电池是利用半导体材料的光电效应，将太阳能转换成电能的装置。当太阳直射到电池板时发生光电效应，电池表面由于吸收了部分辐射能，从而可以在 P 型硅和 N 型硅中将电子从共价键中激起，产生电子—空穴对。在太阳光照以及电池内部电场的作用之下，PN 结附近建立了与内部电场相反的电压，即电子向 N 区移动，空穴向 P 区集合，最终使得 N 区带负电荷，P 区带正电荷，形成稳定的电位差，如图 2–1 所示。此时，若通过 P 区和 N 区与负载构成闭合回路，则实现了功率的输出。

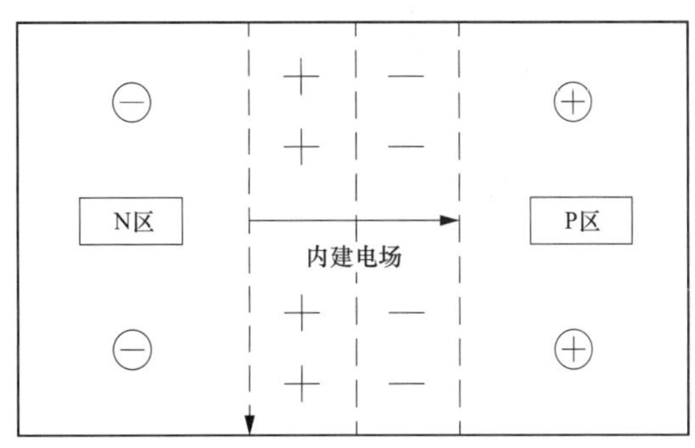

图 2–1　光伏电池工作原理

一般来说，单体太阳能电池的输出电压只有 0.5V 左右，其功率在 1 ～ 2W 之间，因此必须通过组合单体太阳能电池形成光伏组件。先通过串联单体太阳能电池片获得高电压，再并联获得高电流后，通过一个二极管（防止电流回输）后输出。并且把它们封装在一个不锈钢、铝或其他非金属边框上，安装好上面的玻璃及背面的背板，充入氮气并密封，形成的整体称之为光伏组件。

（二）光伏组件常见分类

光伏组件根据制作工艺与材质的不同，通常可分为晶硅组件和非晶硅组件。其中，晶硅组件由于不同的生产工艺，形成了不同的原子结构排列，还可区分为多晶硅组件和单晶硅组件，如图 2-2 所示。

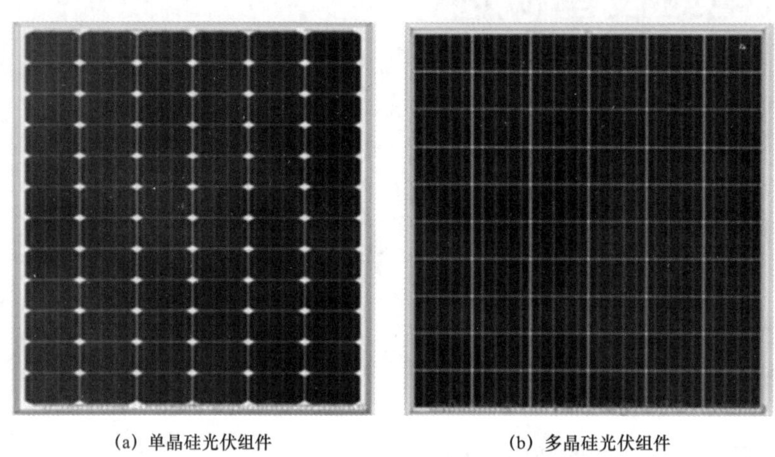

(a) 单晶硅光伏组件　　(b) 多晶硅光伏组件

图 2-2　光伏组件外观示意图

光伏组件结构如图 2-3 所示。

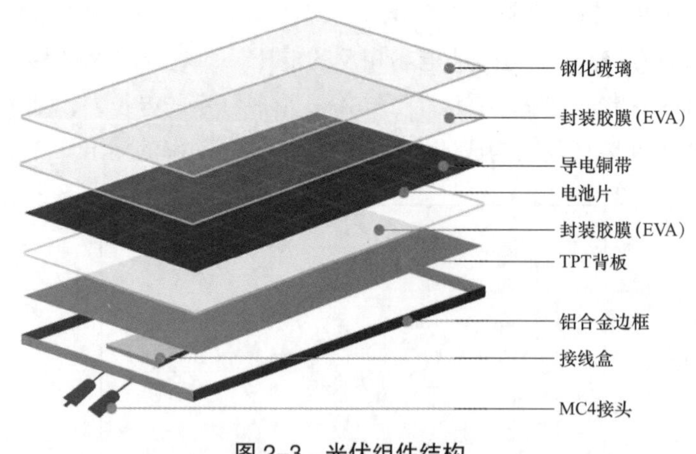

图 2-3　光伏组件结构

1. 单晶硅太阳能电池

单晶硅太阳能电池光电转换率较高，目前市场上的一线单晶硅太阳能电池的光电转换效率在 18% 左右，在 2017 年，单晶 PERC 太阳能电池世界最高转换效率达到 23.45%，

实验室数据最高可达 26%。单晶硅光伏组件一般采用超白压延玻璃及防水树脂进行封装，因此其坚固耐用，使用寿命一般可达 15 年，最高可达 25 年。

2. 多晶硅太阳能电池

多晶硅太阳能电池的制作工艺与单晶硅太阳能电池差不多，但是多晶硅太阳能电池的光电转换效率则要降低不少，其光电转换效率为 12% 左右。从制作成本上来讲，比单晶硅太阳能电池要便宜一些，材料制造简便，节约电耗，总的生产成本较低，因此得到大量发展。此外，多晶硅太阳能电池的使用寿命也要比单晶硅太阳能电池短。

3. 非晶硅太阳能电池

非晶硅太阳能电池是 1976 年出现的新型薄膜式太阳能电池，它与单晶硅和多晶硅太阳能电池的制作方法完全不同，工艺过程大大简化，硅材料消耗很少，电耗更低。它的主要优点是在弱光条件下也能发电。但非晶硅太阳能电池存在的主要问题是光电转换效率偏低，国际先进水平为 10% 左右，且不够稳定，其光电转换效率还会随着时间衰减。

4. 多元化合物太阳能电池

多元化合物太阳能电池指不是用单一元素半导体材料制成的太阳能电池。各国研究的品种繁多，但大多数尚未工业化生产，主要有以下几种。

（1）碲化镉太阳能电池。碲化镉薄膜因其光谱效应与太阳光谱更匹配，理论转换效率可达 32%，高于晶硅电池。但薄膜电池在量产阶段的光电转换效率仍落后于晶硅电池，并远低于多结叠层电池。

（2）砷化镓太阳能电池。砷化镓的禁带宽度较硅更宽，使得它的光谱响应性和空间太阳光谱匹配能力较硅好。单结的砷化镓电池理论光电转换效率达到 30%，而多结的砷化镓电池理论效率更超过 50%。

（3）铜铟硒太阳能电池。适合光电转换，不存在光致衰退问题，转换效率与多晶硅一样。具有价格低廉、性能良好和工艺简单等优点，将成为今后发展太阳能电池的一个重要方向。其唯一的问题是材料的来源，由于铟和硒都是稀有的元素，因此这类电池的发展又必然受到限制。

（4）钙钛矿太阳能电池。钙钛矿作为一种人工合成材料，在 2009 年首次被尝试应用于光伏发电领域后，因其性能优异、成本低廉、商业价值巨大，从此大放异彩。现今钙钛矿应用最广的为旋涂法，但是旋涂法难于沉积大面积、连续的钙钛矿薄膜，故还需对其他方法进行改进，以期能制备高效的大面积钙钛矿太阳能电池，便于以后的商业化生产。

（三）双面光伏组件的发展

除了在产业化应用中占据主导地位的常规组件类型以外，近些年随着光伏技术水平的不断突破，各种新型光伏组件或太阳能电池逐渐应运而生并得到快速发展。其中比较有代表性的发展方向是组件结构设计更加优化的双面光伏组件，目前主要在水面光伏电站中应用。

双面光伏组件一般是使用特殊的电池结构和透明的背板材料，使其正、反两面都可以实现发电的效果。双面光伏组件的背板一般也采用玻璃材质，因此也被称为双玻组件。该类组件背面可接收和利用的光线，不仅包含地面的反射光，也包含大气中的散射光、空气中粉尘的反射光、周围建筑物的反射光等。目前市场上双面光伏组件主要有单晶 N 型双面光伏组件、单晶 PERC 双面光伏组件、N 型异质结（HIT 或 HUJT）双面光伏组件等。

与常规的单面光伏组件相比，双面光伏组件还具有以下几个特点：

（1）背面可以发电。双面光伏组件背面主要利用来自地面等的反射光发电，地面反射率越高，电池背面接收的光线越强，发电效果越好。常见的地面反射率：草地为 15% ～ 25%、混凝土为 25% ～ 35%、湿雪为 55% ～ 75%。双面光伏组件在草地上应用能使发电量提高 8% ～ 10%，而在雪地上最高可使发电量提高 30%。

（2）加快冬季组件覆雪融化。双面光伏组件在正面被积雪覆盖后．因组件背面可接收来自雪地的反射光而发电发热，加快了积雪的融化和滑落，可提高发电量。

（3）灵活的安装方式和场地适应性。双面光伏组件在大多数 1500V 光伏系统中可以减少汇流箱、电缆等的用量，降低初期系统投资成本。同时，玻璃透水率几乎为零，故不需要考虑水汽进入组件电势诱导衰减（Potential Induced Degradation，PID）而导致的输出功率下降的问题。该特性使得双面光伏组件对环境适应性更强，适用于建设在较多酸雨或盐雾地区的光伏电站。此外，双面光伏组件对安装方向的要求也更为灵活。

（4）特殊的支架形式需求。常规支架形式会遮挡双面光伏组件背面，不仅减少背面光线，而且会造成组件内电池片间串联失配，影响发电效果。双面光伏组件的支架可设计成镜框形式，避免遮挡组件背面，如图 2-4 所示。

图 2-4　双面光伏组件阵列

二、运行维护要求

组件日常巡检是为了保证光伏组件的长期安全可靠运行，及时发现光伏组件出现的缺陷和异常情况。

光伏组件的日常巡视应主要检查以下内容：

（1）检查光伏组件采光面是否清洁，有无积灰、积水现象。

（2）检查光伏组件板间连线有无松动现象，引线绑扎是否牢固。

（3）检查光伏阵列汇线盒内的连线是否牢固。

（4）检查光伏组件是否有损坏或异常，如遮挡、破损、栅线消失、热斑等。

（5）检查光伏组串支架间的连接是否牢固，支架与接地系统的连接是否可靠，电缆金属外皮与接地系统的连接是否可靠。

对日常巡检发现的问题，运维人员应针对异常情况及时维护，以保障设备的安全稳定运行。若巡检发现下列问题，应立即调整或更换光伏组件。部分异常光伏组件如图 2–5 所示。

(a) 光伏组件明显外观变化

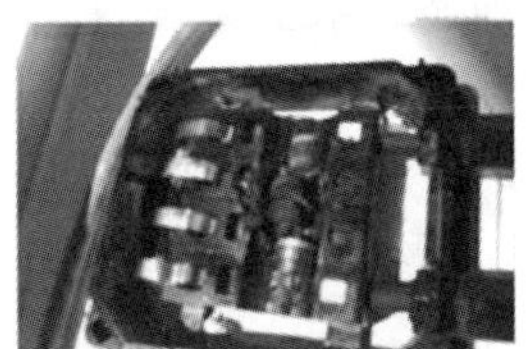

接线盒引线端子烧毁

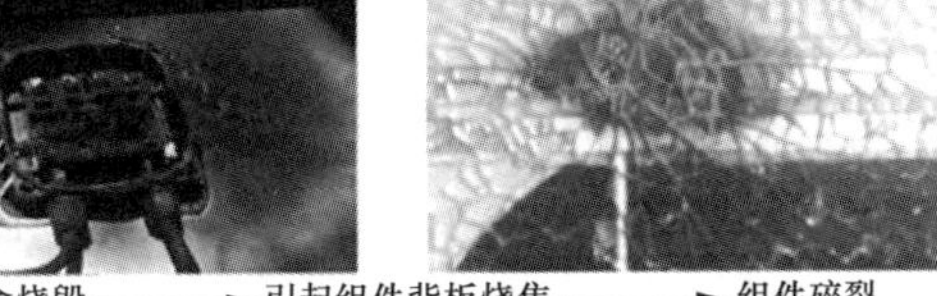

接线盒烧毁 → 引起组件背板烧焦 → 组件碎裂

(b) 接线盒烧毁导致组件碎裂

图 2–5　异常光伏组件

（1）光伏组件存在玻璃粉碎、背板灼焦、明显的颜色变化。

（2）存在与组件边缘或任何电路之间形成连通通道的气泡。

（3）光伏组件接线盒变形、扭曲、开裂或烧毁，接线端子无法良好接触。

（4）组件功率达不到额定输出，查明原因，必要时更换。功率测量可使用钳形电流表在太阳辐射强度基本一致的条件下测量接入同一个直流汇流箱的各光伏组件串的输入电流，其偏差应不超过 5%。

（5）光伏组件的零件，包括二极管、接线盒、电缆连接器等，一般不允许随意更换，如果有损坏应更换与原组件相同的型号或向制造商咨询。

（6）在光伏区现场进行组件清洁对标试验时，若发现组件受污染比较严重，已影响组件输出功率，则应根据电站现场条件尽可能用水进行冲洗（不需要用清洁工具）或者使用轻软的光伏组件专用清洁工具擦洗。

第二节　光伏组件支架

一、概述

光伏组件支架是指根据发电站建设地点的地理、气候和太阳能资源条件，将光伏组件以一定的朝向（倾角）、排列方式及间距固定住的金属或非金属支撑结构。光伏组件支架的主要作用是在支撑组件面板的同时，力求整个光伏发电系统得到最大功率输出。选择合适的光伏支架不但能降低工程造价，也会减少后期养护成本。

光伏组件支架从材质上分，主要有混凝土支架、钢支架和铝合金支架等三种。钢支架又可分为碳钢支架和不锈钢支架等。钢质支架性能稳定，制造工艺成熟，承载力高，安装简便，是当前国内大型光伏电站应用最普遍的支架材质类别。混凝土支架则在部分电站设计中作为钢支架的基础支撑部分。铝合金因质量轻、美观耐用的特点，比较适用于建筑屋顶光伏发电项目。

光伏组件支架从安装方式和功能特点上分，又可分为固定式支架和跟踪式支架两大类。

（一）固定式支架

常见的固定式支架（见图 2-6）有三种固定方式：最佳倾角固定式、倾角可调固定式以及斜屋面固定式。其中最佳倾角固定式是固定为当地平均辐照量最大倾角，以获得固定角度累计最大辐射量；倾角可调固定式是在太阳入射角变化转折点，定期调节支架倾角，增加太阳光直射吸收，提高各季节辐射量；斜屋面固定式则是根据屋顶倾角进行固定安装，在屋面承载力适应性和辐射量损失之间寻求平衡。

图 2-6　固定式支架

（二）跟踪式支架

为了充分利用太阳辐照资源，当前的集中式光伏电站应用跟踪式支架的情况日益普遍。跟踪式支架相对于传统固定式支架而言，结构上增加了自动控制器和摇臂开关、开关电源、直流电机等驱动设备，因此通常也被称为组件支架跟踪系统。

常见跟踪式支架（见图 2-7）有三种跟踪方式：平单轴跟踪、斜单轴跟踪、双轴跟踪。其中平单轴跟踪支架系统中，组件方阵可随一根水平轴东西方向跟踪太阳，以此获得较大辐射量，广泛应用于低纬度地区；斜单轴跟踪支架系统中，组件方阵随一根跟踪轴以东西方向转动的同时向南设置一定的倾角，围绕该倾斜轴旋转追踪太阳方位角以获得更大的辐射量，适用于较高纬度地区；双轴跟踪系统则是组件方阵采用两根轴转动（立轴、水平轴）对太阳光线实时跟踪，以保证每一时刻太阳光线都与组件板面垂直，以此来获得最大辐射量，适合在各个纬度地区使用。

图 2-7　跟踪式支架

二、跟踪式支架原理及特点

跟踪式支架的自动跟踪器系统主要包含跟踪支架、驱动装置和控制器三个部分。驱动装置主要包括驱动电动机、回转减速机和主摇臂构成，用来驱动横梁带动太阳能板跟踪运转。控制器和传感器是跟踪系统的“大脑”，用来控制驱动装置的运动，确保跟踪支架进行合适的转动来保证光伏组件跟踪太阳。

（一）控制器的工作原理

跟踪式光伏支架控制器的工作原理是通过感应器或其他设备检测太阳的位置和光照强度，根据这些信息计算出光伏电池板需要调整的角度和方向。驱动装置根据控制系统的指令，自动调整支架的角度和方向，使光伏电池板始终面向太阳。通过跟踪太阳的运动，光伏跟踪支架系统可以使光伏电池板在一天中的不同时间段都能够最大限度地接收到太阳能。控制器采用时间控制算法，即使是阴雨天气也会自动进行跟踪运动。

（二）跟踪系统的功能特性

主流的跟踪系统一般应具备以下功能特性：

（1）防阴影。回调跟踪算法采用自动回调（防阴影算法）技术，避免早上和晚上东西方向跟踪时组件之间遮挡，提高系统发电量。

（2）一致性。跟踪器采用时控技术，每天每时计算太阳的准确位置，不受外界环境如云、光敏元器件等影响，具有较好一致性。

（3）大风保护。在大风期间，跟踪器提供自动保护功能。在风速大于某一阈值时，跟踪器将启动自动保护功能，自动将跟踪支架的当前位置调整至预设的安全位置，用以保护现场设备。

三、运行维护要求

组件支架运行维护是为保证光伏组串的长期安全可靠运行，对组串中的跟踪支架基础、驱动装置等设备运行中的状态进行检查维护，及时发现并消除隐患。

针对支架类型的不同，巡视检查及维护内容也各有不同。为保障支架的正确运行，现场应从以下方面加强巡视及维护。

（一）固定式支架日常维护

（1）支架安装是否牢固，螺栓有无松动、脱落现象。

（2）支架是否存在锈蚀、弯曲、破损现象。

（3）支架基础是否存在风蚀、塌陷、悬空等现象。

（4）支架整体接地是否良好，组件小接地线与支架的连接是否牢固。

（5）立柱是否存在倾斜、扭曲、开裂等异常情况，立柱螺栓是否存在缺失、锈蚀、松动等情况。立柱基础是否存在下陷、突起的情况。

（二）跟踪式支架日常维护

跟踪式支架系统具有不同于固定支架的特点，尤其是驱动装置部分。在日常运行维护中，跟踪式支架包括固定式支架所有检查项目，还应注意以下几点：

（1）支架跟踪角度是否存在异常情况，任何旋转角度所到位置是否有植物遮挡或阻拦，若有需及时清理。

（2）传动倾斜梁是否存在弯曲、变形等情况。

（3）推拉杆是否存在弯曲变形，销钉是否存在断裂、脱落等情况。

（4）轴承箱是否存在变形情况，轴承是否存在明显裂纹和过大磨损的情况。

（5）支架接地是否存在断裂、开焊、锈蚀、松动、地埋部分裸露等情况。

（6）驱动装置基础是否存在下陷、破损等情况；驱动电动机是否存在漏油、无法正常工作的情况。

（7）回转减速机运转是否存在异声、漏油、无法正常运行的情况。

（8）主摇臂是否存在变形，连接销钉断裂、脱落的情况。

（9）驱动电源是否存在故障，驱动线缆连接是否存在虚接、断裂，保护套管破损等情况。

（10）齿轮机与驱动单元连接螺栓是否存在松动、锈蚀等情况。

（11）维护保养跟踪控制器，巡视跟踪控制器各接头是否有松动、氧化；定期清扫主控器内部灰尘，巡视风速仪是否正常工作、是否有明显堆积物；巡视跟踪单元是否正确跟踪太阳。

第三节　光伏防雷汇流箱

光伏防雷汇流箱是指在光伏发电系统中将若干个光伏组件串的直流电并联汇流后接入的电气装置，主要起到电流汇集作用。光伏防雷汇流箱按照接入方式不同又分为直流汇流箱和交流汇流箱。

一、直流汇流箱

直流汇流箱应用于集中式的光伏发电系统，安装于光伏组串的输出侧和集中式光伏逆变器之间。主要作用是将多个光伏组串产生的电能进行汇总，并根据逆变器输入的直流电压范围，把一定数量、规格相同的光伏组件串联组成一个光伏组件串列（光伏组串），再将若干个光伏组串接入光伏阵列防雷汇流箱，通过断路器后输出，方便集中式光伏逆变器的接入。

直流汇流箱按照电气设计要求有 8 进 1 出或 16 进 1 出等接线方式，汇流箱各支路的接线方式一样。如图 2–8 所示为 16 进 1 的直流汇流箱，如图 2–9 所示为直流汇流箱内部接线。

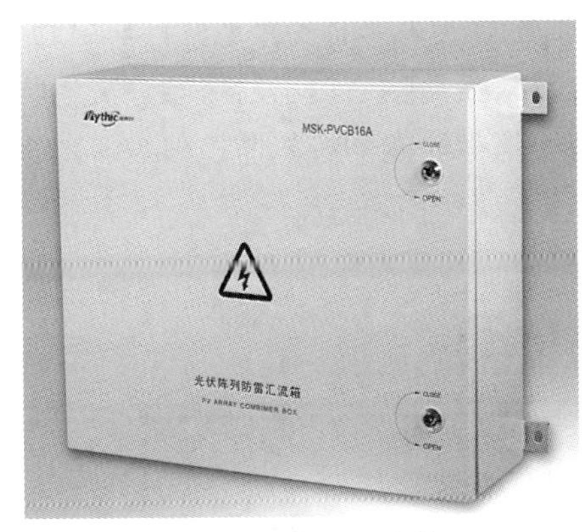

图 2–8　直流汇流箱

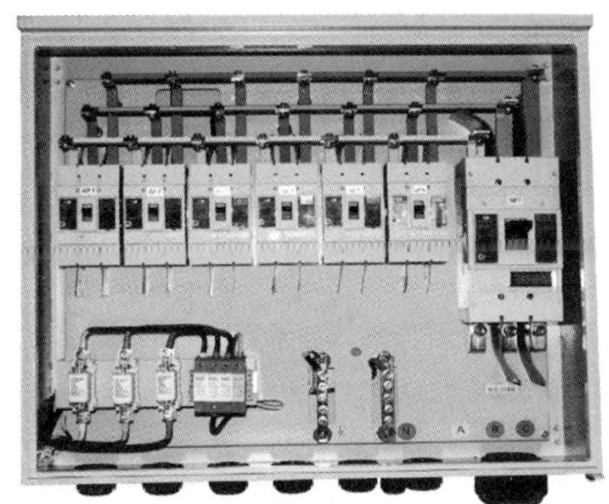

图 2–9　直流汇流箱内部接线

为了提高光伏发电系统的可靠性和实用性，光伏防雷汇流箱里配置了光伏专用直流熔断器和断路器等，提供防雷及过电流保护，并监测光伏阵列的单串电流、电压及防雷器状态、断路器状态。利用直流电流互感器的非接触式测量方法，方便运维人员及时、准确地掌握组串的工作情况，在不影响组串输出功率的情况下测量汇流箱中光伏组件输出的组串电流值，保证光伏发电系统发挥最大功效。

光伏汇流箱的技术参数规定了汇流箱内的最大光伏阵列并联输入路数、每路光伏阵列最大电流、光伏阵列电压范围等重要参数，在末位逆变器分析、组串故障排查中成为重要的参考依据。直流汇流箱典型技术参数见表 2-1。

表 2-1　　直流汇流箱典型技术参数

项目		参数
电气参数	额定工作电压	AC 400V
	额定冲击耐受电压	2.5kV
结构特性	防护等级	IP65
	颜色	RAL7035
	材质	冷轧板
环境条件	工作温度	-20 ～ 50℃
	储存温度	-25 ～ 65℃
	相对湿度	≤ 95%，无凝露
	海拔	≤ 2000m

二、交流汇流箱

交流汇流箱应用于组串式逆变器的光伏发电系统，安装于逆变器交流输出侧和光伏箱式变压器低压侧之间。在光伏电站现场，交流汇流箱就是将多路逆变器输出的交流电汇集后输出的装置。交流汇流箱的内部配置有输入断路器、输出断路器、交流防雷器，可选配具有监测系统电压、电流、功率和电能等信号功能的智能监控仪表。图 2-10 所示为交流汇流箱安装位置，图 2-11 所示为交流汇流箱内部配置。

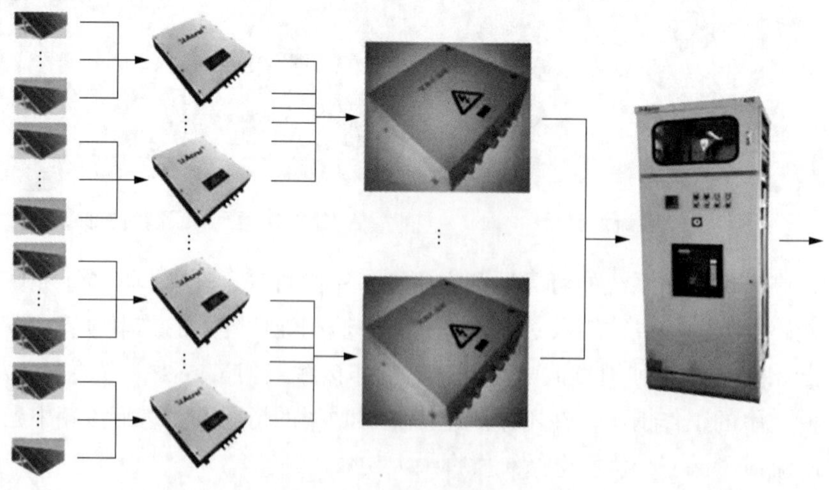

图 2-10　交流汇流箱安装位置

交流汇流箱主要作用是汇流多个逆变器的输出电流，同时保护逆变器免受来自交流并网侧或负载的危害，作为逆变器输出断开点，提高系统的安全性，保护安装维护人员的安全。

图 2–11 交流汇流箱内部配置

三、运行维护要求

运维人员应对汇流箱应进行定期性检查，检查时应与带电设备保持安全距离。巡视检查时，必须带好巡视检查记录手册，按照现场制定的巡视检查路线，防止漏查设备。在设备巡视检查中要认真执行看、听、嗅、摸等工作方法，防止漏查缺陷。对查出的设备缺陷和异常在现场做好记录，要认真分析。

（一）直流汇流箱运行维护要求

直流汇流箱日常巡视维护工作包括：

（1）检查信号指示是否正常，开关位置是否正常。

（2）检查系统各电气元器件有无过热、异味、断线等异常情况。

（3）定期清扫汇流箱。

（4）定期检查设备绝缘情况，直流输出母线的正极对地、负极对地的绝缘电阻应大于 2MΩ。

（5）定期分析设备的健康情况。

（6）对设备运行中发现的缺陷，应尽快组织检修人员检修处理，防止故障范围扩大。

（7）自动化元件的检修与调试。

（8）直流汇流箱不得存在变形、锈蚀、漏水、积灰现象，箱体外表面的安全警示不得脱落、褪色。

（二）交流汇流箱运行维护要求

交流汇流箱日常巡视维护工作包括：

（1）检查交流汇流箱内断路器运行是否正常，断路器指示是否正确，绝缘是否完好、有无闪络现象，以防止断路器失灵影响组串式逆变器交流输入。

（2）检查交流汇流箱接线是否牢固，螺栓有无松动。

（3）检查交流汇流箱内防雷保护是否失效，尤其是雷电过后应及时检查防雷模块是否失效。

（4）更换交流汇流箱内元器件时，应断开交流汇流箱所属箱式变压器内的分支断路器，再断开交流汇流箱内输出断路器和所配组串式逆变器交直流转换开关，使用仪表检测交流汇流箱内所有断路器输入端和输出端无电压后才可以进行更换工作。

（5）检测或维护交流汇流箱时，注意输入输出均可能带电，防止触电或损坏其他设备。

（三）汇流箱周期性运行维护

周期性细致的点检定修是保障汇流箱安全稳定运行的重要措施之一。点检周期的长短，主要与光伏电站装机容量和设备数量等直接相关。一般来说，大容量电站可安排一年中分阶段进行一次点检。50MW 及以下容量的电站可以相对灵活，一般为一季度一次，具体点检项目及周期见表 2-2。

表 2-2　　点检项目及周期（参考 50MW 及以下电站）

序号	检查项目	周期
1	汇流箱及所属元器件的清扫、检查	每季度一次
2	信号回路及器件的检查、检测、操作模拟	每季度一次
3	各种开关电器的机构及动作情况检查	每季度一次
4	操作回路检查	每季度一次
5	电缆外观及连接检查	每季度一次

第四节　光伏逆变器

逆变器是光伏发电系统的重要组成部分，其主要作用是将光伏组件发出的直流电转变成交流电。

光伏逆变器按用途分为并网逆变器、离网逆变器、微网逆变器三大类。并网逆变器按照功率和用途可分为微型逆变器、组串式逆变器、集中式逆变器、集散式逆变器四类。其中，微型逆变器又称组件逆变器，功率等级在 180 ～ 1000W，适用于小型发电系统。组串式逆变器中，功率等级在 1 ～ 10kW 的单相逆变器，适用于户用发电系统，并网电压为 220V；4 ～ 80kW 三相逆变器，适用于工商业发电系统，并网电压为三相 380V。集中式逆变器和集散式逆变器，功率等级在 500 ～ 1500kW，一般用于大型地面电站。

目前，光伏电站的并网逆变器主要是集中式逆变器与组串式逆变器。

一、集中式逆变器

（一）集中式逆变器的构成

集中式逆变器主要由直流电部分、交流电部分、逻辑处理部分、逆变部分、滤波部分、冷却部件等构成。早期的集中式逆变器直流汇集部分是单独存在的，称为直流配电柜（见图 2-12），随着技术的发展，逐渐集成浓缩，成为现在逆变器的直流电部分，减少了空间占用，也方便了维护（见图 2-13）。

（1）直流电部分。连接组件输入和逆变器逆变部分，主要有直流母线、直流断路器和直流侧的滤波部分。

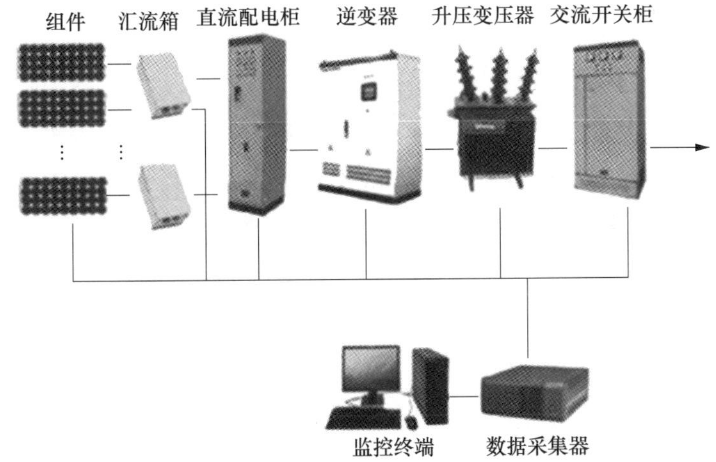

图 2–12　集中式逆变器在光伏发电系统的位置

图 2–13　集中式逆变器外观及内部

（2）交流电部分。交流电部分位于柜体的右侧，交流输电装置配有母线。交流电路断路器的把手安装在交流电部分的通道门之上，是与电网的连接手动隔离部件。与把手串联的是受控制部分支配的自动分合闸交流断路器，其不仅是切换正常并网和离网功能的执行器件，还是在保护功能启动动作时，切断与故障部分连接的动作器件。交流电部分的一个重要部分是交流滤波单元，其主要功能是滤去逆变器产生的高次谐波，减轻对电网的谐波污染和对升压变压器及逆变单元的损害。交流滤波单元的主要电路是由电容器和电感器组成的高频滤波电路。

（3）逻辑处理部分。逻辑处理部分包括配有嵌入式软件和相关电子电路的数字电源控制板。这些部件和相关电子器件向逆变器发送脉宽调制信号，并控制整个设备的逻辑。

（4）逆变部分。逆变部分是整个逆变器的主要核心部分，由大功率的开关管构成，在脉冲宽度调制信号的控制下进行开关动作形成工频输出。

（5）滤波部分。在输出的电流中存在大量的高次谐波，为了减少对电网和用户的影响，在输出端接入电容器和电感器构成的滤波电路。

（6）通信配置部分。逆变器安装有通信控制器模块或通信控制器，一般采用 RS485

通信端口，并配置 Modbus TCP/IP 协议，具体以各设备厂家配置为准。

（二）集中式逆变器的电气安全特性

（1）功率大，数量少，便于管理；元器件少，稳定性好，便于维护。

（2）谐波含量少，电能质量高；保护功能齐全，安全性高。

（3）有功率因数调节功能和低电压穿越功能，电网调节性好。

（4）保护部分安全特性包括以下几方面。

1）过电压及过电流保护。过电压和过电流由内部电子控件和相关软件控制。如果超过预设值，逆变器按一定的顺序关闭。

2）接地保护。逆变器配有一个电阻监控设备，该设备用于测量接地载流导体的电阻值。如果电阻低于给定值，逆变器将自行关闭。

3）防孤岛保护。光伏逆变器通过监控检测到电网出现故障时，逆变器将切断与电网的连接。

（三）集中式逆变器的优缺点

（1）优点。在额定装机容量的光伏电站中，采用的集中式逆变器所需数量少，便于管理；各类元器件数量少，可靠性较高；谐波含量少，直流分量少，电能质量高；逆变器集成度高，功率密度大，成本低；各种保护功能齐全，电站安全性高；具有功率因数调节功能和低电压穿越功能，电网调节性好。

（2）缺点。集中式逆变器最大功率点跟踪功能（maximun powerpoint tracking，MPPT）电压范围窄，一般为 450 ～ 820V，组件配置不灵活。在阴雨天、雾气多的地区，发电时间短。在集中式并网逆变系统中，组件方阵产生的电流经过两次汇流到达逆变器，逆变器最大功率点跟踪功能（MPPT）不能监控到每一路组件的运行情况，因此不可能使每一路组件都处于最佳工作点，当有一块组件发生故障或者被阴影遮挡，会影响整个系统的发电效率。集中式并网逆变系统无冗余能力，如发生故障停机，整个系统将停止发电。

二、组串式逆变器

相对于集中式逆变器，组串式逆变器除了有直流电部分、交流电部分、逻辑处理部分、逆变部分、滤波部分、冷却部件等之外（见图 2–14），其最主要的优势是有 MPPT 模块，交流端并联并网，不受组串间模块差异影响，受阴影遮挡的影响小，最大限度增加了发电量。

（一）组串式逆变器的构成

组串式逆变器的每路直流输入为单晶或多晶硅光伏电池组串。单台逆变器自身集成防组件 PID 效应功能和组串支路拉弧保护功能。组串式逆变器的交流输出侧为三相 AC 480V 的 IT 系统，升压变压器低压侧的电压等级根据逆变器的额定工作电压确定；逆变器交、

直流侧具备完善的二级防雷保护功能；逆变器内部具备光伏组串支路防逆流功能。

图 2–14　组串式逆变器

（二）组串式逆变器的主要优点

组串式逆变器采用模块化设计，每个光伏串对应一个逆变器，直流端具有最大功率点跟踪功能，交流端并联并网，不受组串间模块差异影响，受阴影遮挡的影响小，同时减少光伏电池组件最佳工作点与逆变器不匹配的情况，最大限度增加了发电量。

组串式逆变器 MPPT 电压范围宽，一般为 250 ～ 800V，组件配置更为灵活。在阴雨天，雾气多的地区，发电时间更长。组串式逆变器体积小、重量轻，搬运和安装都非常方便，不需要专业工具和设备，也不需要专门的配电室，在各种应用中都能够简化施工、减少占地，直流线路连接也不需要直流汇流箱和直流配电柜等。组串式逆变器还具有自耗电低、故障影响小、更换维护方便等优势。

（三）组串式逆变器的缺点

（1）组串式逆变器的电子元器件较多，功率器件和信号电路在同一块电路板上，设计和制造难度大，可靠性稍差；功率器件电气间隙小，不适合高海拔地区；安装在户外时，风吹日晒很容易导致外壳和散热片老化。

（2）不带隔离变压器设计，电气安全性稍差，不适合薄膜组件负极接地系统，直流分量大，对电网影响大。

（3）多个逆变器并联时，总谐波高。单台逆变器电流总谐波失真（THDI）可以控制在 2% 以上，若超过 40 台逆变器并联，总谐波会叠加，而且较难抑制。

（4）逆变器数量多，总故障率会升高，系统监控难度大。

三、运行维护要求

集中式逆变器和组串式逆变器工作原理相同，但两者结构类型及特点不同，其日常运行维护也略有差别，有针对性地进行检查维护是保障逆变器稳定运行的必要措施。

（一）集中式逆变器日常巡检

在日常巡视中，检查逆变器各运行参数在规定范围内，并核对与后台监控的数据是否一致；从逆变器面板核对直流电压、直流电流、直流功率、交流电压、交流电流、发电功率、日发电量、累计发电量；检查逆变器输出功率与同型号逆变器输出功率偏差，应不大于3%。

除此之外，还应进行以下检查：

（1）机柜、通风系统和所有外露表层的外观及清洁状况。

（2）检查、清洁或更换空气过滤器的元件。

（3）逆变器柜门闭锁正常。

（4）逆变器防尘网清洁、完整、无破损。

（5）设备标识、标号齐全，字迹清晰。

（6）逆变器运行时，各指示灯工作正常，无故障信号。

（7）逆变器运行声音无异常。

（8）逆变器一次回路连接紧固，无松动、无异味、无异常温度上升。

（9）逆变器各模块运行正常，运行温度在正常范围内。

（10）逆变器直流侧、交流侧电缆无老化、发热、放电迹象。

（11）逆变器直流侧、交流侧开关位置正确，无发热现象。

（12）逆变器室环境温度在正常范围内，通风系统正常。

（13）逆变器工作电源切换回路工作正常，必要时进行电源切换试验。

（14）用红外线测温仪测量电缆沟内逆变器进、出线电缆温度。

（二）组串式逆变器日常巡检

在日常巡视中，检查逆变器各运行参数在规定范围内，并核对与后台监控的数据是否一致。组串式逆变器可以通过数据采集器或手机软件查看逆变器直流电压、直流电流、直流功率、交流电压、交流电流、发电功率、日发电量、累计发电量。

除此之外，还应进行以下检查：

（1）逆变器编号牌及安全标识牌是否存在缺失、脱落及字体严重模糊、无法辨识的异常情况。

（2）逆变器是否存在异声、异味的异常情况。

（3）逆变器固定是否存在松动，支撑件破损、腐蚀的异常情况。

（4）逆变器外壳是否存在损坏、变形、密封不严的异常情况。

（5）逆变器接地是否存在虚接、脱落、断裂、锈蚀的异常情况。

（6）逆变器散热片是否存在破损、杂物覆盖的异常情况。

（7）指示灯是否存在不亮或指示异常，告警灯、故障灯是否存在亮起的异常情况。

（8）通信是否存在传输中断、装置显示异常情况。

（9）各直流支路MC4接头是否存在发热变形、烧毁的异常情况。

（10）交、直流电缆护管孔洞防火封堵是否存在脱落、封堵不严的异常情况。

第五节　光伏箱式变压器

光伏箱式变压器是利用电磁感应原理，将光伏逆变器输出的低数值交流电压变换为更高等级的交流电压的电气设备（见图 2–15）。对于集中式光伏电站来说，如果直接并入电网，低压并网导致光伏并网点过多，不利于电能计量和电网潮流稳定，同时低压并网导致电流过大，不利于开关设备的稳定运行。

图 2–15　箱式变压器

一、箱式变压器结构

根据变压器冷却方式的不同，一般可分为干式变压器和油浸式变压器两大类。干式变压器一般用树脂绝缘，靠自然风冷，大容量变压器靠风机冷却；而油浸式变压器靠绝缘油进行绝缘，靠绝缘油在变压器内部的循环将线圈产生的热带到变压器的散热器上进行散热。从发电站设计角度，根据现场环境的不同及施工设计电气设计规范的要求，在沙尘较大区域干式变压器因尘土积攒较多而影响设备散热，故多使用油浸式变压器。

（一）干式变压器

干式变压器主要由硅钢片组成的铁芯和环氧树脂浇注的线圈组成，高、低压线圈之间放置绝缘筒增加电气绝缘，并由垫块支撑和约束线圈，其零部件搭接的紧固件均有防松性能（见图 2–16）。干式变压器具有抗短路能力强、维护工作量小、运行效率高、体积小、噪声低等优点。

干式变压器冷却方式分为自然空冷和强迫风冷。自然空冷时，变压器在额定容量下长期连续运行。强迫风冷时，变压器输出容量可提高 50%。干式变压器适用于断续过负荷运行，或应急事故过负荷运行；由于过负荷时负载损耗和阻抗电压增幅较大，处于非

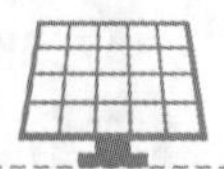

经济运行状态，故不应使其处于长时间连续过负荷运行。

（二）油浸式变压器

油浸式变压器主要由铁芯、绕组、油箱、储油柜、绝缘套管、分接开关和气体继电器等组成（见图 2–17）。在大容量的变压器中，为使铁芯损耗发出的热量能够被绝缘油在循环时充分带走，以达到良好的冷却效果，常在铁芯中设有冷却油道。

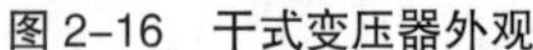
图 2–16　干式变压器外观

图 2–17　油浸式变压器外观

油浸式变压器的器身（绕组及铁芯）均装在充满变压器油的油箱中，油箱由钢板焊成。中、小型变压器的油箱由箱壳和箱盖组成，变压器的器身放在箱壳内，将箱盖打开就可吊出器身进行检修。为了加强绝缘和冷却条件，变压器的铁芯和绕组一起浸入灌满了变压器油的油箱中。

油浸式变压器的性能特点主要包括：

（1）油浸式变压器低压绕组除小容量的采用铜导线以外，一般都采用铜箔绕轴的圆筒式结构。高压绕组采用多层圆筒式结构，使之绕组的安匝分布平衡，漏磁小，机械强度高，抗短路能力强。

（2）铁芯和绕组各自采用了紧固措施，器身高、低压引线等紧固部分都带自锁防松螺母，采用了不吊心结构，能承受运输过程中的颠簸和振动。

（3）线圈和铁芯采用真空干燥，变压器油采用真空滤油和注油的工艺，使变压器内部的潮气降至最低。

（4）油箱采用波纹片，具有呼吸功能，来补偿温度变化引起的油的体积变化，因此没有储油柜，降低了变压器的高度。

（5）由于波纹片取代了储油柜，使变压器油与外界隔离，这样就有效地阻止了氧气、水分的进入而导致绝缘性能的下降。

（6）油浸式变压器在正常运行过程中不需要换油，大大降低了变压器的维护成本，同时延长了变压器的使用寿命。

二、运行维护要求

（一）箱式变压器日常巡检

为保证箱式变压器的长周期安全可靠运行，及时发现箱式变压器运行中出现的设备缺陷和异常现象，运维人员应检查箱式变压器本体、高压室、低压室内各装置、设备及连接母排、电缆等运行状态是否正常，应进行定期巡回检查工作。巡检时重点关注箱式变压器的电压、电流、温度、温升等运行参数及变化，均在正常范围内为设备运行正常。日常巡检工作主要包括以下方面：

（1）变压器运行声音是否正常，有无异响及放电现象。

（2）变压器温度计指示是否正常，远方测控装置指示是否正确。

（3）绝缘子、套管是否清洁，有无破损、裂纹、放电痕迹及其他异常现象。

（4）变压器外壳接地点接触是否良好。

（5）冷却系统的运行是否正常。

（6）各控制箱及二次端子箱是否关严，电缆穿孔封堵是否严密，有无受潮。

（7）警示牌悬挂是否正确，各种标识是否齐全、明显。

（二）箱式变压器特殊巡检要求

除日常巡视检查外，变压器的特殊巡视检查还包括：

（1）大风天气时，检查变压器上是否有悬挂物。

（2）雷雨天气后，检查是否有闪络放电现象，避雷器放电计数器是否动作。

（3）暴雨天气时，检查变压器周边及电缆沟积水情况，是否有洪水、滑坡、泥石流、塌陷等自然灾害的隐患。

（4）大雾天气时，检查有无放电现象，并应重点监视电缆头、避雷器、连接铜排等部分有无放电现象。

（5）下雪天气时，根据积雪检查变压器周边情况，并及时处理积雪和冰柱。

（6）变压器保护动作跳闸后，应检查变压器本体有无损坏、变形，各部位连接有无松动。

（7）变压器满负荷或过负荷运行时，应加强巡视。

（三）箱式变压器运行规定

新投运的变压器或更换绕组后的变压器，应投入全部保护，从电源侧空载全压合闸冲击 3 次，以检查励磁涌流下的继电保护动作情况。除此在运行过程中还应注意以下方面：

（1）变压器在额定冷却条件下，可按铭牌参数长期连续运行。

（2）变压器的运行电压波动范围为额定电压的 ±5%，额定容量不变时加在各绕组的电压不得超过额定值的 105%。

（3）变压器冷却器故障不能恢复运行时，应采取有效措施转移负荷，或申请停运该变压器，严禁变压器超温运行。

（4）当变压器有较严重的缺陷（有局部过热现象等），不应超过额定电流运行。

（5）变压器的正常运行温度限额为 90℃，禁止超过 110℃运行。变压器在环境温度 0 ～ 40℃时，可带 105% 负荷长期运行。

（6）变压器在下列情况下，不允许过负荷运行。

1）冷却系统有故障，不能正常投运。

2）变压器本体有局部过热现象。

3）全天满负荷运行，且变压器温度较高。

第三章 技术监督工作内容

第一节 技术监督概述

一、技术监督的概念

技术监督是电力生产技术管理的一项重要组成部分。它依据科学的标准，采用先进的测量手段及管理方法，在发、供电设备全过程的质量管理中，对涉及设备健康水平及对安全、稳定、经济运行有重要作用的参数和指标进行监督、检查与调整，以确保发、供电设备运行在良好的状态或允许范围内。

技术监督的主要任务是认真贯彻执行国家和电力行业的各项标准规程、规章制度及反事故措施，掌握电力设备的运行情况与变化规律，及时发现和消除设备缺陷，分析事故原因，制定反事故措施，不断提高电力设备运行的安全可靠性。

技术监督应以安全和质量为中心，对电力设备设施和系统安全、质量、环保监督、经济运行有关的重要参数、性能指标开展检测和评价等。通过定期、定项目检测电力设备重要参数和性能指标，对在基建、安装、调试、运行和检修中查出的设备缺陷，根据其对生产的危害损伤程度实施跟踪、处理和更换等技术监控，达到减少和预防事故发生的目的。

二、技术监督专业划分

DL/T 1051—2019《电力技术监督导则》对发、供电企业的技术监督工作的专业划分进行了规定。同一项专业监督在发、供电侧，在不同的电站业态中，面向具体设备差异较大，但一般意义上的工作范围和工作内容大致相同。

DL/T 1051—2019 将技术监督项目划分为 11 项专业监督和 6 项设备设施监督。11 项专业监督分别是电能质量监督、绝缘监督、电测监督、继电保护监督、调度自动化监督、励磁监督、金属监督、化学监督、热工监督、节能监督、环保监督；6 项设备设施监督分别是电气设备性能监督、汽（水）轮机监督、锅炉监督、燃机监督、风轮机监督和建（构）筑物监督。

在划分光伏电站技术监督专业时，不仅要考虑电站业态，还必须考虑沿袭现有的实际执行情况。例如在实际执行绝缘监督时，与 DL/T 1051—2019 的规定不同，其工作内容实际还包含了逆变器、汇流箱及集电线路性能监督的工作内容；而在光伏电站中，金属监督范围主要包括光伏支架和连接螺栓，一般归置于光伏组件及逆变器监督。综合考虑光伏运维实际情况，本书将光伏电站技术监督划分为 8 个专业，即绝缘监督、继电保护监督、电测监督、电能质量监督、监控自动化监督、能效监督、组件及逆变器监督、化学及生态环保监督。各发电集团可依据本企业实际情况对光伏电站技术监督专业划分设置进行调整。

三、光伏电站技术监督专业简介

（一）绝缘监督

绝缘监督是依据国家、行业和发电集团相关标准及规章制度，对光伏发电企业影响发、供电设备绝缘水平的各个环节进行全过程的监督与管控。通过有效的测试和管理手段，对高压电气设备绝缘状况和影响绝缘性能的污秽情况、接地装置状况、过电压保护等进行全过程监督，不断提高设备的健康水平，确保高压电气设备在良好绝缘状态下运行，防止和消除绝缘事故。绝缘监督工作范围包括变压器、电抗器、互感器、开关设备、绝缘子、电力电缆、金属氧化物避雷器、接地装置等，以及进行电气设备检测的高压试验仪器、仪表和绝缘工器具等。

（二）继电保护监督

继电保护监督是依据国家、行业和发电集团相关标准及规章制度，对光伏发电企业影响发、供电系统及设备安全稳定运行的继电保护及安全自动装置进行全过程的监督与管控。按照依法监督、分级管理原则，对继电保护系统与设备，二次回路的设计、选型、安装、调试、运行、维护、评价进行全过程监督，对其运行状态进行巡视检查、整定、调整、消缺，使之经常处于完好、准确、可靠状态，满足系统运行需要。

继电保护监督工作范围包括用于电力系统设备的电气量和非电气量继电器，电力系统的继电保护装置（各种线路和元件保护及自动重合闸、备用电源自动自投装置、故障录波器），安全自动装置及其二次回路（继电保护用的公用电流电压回路、直流控制和信号回路、保护的接口回路等）等的性能指标和健康状况。

（三）监控自动化监督

监控自动化监督依据国家、行业和发电集团相关标准及规章制度，对光伏发电企业

的仪表及控制系统在电力生产全过程中的性能和指标进行过程监控与质量管理，保障发电设备安全、经济运行。对于光伏电站来说，监控自动化监督的工作范围包括发电监控系统（含升压站监控系统、光伏发电各分系统监控装置），光功率预测系统，与调度运行相关的自动化系统（含远动终端设备 RTU、电能量计费系统、同步相量测量装置 PMU、有功功率自动控制系统、无功功率控制系统等）的性能，以及电力调度数据网络安全等。

（四）光伏组件及逆变器监督

光伏组件及逆变器监督依据国家、行业和发电集团相关标准及规章制度，对光伏组件及逆变器在设计、设备选型、生产运行等全寿命周期内进行监督与管控。光伏组件及逆变器监督工作范围包括光伏组件、逆变器、汇流箱与支架。通过对光伏发电站组件、逆变器、汇流箱与支架的技术监督，防止选型、安装与调试中出现问题，及时了解并掌握生产期设备运行状态，提高设备安全运行的可靠性。

（五）化学环保监督

化学及生态环保监督依据国家、行业和发电集团相关标准及规章制度，对光伏发电企业化学及生态环保监督对象在设计、设备选型、基建安装、生产运行等全寿命周期内进行监督与管控。化学及生态环保监督工作范围包括绝缘油、SF_6气体质量等，以及生态保护措施（含复垦及植被恢复措施），污染防治措施（大气环境保护措施、水环境保护措施、声环境保护措施、土壤环境保护措施 / 固体废物处置措施、固沙措施）等各项环保措施。

（六）电测监督

电测监督依据国家、行业和发电集团相关标准及规章制度，通过有效的测试和管理手段，对仪器仪表和计量装置及其一、二次回路，开展覆盖设计审查、设备选型、设备订购、设备监造、安装调试、交接验收、运行维护、技术改造阶段全方位、全过程的监测与管控，保证电测量值传递准确、可靠。

电测监督对于协调供用电双方工作关系发挥着关键性作用，其电能计量性能直接关系供用电双方的切身利益，因此也成为发电企业关注的焦点，在一定程度上，加强电测技术监督显得尤为重要。

（七）电能质量监督

电能质量监督依据国家、行业和发电集团相关标准及规章制度，对影响电能质量的各个环节进行全过程的监督与管控。通过对生产过程中相应的电能指标、电能参数和试验数据的监督，来判断发、供电设备的健康水平、运行状况，以尽早发现用电设备或生产过程的异常，从而进行调整或检修维护，达到对事故的超前预判和超前控制，避免异常事故的发生。电能质量监督工作范围包括电压偏差、频率质量、谐波和三相不平衡度等技术参数的监测统计及管理。

（八）能效监督

能效监督依据国家、行业和发电集团相关标准及规章制度，对光伏发电的各个环节进行全过程的监督与管控，统计并分析有关能效的重要参数、指标，并对光伏企业能效管理水平进行监督、检查和评价。能效监督要按照统一标准和分级管理的原则，实行从设计、安装、调试、运行、检修的全过程、全方位监督管理。

第二节　技术监督全过程管理

光伏电站技术监督全过程管理指电力设备在设计选型、设备监造、施工安装、调整试运、生产运行、检修技改及设备停运、退役等全生命周期过程中，依据国家、行业有关标准、规程，采用有效的测试和管理手段，对电力建设及生产过程中与安全、质量、环保、经济运行有关的重要参数、性能和指标进行监测与控制，对电力生产所需的标准规程执行落实情况进行监督。

一、设计选型阶段技术监督管理工作

（一）主要问题

设计选型阶段技术监督是工程基建阶段技术监督中非常关键的一个环节。项目可行性研究和初步设计起步较早，建设单位组织机构尚未完善、工程管理人员尚未齐全、技术监督实施单位尚未确定，导致设计选型阶段的技术监督基本无法开展。当前，由于设计阶段主体责任履行不到位，电力工程的设计存在雷同，家族性设计缺陷不断被复制和重演。一方面，在电力工程建设前期，工程管理人员数量较少，且主要关注招标采购、流程审批等工作，对设计方案和设备选型中出现的问题难以做到全面了解；另一方面，考虑施工进度和前期资金投入的影响，建设单位执行专业技术标准刚性不足，对影响较小的问题往往未能闭环整改。如何避免发生设计与设备选型等家族性缺陷，是一个值得重视的问题。

（二）重点关注

（1）建设单位应在项目立项阶段确定基建技术监督实施单位，并组织其参加可研评审和初步设计方案讨论等会议。技术监督实施单位应保证参会人员的技术水平满足评审要求。

（2）可行性研究应符合国家及行业制定的新建光伏电站技术路线要求，并结合项目实际对光伏电站初步设计与发电设备选型，新技术、新工艺、新材料的应用进行把关，同时应充分考虑光伏电站投产后的运行安全性、经济性和灵活性。

（3）贯彻执行国家、行业有关技术监督的政策、法规、规程和标准等。组织本单位履行技术监督实施主体责任，建立技术监督组织管理体系，提供必要技术监督保障资

源。重点关注是否违反《防止电力生产事故的二十五项重点要求》（国能发安全〔2023〕22 号）、《防止电力建设工程施工安全事故三十项重点要求》（国能发安全〔2022〕55 号）等国家、行业设计标准规范。

（4）建立重大设计变更跟踪机制，编制重点工作清单。对于光伏电站建设过程中出现的各类设计问题，技术监督实施单位应协助建设单位定期收集、分析设计变更。建设单位应定期检查施工单位出具的工程联系单并建立相关台账。设计选型阶段技术监督重点工作清单见表 3–1。

表 3–1　　设计选型阶段技术监督重点工作清单（包括但不限于）

序号	监督内容	监督要求
1 光伏发电单元		
1.1	场址勘测	应对场址选择、现场观测、太阳能资源评价进行评价，防止容量失配现象发生
1.2	环保评价	编制环评报告和水土保持方案，并经有审批权的主管部门审批
1.3	设计方案	应对设计方案进行交底并对施工图进行会检（风沙、台风、高温、烟雾、强紫外的耐候性及抗倒塌性）
1.4	组件选型	组件选型主要考虑制造商的生产规模、行业业绩、制造水平、技术成熟度、运行可靠性、未来技术发展趋势等
1.5	阵列布置	组件布置应结合当地地势等自然条件综合考虑组件布置，避免外部遮挡及阵列间遮挡
1.6	支架基础	支架与基础的连接方式选择是否结合当地地势等自然条件综合考虑
2 集电线路工程		
2.1	集电线路设计方案审查	是否满足因地制宜，缆线结合，做到技术先进、经济合理、安全适用、便于施工和维护等条件
3 升压站工程		
3.1	升压站设计方案确认	升压站室外结构设计主要包括主变压器、厂用变压器、SVG、电流互感器、电压互感器、避雷器、断路器、隔离开关、中性点设备、共箱母线支架等的设备基础设计调整布置；进、出线架及母线架选型、设计计算；防火墙、事故油池设计计算；避雷针选型及设计计算；电缆沟及盖板选型

二、设备监造阶段技术监督管理工作

（一）主要问题

随着我国电力工程建设规模的不断壮大和快速发展，电力设备制造企业竞争日趋激烈。同时，设备供应商内部管理不善等多方面原因，导致设备质量隐患重重：一是部分设备供应商承接了超常规模的设备订单和制造任务，随着原材料、人工成本等增加，为追求利益最大化，造成设备质量下滑；二是部分设备供应商将设备过度分包、转包，对承包单位生产工艺、材料等级管控不严，致使设备性能得不到根本保障；三是部分制造单位对设备设计、工艺、质量检验、验收等环节管控不足，与技术协议不符或达不到技术协议要求的现象时有发生，直接影响电力设备的产品质量。

（二）重点关注

（1）应严格按照国家、行业标准和设备供货合同等制订设备监造计划、监造大纲和见证项目表，履行设备监造责任，实施全过程监造和质量把关。审查监督大纲和质量计划是否参照 DL/T 586—2008《电力设备监造技术导则》执行。对于设备制造阶段发现的有关问题，根据技术方案、设计资料、技术指标等，对问题进行分析和处理。

（2）应严格按照国家、行业标准要求对重要部件、关键部件的制造质量和制造工序等进行见证，设备出厂应进行验收，出厂试验项目应齐全，试验结果合格，移交的技术文件齐全，必要时建设单位参加见证和验收。审查出厂验收报告是否根据相对应的技术协议执行；审查监造总结是否根据相应的技术协议执行；审查重要出厂试验项目见证是否根据技术方案及技术指标执行。通过厂家提供的检验记录等资料，根据现行的标准，对设备和部件进行出厂前的监督，对于重要节点，建设单位可全程派人参与并现场共同检验验收。

（3）应对设备制造过程中出现的问题及处理方法和结果等进行重点检查，确保设备性能满足规范要求。并对主要及关键部件制造质量、制造工序和整体试验等进行见证。重点检查设备监造过程中出现的质量问题，检查不合格项的记录、分析和处理方案、处理结果等文件是否符合规范要求。审查重要附属设备校验证明和监测报告是否根据具体技术方案及技术指标执行；对设备验收阶段发现存在的技术问题提交书面报告。设备监造阶段技术监督重点工作清单见表 3-2。

表 3-2　　设备监造阶段技术监督重点工作清单（包括但不限于）

序号	监督内容	监督要求
1 光伏发电单元		
1.1	光伏发电单元主设备出厂监试，包括光伏组件、光伏支架、逆变器、汇流箱、箱变等	重要试验关键点应进行现场监试，应严格按照有关技术标准执行
2 集电线路工程		
2.1	线路电缆	电缆核相、绝缘检测、耐压试验、参数测试是否符合规程要求
2.2	预埋装置	预埋地脚螺栓规格满足设计要求，位置偏差符合标准规定，外露长度一致

续表

序号	监督内容	监督要求
3 升压站工程		
3.1	升压站主设备监造监督，包括主变压器、SVG、避雷器、断路器等	参与设备出厂试验，监督产品制造过程并确保产品合格后出厂
3.2	土建工程实体质量的监督检查	设计前已通过现场试验或试验性施工，确定设计参数和施工工艺参数；承载力检测结果满足设计要求

三、施工安装阶段技术监督管理工作

（一）主要问题

（1）当前光伏电站基建工程普遍采用EPC管理模式，部分总包单位在市场竞争中通过低价中标的方式获得项目。施工项目内容与合理工程造价不匹配，为工程质量和施工安全埋下隐患。

（2）建设单位、监理单位、EPC单位等参建单位未建立基建技术监督体系。大多数光伏基建工程施工期间没有完善的组织体系，由于实际施工工序较多，且专业管理人员数量偏少，造成现场技术监督工作随意性较大，出现质量监督问题后无法快速响应，基建项目技术监督工作普遍缺失。

（3）由于低价中标、组织管理等原因，安装人员专业能力下滑趋势严重。安装人员不了解行业相关技术标准，使安装质量未达到相关标准要求，例如光伏电站电缆隐蔽工程施工质量差、电缆接头制作工艺不佳、光伏组件支架安装不符合设计要求等，严重威胁光伏电站投产后的安全运行。

（二）重点关注

（1）应对主设备、重要辅助设备和材料进行到厂验收，重点检查设备供货单与供货合同及实物是否一致，验收过程中发现的问题应及时整改。应对施工安装过程中出现的质量问题的分析、处理及整改情况进行重点检查。相关参建单位应加强安装过程管理，重点关注光伏支架、光伏组件、汇流箱、逆变器、配电柜、集电线路、电网接入系统及计量装置等设备，确保符合相关标准。支架安装前应对基础及预埋件（预埋螺栓）的水平偏差和定位轴线偏差进行检查监督，检查支架倾斜角度偏差度以及固定或手动可调支架安装的偏差、沉降观测记录是否合格。

（2）应对施工安装实体工程质量进行过程控制，注重隐蔽工程和关键部件、交接验收、事故分析处理等检查验收工作。在施工安装阶段，应按照有关设计文件、厂家设备安装的技术措施、技术规程规范和相关标准的要求，根据工程主要质量控制点，对主设备、辅助设备和材料到厂现场试验、检测和验收监督检查，对设备安装施工技术措施、重大试验方案等实施监督检查。应注重监督施工安装实体工程质量的过程控制情况。

（3）应采取实体工程检查和资料文件检查相结合的方式开展监督工作，注重资料文件完整性和真实性。设备安装应符合国家行业安装工艺验收规范，保证设备安全性和工艺质量。

（4）完善施工安装标准化、清单化，编制重点工作清单。对于光伏电站建设过程中出现的各类施工安装问题，技术监督实施单位应协助建设单位对设备缺陷和安装质量问题进行定期分析、处理，督促整改落实。

施工安装阶段技术监督重点工作内容见表 3–3。

表 3–3　　施工安装阶段技术监督重点工作清单

序号	监督内容	监督要求
1 工程管理		
1.1	管理机构及职责	建立以总工程师（场长）为组长的技术监督小组，负责基建期间技术监督日常管理工作。设计、制造、安装、调试、监理等单位需在小组中，共同做好基建阶段各环节工作并进行督促、检查
1.2	基建期制度体系	编制技术监督制度、应急预案、设备质量全过程监督的签字验收制度等
1.3	建立健全各类设备管理资料	各类设备、仪表和装置台账。 各类设备、仪器仪表、装置和试验设备的使用说明书。 现场记录（包括试验检验记录、安装调试记录、缺陷记录、设备变更等）。 各类设备、装置电气原理图、安装接线竣工图和电测计量网络竣工图工程竣工验收图纸资料
1.4	工程强制性标准（强制性条文）	工程建设有关质量强制性标准（强制性条文）实施计划及执行情况
1.5	异常情况监督	掌握基建过程中安装、试验、试运情况，发现重大设备异常或事故，应及时向有关部门汇报。组织异常试验数据分析处理等。设备异常等以上缺陷均要进行分析、采取必要的措施等，并形成记录存档
1.6	设计方案、施工方案、交底记录管理	审核设计方案、施工方案、交底记录等是否规范，完成审核
1.7	资质管理	审核相关专业人员是否持证上岗，具备资质；试验检测机构取得管理部门等相关部门资质认定证书；检测设备、计量工器具配置满足需要，检定（校准）合格且在有效期内
2 光伏发电单元		
2.1	组件安装	
2.1.1	组件验收文件审查	是否符合规程要求（到货检测：抽检比例 10 块 /MW）
2.1.2	组件安装倾角检查	固定式支架倾角是否严格按照设计要求

续表

序号	监督内容	监督要求
2.1.3	安装后检测验收监督	是否符合规程要求
2.2	支架安装及焊接工艺审查	
2.2.1	基础、支架	对结构连接紧固进行检查和检测
2.2.2	支架	支架防腐处理满足要求
2.3	一次设备到货验收	是否符合规程要求
3 集电线路工程		
3.1	产品质量	电缆、附件和附属设施的产品质量技术文件齐全
3.2	电力电缆	
3.2.1	电缆及接头外观检查	电缆及接头的各类标识齐全；电缆终端带电部位安全净距符合标准规定
3.2.2	电缆及接头安装	35kV 及以上电力电缆终端头制作应全数旁站检查；中间电缆接头应全数旁站检查
3.3	隐蔽工程施工	隐蔽工程验收及质量验收建设单位应派专业人员参加，签证记录应齐全，满足设计要求及符合标准规定。施工过程应留有必要的影像资料
3.3.1	直埋线缆	直埋电缆敷设温度，埋设深度，保护措施，电缆之间及与其他交叉的管道、道路、建筑物之间的距离满足设计要求，符合标准规定；电缆路径标识齐全
3.3.2	通信线路	场内通信线路路径与敷设方式与集电线路相同
3.3.3	接地装置埋设	接地装置埋设、焊接、防腐、与杆塔连接、接地阻抗测试值满足设计要求，符合标准规定
4 升压站工程		
4.1	升压站线路保护安装	技术资料齐全（原理图、主接线图及设备参数、端子排图、说明书、分板图等）
4.2	升压站保护出厂试验	参考有关出厂验收的规程、规范、订货合同，对出厂验收大纲、出厂试验报告进行检查

四、调整试运阶段技术监督管理工作

（一）主要问题

（1）基建调试人员数量难以满足新能源项目的调试需求。随着电力体制改革的不断深化，以省电力科学研究院为主力班底的调试技术人员业务转型，同时部分人才流向其他发电企业，造成了发电行业调试人员数量不足。

（2）业主单位监督管控不力，未制订科学的控制计划，未对工作程序进行约束和管理，造成安装和调试的劳动效率降低，调试进度滞后。因赶工期而造成投产前必要试验遗漏现象时有发生，如电能质量测试、有功功率控制能力测试、无功电压控制能力测试、无功补偿装置并网性能测试、惯量响应和一次调频测试等，光伏电站匆匆投产，为后期光伏电站安全生产留下隐患。

（二）重点关注

（1）应按照国家行业调试规程规范开展单体、分系统和整套系统调试，调试项目应完整、无漏项。调试工作应延伸至设计、设备选型阶段，根据需要安排相关单位参与设计审查、设计联络会等技术评审会。建设单位应加大自身监督力度，并委托技术监督实施单位在重大节点前开展现场技术监督检查，对调试方案、调试数据、程控逻辑、定值设置以及调试中出现的异常问题进行检查和分析，应重点关注电气保护定值设置等内容。

（2）结合项目实际制订专项反事故措施，并保证有效实施。同时应按照相关标准要求开展验收和移交，确保有重要缺陷的设备不得移交生产。

（3）对调试结束的电站性能试验过程、结果进行监督，对可能遗留的问题提出整改处理意见。建设单位应组织开展电站性能试验方案审查及讨论会，审查电站 SVG 变压器检测试验、接地试验、AVC/AGC 试验、一次调频等试验方案，组织开展运行记录、故障及消缺工作记录检查。对性能试验和专项试验期间组件衰减率、电致发光特性进行抽查，对于电网自动化的遥控装置、电测计量等装置或表计的检验报告、传动试验、参数核实试验及电力系统数据网络安全验收进行监督检查。

（4）应对光伏电站进行性能考核试验，检验与考核电站的各项技术经济指标是否达到合同、设计和有关规定的要求。记录运行数据：包括电站的发电量、电压、电流等参数，并根据数据判断电站是否正常运行。定期对电站的各个设备进行安全检查，确保电站的安全运行。

（5）加强调整试运阶段问题的闭环整改工作开展水平。应对各专业整套启动调试过程中的主要试验方案、试验结果、重要记录进行监督检查，对发现的问题提出更改处理建议。

调整试运行阶段技术监督重点工作清单见表 3–4。

表 3–4 调整试运行阶段技术监督重点工作清单

序号	监督内容	监督要求
1 光伏发电单元		
1.1	光伏组件及逆变器	

续表

序号	监督内容	监督要求
1.1.1	光伏组件及逆变器的绝缘电阻与接地电阻检测	是否符合规程要求
1.1.2	组件及逆变器安装调试后，开展性能抽检测试工作	组串一致性、组件效率、$I-V$特性、逆变器转换效率、电能质量测试满足要求
1.1.3	气象站的安装调试	是否符合规程要求，倾斜总辐照表的安装倾角应与光伏组件的倾角一致；通信系统调试
1.2	箱式变压器	
1.2.1	交接验收试验	GB 50150—2016《电气装置安装工程　电气设备交接试验标准》和出厂试验数据
1.2.2	交流耐压试验（重要试验）	是否符合规程要求
1.2.3	局部放电试验（重要试验）	是否符合规程要求
1.2.4	其他试验	绕组直流电阻、油中溶解气体色谱分析、绝缘油试验、绕组绝缘电阻、极性、变比、吸收比或极化指数、绕组泄漏电流、噪声测量、测温装置及二次回路试验、气体继电器及二次回路试验是否符合规程要求
1.2.5	现场检查	（1）检查光伏组件和组件串的连接情况，同一光伏组件或光伏组件串的正负极不应短接。 （2）安装完成后，光伏组件金属边框之间应做等电位联结并与接地网可靠连接。 （3）按照环评及批复文件、水土保持方案进行施工。施工期间不对生态环境造成影响
1.3	光伏发电单元技术监督档案的建立	建设单位应建立原始技术监督档案，资料档案室应及时将资料清点、整理、归档
1.4	全场发电效率检测	移交生产时开展，选择反应平均水平的方阵测试
2 集电线路工程		
2.1	集电线路工程技术监督档案的建立	建设单位应建立原始技术监督档案，资料档案室应及时将资料清点、整理、归档
2.2	电缆交接试验验收	GB 50150—2016《电气装置安装工程　电气设备交接试验标准》
2.3	接地网和防雷接地装置交接试验	GB 50150—2016《电气装置安装工程　电气设备交接试验标准》、DL/T 475—2017《接地装置特性参数测量导则》、GB 50169—2006《电气装置安装工程　接地装置施工及验收规范》

续表

序号	监督内容	监督要求
3 升压站工程		
3.1	继电保护及安全自动装置	检验线路和主设备的所有保护之间的相互配合关系满足要求；继电保护及安全自动装置定值整定符合要求，保证准确无误
3.2	升压站工程技术监督档案的建立	建设单位应建立原始技术监督档案，资料档案室应及时将资料清点、整理、归档
3.3	受电方案审查	受电方案已取得电网调度部门批准，设备命名文件已下达并执行，保护定值审批手续齐全并整定复核
3.4	施工质量验收	（1）按照范围划分表完成规定的验收工作。 （2）隐蔽工程及分部、分项工程验收记录签证齐全。 （3）按规定完成施工和调试项目质量验收并汇总。 （4）环保措施、水土保持措施按照环评报告和水土保持方案与主体设施同时投产
3.5	交接验收试验监督	GB 50150—2016《电气装置安装工程　电气设备交接试验标准》、DL/T 475—2017《接地装置特性参数测量导则》、GB 50169—2006《电气装置安装工程　接地装置施工及验收规范》
3.6	启动方案审查	启动方案必须经过严格的审核批准后才能实施，工作过程中应严格按照启动方案执行，保证人员、设备安全

五、生产运行阶段技术监督管理工作

（一）主要问题

（1）光伏电站技术监督网络不健全，未结合企业管理模式设置。部分场站未将场站负责人、外委运维单位、光伏设备厂家等单位纳入技术监督网络中；基建工程项目未将监理、施工、调试等参建单位纳入技术监督网络，导致基建技术监督工作无法正常开展。

（2）安全生产管理制度不健全。各专业技术监督规程、检修规程、运行规程中存在与场站实际不符的情况；未明确各级领导和员工的安全生产职责，导致安全生产工作无法得到有效的落实和监管；未制定科学、实用的应急预案和应急救援体系，无法在紧急情况下及时、有效地应对和处理事故，导致事故损失扩大。

（3）光伏技术监督专业技术人员不足。光伏电站骨干岗位专业技术人员流动性较大，核心专业人才短缺。部分人员对专业技术管理沉淀不足，对技术监督标准、规范掌握不到位，导致技术监督管理认识不足、规程制度不全、收购并购项目技术尽调不深入、功率预测系统精度不高、专业人才短缺等典型问题的出现。

（4）委外运维单位管理水平需提高。运维外委模式下，运维工作内容与合同价格

不匹配，技术监督工作、电气预防性试验、光伏组件性能测试等均为未在技术协议中体现，试验漏项、缺项、执行标准不高等问题普遍存在。

（二）重点关注

（1）建立企业主要技术负责人负总责的技术监督管理体系，进一步优化完善各级技术监督网络，压实责任。新能源企业技术监督组织机构应与企业管理现有模式相匹配。三级单位（或区域公司）应将场站、外委单位统一纳入技术监督网络中，充分发挥三级单位（或区域公司）在新能源技术人员短缺下的统一协调优势，保证技术组织机构高效运作。

（2）电力企业应定期组织安排本单位技术监督人员的培训工作。积极参加当地技术监督部门组织的活动，积极参加技术监督服务单位组织的相关会议，加强技术交流学习。针对生产过程中发现的共性问题和技术难题组织召开交流会议。同时发挥上级技术监督支持单位在技术监督方面的优势及监督体系中的作用，邀请相关专业技术监督专家对公司技术监督人员进行针对性的培训，不断提高专业人员的技术监督水平。

（3）提高光伏电站定值及保护投退管理水平。由于继电保护相关人员缺失等因素，在定值及保护投退管理方面存在诸多问题，主要体现在以下几个方面：

1）不能够自主地对电站内执行的定值开展核算工作，有些电站定值已超期无效。

2）缺少箱式变压器低压侧框架断路器定值计算书和定值单。以上不满足《防止电力生产事故的二十五项重点要求》（国能发安全〔2023〕22号）第18.5.1条“依据电网结构和保护配置情况，按相关规定进行保护的整定计算”的要求。

3）存放的失效定值单未加盖“作废”公章，不满足DL/T 587—2016《微机继电保护装置运行管理规程》第11.4.4条“在无效的定值单上加盖‘作废’章”的要求。

4）保护压板投退管理方面存在问题，如保护屏存在“不用的保护跳闸压板没有摘除”，存在投入了错误的保护压板的问题，保护压板不能够按照“色标管理规定”标识。

（4）光功率预测系统运维管理需优化。功率预测系统实测气象数据与预测差距过大、功率预测系统开机容量配置错误、通信中断等问题，会导致新能源场站功率预测指标难以达到所属地区“双细则”要求，产生考核费用的同时也降低了电站收益。针对该问题，在日常运行维护中，光伏运维人员需重点从站内功率预测系统运行的稳定性、数据传输的可靠性、预测数据的合理性、实时数据的连续性等几方面进行检查，提高光功率预测系统运维管理水平。建议重点关注以下内容：

1）数值天气预报是否数据可靠、传输是否正常。

2）实时气象监测采集数据是否可靠、传输是否正常。

3）与监控系统接口是否稳定，实时输出功率数据采集是否准确。

4）系统设置的开机容量与实际是否一致。

5）功率预测结果是否及时准确上报调度。

6）信息交互违反二次安防相关规定等。

生产运行阶段技术监督重点工作清单见表3-5。

表 3–5　　　　生产运行阶段技术监督重点工作清单（包括但不限于）

序号	监督内容	监督要求
1 光伏发电单元		
1.1	光伏组件及逆变器	
1.1.1	光伏组件	检查组件有无遮挡、有无明显色差和热斑、固定是否牢固
1.1.2	光伏组件支架	检查支架梁柱、支撑有无断裂、脱落、变形和基础下沉等现象，防腐层表面有无脱落、起皮等缺陷，支架、立柱受力均匀，与建筑物结构固定牢固
1.1.3	汇流箱	检查断路器合闸状态下，按复位按钮，可正常分、合闸；引线紧固无松动和过热现象；检查断路器本体无裂纹、无过热；检查防雷器是否有效；沉降区应定期检查线缆张紧程度是否合适
1.1.4	逆变器	检查柜门是否正常关闭、防火封堵完善、接地可靠、标识清晰、无积灰；检查逆变器交、直流侧断路器螺栓紧固、铜排及断路器本体无过热；检查防雷器是否有效；检查风扇运转情况良好、模块无过温；沉降区应定期检查线缆张紧程度是否合适
1.2	箱式变压器	检查箱式变压器的外观，主要包括外部线缆连接是否牢固、外壳是否有损坏或腐蚀等。监测箱式变压器的温度，特别是高压部分和关键部位的温度；如果温度异常，应及时处理，以避免设备过热导致故障
1.3	光伏发电单元运行报表	定期统计光伏发电单元发电量、设备故障停运次数、故障时长等指标并进行分析，对于异常指标应分析原因并制订整改措施
1.4	极端天气专项检查	雷暴、大风等极端天气后开展支架专项巡检，检查紧固压件是否松动、角度是否发生偏移；检查光伏发电单元设备接地是否良好、防雷器是否有效
2 集电线路工程		
2.1	线路本体	线路本体的定期巡视内容包括接地装置、绝缘子、导线、地线、引流线、屏蔽线
2.2	附属设施	附属设施的定期巡视内容包括防雷装置、防鸟装置、各种监测装置、防雾防冰装置
3 升压站工程		
3.1	主变压器	主变压器的油温和温度计、储油柜的油位及油色均正常，各部位无渗油、漏油；套管油位应正常，套管外部无裂纹、无严重油污、无放电痕迹及其他异常现象；变压器声响均匀、正常；吸湿器完好，吸附剂干燥；压力释放器、安全气道及防爆膜应完好无损
3.2	SF_6 断路器	定期记录 SF_6 气体压力和温度；断路器各部分及管道无异声（漏气声、振动声）及异味，管道夹头正常；断路器在开断故障电流后，值班人员应对其进行巡视检查；高压断路器分合闸操作后的位置核查，尤其是对主变压器高低压侧断路器，在并网和解列时，应到运行现场核实其机械实际位置，并根据电压、电流互感器或带电显示装置确认断路器触头准确状态

续表

序号	监督内容	监督要求
3.3	气体绝缘金属封闭开关设备（GIS）	定期检查外壳、支架等有无锈蚀、损坏，瓷套有无开裂、破损或污秽情况，外壳漆膜是否有局部颜色加深或烧焦、起皮现象；气室压力表、油位计的指示在正常范围内，并记录压力值；断路器动作计数器只是正确，并记录动作次数
3.4	金属氧化物避雷器	接地引下线无锈蚀、无脱焊；内部无放电响声，放电计数器和泄漏电流监测仪指示无异常；雷雨、大风、冰雹等特殊天气过后，应检查引线摆动情况、计数器动作情况、计数器内部是否进水、接地线有无烧断或开焊、避雷器和放电间隙的覆冰情况
3.5	继电保护及安全自动装置	光伏电站应根据所在电网每年提供的系统阻抗值及时校核继电保护定值，避免保护发生不正确动作行为；继电保护定值整定中，当灵敏性与选择性难以兼顾时，应首先考虑以保灵敏度为主，防止保护拒动；定值整定计算书完成后，应经专人全面复核，以保证整定计算的原则合理、定值计算正确，并经公司主管生产领导审核、批准后方可使用

六、检修技改阶段技术监督管理工作

（一）主要问题

（1）光伏电站尚未深入开展检修及技改标准化工作，检修及技改制度、检修规程、检修及技改文件包、检修作业指导书等标准化管理文件缺失，难以指导光伏电站开展检修技改阶段技术监督工作。

（2）在当前以外委为主的新能源场站运维模式下，光伏电站未将检修及技改单位纳入技术监督管理体系中，存在以包代管的情况，导致定期工作漏项、缺项、执行标准不高等问题时有发生。

（3）检修人员技术水平参差不齐，在设备出现故障时，检修人员更多的是凭借自身的主观经验，无法有效地解决故障，导致企业在生产运营管理中投入更多的维修成本，进而对新能源企业的运维产生影响。

（二）重点关注

（1）光伏电站技术监督管理部门应收集内部优秀的检修文件档案，汇总形成检修及技改文件档案推荐清单，指导场站根据推荐清单编制符合场站实际情况的检修及技改文件档案清单并宣贯执行。有条件的光伏电站可借助数字化手段，依托技术监督管理平台实现检修及技改工作标准化。

（2）完善技术监督三级网络，将外委单位纳入公司技术监督网络，明确各专业技术监督岗位分工及职责。光伏电站管理单位应安排专人负责监督管理外委单位开展各项检修作业，不得出现以包代管的情况。建立外委人员安全准入标准，加强外委检修人员准入审查，规范外委人员入厂流程，强化外委人员培训，提高外委人员安全意识及技术素养。

（3）检修及技改应安排相关生产专业人员或技术监督服务单位专业人员进行设备开工前后各项性能试验工作，以及工程期间的各项检查工作，保证检修及技改工程质量。在检修及技改后要进行技术监督专项总结，对监督设备的状况给予正确评估，并总结经验教训，为制订设备检修维护策略、技术改造方案提供详细的参考。检修技改阶段技术监督重点工作清单见表 3–6。

表 3–6　　检修技改阶段技术监督重点工作清单（包括但不限于）

序号	监督内容	监督要求
1 光伏发电单元		
1.1	光伏组件及逆变器	
1.1.1	光伏组件测试	定期开展光伏组件功率特性测试、红外检测、电致发光测试、光伏阵列绝缘电阻测试等
1.1.2	逆变器测试	定期开展逆变器效率测试、逆变器电能质量测试、逆变器绝缘电阻测试等
1.2	箱式变压器	
1.2.1	预防性试验	依据 DL/T 596—2021《电力设备预防性试验规程》要求定期开展
1.3	光伏发电单元防雷检测	依据 GB/T 32512—2016《光伏发电站防雷技术要求》要求定期开展光伏发电单元设备接地电阻测试、光伏组件接地连续性测试等
1.4	检修档案管理	运维单位针对历次重要检修工作应建立检修档案，资料档案室应及时将资料清点、整理、归档
2 集电线路工程		
2.1	杆塔与基础	定期开展拉线（拉棒）装置、接地装置的检测
2.2	导线与地线	定期开展导线弧垂、对地距离、交叉跨越距离测量
2.3	绝缘子	定期开展绝缘子表面污秽物的等值盐密计算、复合绝缘子外观检查、绝缘子金属附件检查、复合绝缘子电气机械抽样检测、零值绝缘子检测（66kV 及以上）、绝缘电阻及交流耐压等检测
2.4	接地网和防雷接地装置	杆塔接地电阻测量；线路避雷器检测；绝缘子金属附件检查；复合绝缘子电气机械抽样检测；零值绝缘子检测（66kV 及以上）；绝缘电阻；交流耐压
3 升压站工程		
3.1	主变压器	变压器预防性试验的项目、周期、要求应符合 DL/T 596—2021《电力设备预防性试验规程》的规定及制造厂的要求；变压器红外检测的方法、周期、要求应符合 DL/T 664—2016《带电设备红外诊断应用规范》的规定；停运时间超过 6 个月的变压器在重新投入运行前，应按预试规程要求进行有关试验；改造后的变压器应进行温升试验，以确定其负荷能力

续表

序号	监督内容	监督要求
3.2	气体绝缘金属封闭开关设备（GIS）	GIS 预防性试验的项目、周期、要求应符合 DL/T 596—2021《电力设备预防性试验规程》的规定及制造厂的要求；断路器达到规定的开断次数或累计开断电流值，GIS 某部位发生异常现象、某隔室发生内部故障，达到规定的分解检修周期时，应对断路器或其他设备进行分解检修，其内容与范围应根据运行中所发生的问题而定，这类分解检修宜由制造厂承包进行。GIS 解体检修后，应按 DL/T 603—2017《气体绝缘金属封闭开关设备运行维护规程 》的规定进行试验及验收
3.3	金属氧化物避雷器	避雷器预防性试验的周期、项目和要求按 DL/T 596—2021《电力设备预防性试验规程》规定执行；红外热像仪检测重点关注引线接头及瓷套表面等部位，检测方法、检测仪器及评定标准参照 DL/T 664—2016《带电设备红外诊断应用规范》执行
3.4	继电保护及安全自动装置	继电保护装置检验，应符合 DL/T 995—2016《继电保护和电网安全自动装置检验规程》及有关微机型继电保护装置检验规程、反事故措施和现场工作保安相关规定。同步相量测量装置和时间同步系统检测，还应分别符合 GB/T 26862—2011《电力系统同步相量测量装置检测规范》和 GB/T 26866—2022《电力时间同步系统检测规范 》相关要求

七、设备停运退役阶段技术监督管理工作

（一）主要问题

（1）技术监督负责人对重要设备的正常停用未形成计划报告，未从技术监督角度对计划报告进行论。技术监督服务单位参与该阶段技术监督工作不深入，对设备运行状况、寿命状况的掌握、检修计划、退役设备技术鉴定等了解不透彻，未发挥技术支撑保障作用。

（2）对设备停用后没有制定相应的保护措施，技术监督网络专业人员未对设备保养缺失、设备加速老化、设备功能丧失、设备处置等风险点进行有效评估。

（二）重点关注

（1）光伏电站各部门应根据设备分工管理规定，对本部门所属设备行使管理权责。设备的使用部门应加强设备使用状况、运行工况的跟踪分析，严格执行运行操作规程。设备的使用部门应根据上级要求，结合季节性、周期性工作，以及节能环保等有关要求，合理制订设备运行方式、运行间隔。重要设备的正常停用必须提前组织论证，形成计划报告，报生产技术部、公司领导审核批准后方可执行。设备的检修部门应加强设备运行状况、寿命状况的掌握，熟悉检修维护工艺。要制订合理的检修计划、检修周期，组织相应的审核会签。在设备停用前要落实好备品、备件的采购工作。重要设备的停用，除了必须按停用操作卡执行外，还必须制订相应的异常应急措施。设备停用应同时做好相应记录，汇报上级主管单位，通报检修部门。设备停用后，要继续做好设备的检查、确认工作，确保设备处于备用状态。设备停用期间的消缺和维护工作必须严格按照计划工作时间控制进度。设备非计划故障停运时，设备运行管理部门要启动相应的应急程序，降低故障影响，检修部门要组织紧急抢修。

（2）设备在损坏不可修复、寿命耗尽、功能丧失或更新换代、报废或闲置时方可退役。设备需退役时，必须提交详细的技术报告，组织设备运行部门、检修部门、技术管理部门、计划财务部门以及相应专业人员开展评估认定后，方可执行。设备退役时，应在相应技术台账完备记录。设备更新改造必须提交相应技术报告，新设备替换退役设备后，应及时对规程、操作卡、文件包等技术资料进行更新、修正。设备退役后，在变卖处置前可以局部拆卸或修旧利废。设备退役后，在厂内确无利用价值时，相关管理部门将根据物资管理、固定资产管理等制度，组织相应评估鉴定，进行后续处置。设备停运退役阶段技术监督重点工作清单见表 3–7。

表 3–7　设备停运退役阶段技术监督重点工作清单（包括但不限于）

序号	监督内容	监督要求
1 光伏发电单元		
1.1	光伏发电单元设备	当光伏发电单元设备达到运行寿命时，应委托有资质的机构开展拆除、运输、回收、拆解及利用工作，不得擅自以填埋、丢弃等方式非法处置退役设备；拆除光伏发电单元设备后应及时做好周边生态环境修复
2 升压站工程		
2.1	升压站主设备	开展退役设备的再利用、报废处置回收及处置评估工作；在生产管理系统录入退役设备信息，更新设备台账

第三节　技术监督日常管理主要内容

一、技术监督组织机构管理

（一）目的及意义

企业技术管理组织是众多组织中的一个重要类型，它是由两个或更多的个人在相互影响与相互作用的情况下，为完成企业共同的目的而组合起来的一个从事经营活动的组织。企业技术管理组织的任务有如下三条：① 规定每个人的责任；② 规定各成员之间的关系；③ 调动企业内每个成员的积极性，规范岗位工作。

电力企业技术监督机构主要包括发电企业、技术监督服务单位等。全面的技术监督管理工作，需要有组织、有计划、有次序地进行和完成各项具体工作任务。因此，必须自上而下、分层、分级地建立各类技术监督网络，明确各级机构职责，明确各级监督人员岗位职责等。

（二）光伏电站技术监督典型组织架构

各发电企业是设备的直接管理者，同时也是技术监督的具体执行者，对技术监督工作负直接责任。发电企业应按照技术监督规章制度的要求，成立技术监督领导小组，并明确各级人员责任。

当前，我国主要发电集团技术监督均采用三级管理制度或与三级管理制度相类似的分级管理制度，不同发电集团技术监督组织机构的设立基本类似。一级管理来自发电集团层面，由各发电集团分管生产的领导机构、技术监督管理委员会或者产业协同服务中心共同组织。二级管理来自各二级单位（根据不同发电集团组织架构，通常为区域分公司或产业公司，后续章节均简称为二级单位），由二级单位技术监督工作小组、技术监督服务单位共同承担。三级管理来自各三级单位（根据不同发电集团组织构架，通常为新能源区域中心或大型光伏电站，后续章节均简称为三级单位），由三级单位技术监督办公室领导各个专业技术监督负责人开展具体工作。

考虑到不同发电集团三级单位组织架构、管理规模、区域设置等情况，三级单位技术监督组织机构应与发电企业现有管理模式相匹配。三级单位应将光伏场站、外委单位人员统一纳入技术监督三级网络中，充分发挥三级单位在新能源人员短缺情况下的技术协调优势，保证技术监督组织体系高效运转。三级单位应明确各专业技术监督组分工和职责，并根据人员变动情况及时调整网络成员。

（三）各级技术监督机构主要职责

1. 发电集团监督机构

（1）贯彻执行国家有关光伏技术监督的政策、法规，以及行业有关规程、标准、制度、技术措施等，负责和国家、行业有关部门关于技术监督的联系工作，组织、推广和应用成熟、可靠、有效的技术监督和故障诊断技术。

（2）组织建立健全技术监督的组织体系、管理体系和制度标准体系，制订发电集团有关技术监督的规程、标准、制度和技术措施，完善技术监督网络，并布置年度技术监督工作重点任务。

（3）对二级单位和三级单位技术监督工作进行检查、监督和指导，参与重大事故的调查分析和反事故措施的制订工作。

（4）组织对重大技术监督异常情况的研究和分析，对告警中发现的典型技术监督管理问题和设备缺陷，在发电集团内部予以通报。

2. 二级单位技术监督机构

（1）贯彻执行国家有关技术监督的政策、法规、标准和发电集团有关制度、规程、技术措施等；建立和完善二级技术监督网络，组织制订本单位有关技术监督的管理制度、技术措施等。

（2）根据发电集团技术监督工作计划，制订本单位技术监督年度工作计划，对所属三级单位技术监督工作进行检查和指导；参与所属三级单位的事故调查分析工作，制订反事故措施，并对落实情况进行检查。

（3）组织召开技术监督工作会议，传达发电集团关于技术监督工作的指示和要求，总结技术监督的工作经验，布置阶段性和年度技术监督工作；组织对技术监督人员的培训、考核工作。

（4）对所属三级单位上报的技术监督指标和报表数据进行核实、汇总和分析，将重大问题和整改结果上报发电集团；检查、督促和跟踪各三级单位对存在问题整改落实情况，对重大和共性问题，组织专业技术人员进行专项研究，制订方案，落实解决。

（5）定期对所属三级单位的监督报表数据进行全面分析，并将分析报告定期上报发电集团技术监督管理部门；每年年初定期将上年度技术监督工作总结报告和下年度工作计划上报发电集团技术监督管理部门；每年一季度前负责统一协调、指导所属三级单位和技术监督服务单位签订技术监督合同，严格执行合同规定的定期报告和索赔条款，对合同执行情况进行检查和考核。

3. 三级单位技术监督机构

（1）生产副总经理或总工程师是企业技术监督工作的技术主管领导（以下简称技术主管），对三级单位技术监督工作负领导责任。

（2）贯彻执行国家法律、法规，电力行业相关规程、标准，发电集团和二级单位的监督管理制度。依法依规开展企业技术监督管理工作，实现生产目标管理。

（3）负责企业技术监督保证体系健全、有效，规范开展全过程技术监督管理。组织协调相关专业部门，完成受监设备运行参数监测、检修项目实施、定期检验、重大技术改造、事故分析和消缺处理等各项工作。

（4）审批、颁发企业技术监督组织机构、监督管理制度和检修作业规范等企业标准。监管企业标准逐项落实，监督项目有据可依，完成技术监督工作的既定目标。

（5）负责上级单位组织的技术监督检查和安全评价迎检工作。部署制订整改项目计划，组织检查和考核，实现监督检查项目的闭环监控。

（6）组织召开专业技术监督工作会议，评价技术监督管理、设备运行和检修项目指标的完成情况，提出技术监督工作的管理目标。

二、技术监督标准及规章制度管理

（一）目的及意义

电力标准是电力工业安全、稳定生产运行的重要基础性文件，建立高水平的技术标准体系、加强技术标准化管理工作是实现电力企业科学管理的基础，是做好技术监督

工作的重要依据。规章制度是电力企业内部的管理规定，是保证企业管理流畅、高效高质开展各项工作的重要支撑。我国标准体系主要包括国家标准、行业标准、团体标准和企业标准，企业也可结合自身的设备和人员特点，编制具体的实施细则。我国的技术标准经过多年的发展，在标准覆盖范围、标准数量和标准质量上均取得了显著的成就。当前，电力标准体系完备，标准化管理成果显著，电力行业技术监督工作进入了规范有序发展的新时期。

（二）光伏电站技术监督标准制度体系

光伏电站技术监督标准制度体系由高到低可分为国家标准、行业标准、地方标准、团体标准和企业标准。

1. 国家标准

指需要在全国范围内统一的或国家需要控制的技术要求所制订的标准，由国务院标准化行政管理部门制订发布。国家标准是通用的，在全国范围内普遍通用，不受行业的限制。

2. 行业标准

指在没有国家标准的情况下，需要在全国某个行业范围内统一的技术要求所制订的标准，由国务院有关行政管理部门制订发布，并报国务院标准化行政管理部门备案。

光伏电站技术监督涉及的主要国家、行业标准清单见表 3–8。

表 3–8　　典型光伏电站国家 / 行业标准清单（包括但不限于）

序号	标准名称	分类
1	GB/T 20513—2006 光伏系统性能监测　测量、数据交换和分析导则	基础通用
2	GB/T 35691—2017 光伏发电站标识系统编码导则	基础通用
3	GB/T 35694—2017 光伏发电站安全规程	基础通用
4	GB/T 39753—2021 光伏组件回收再利用通用技术要求	基础通用
5	GB 14549—1993 电能质量 公用电网谐波	设计规划
6	GB 50797—2012 光伏发电站设计规范	设计规划
7	GB 51101—2016 太阳能发电站支架基础技术规范	设计规划
8	GB/T 32900—2016 光伏发电站继电保护技术规范	设计规划
9	GB/T 34936—2017 光伏发电站汇流箱技术要求	设计规划
10	GB/T 50865—2013 光伏发电接入配电网设计规范	设计规划
11	GB/T 51437—2021 风光储联合发电站设计标准	设计规划
12	GB/T 12325—2008 电能质量　供电电压偏差	设计规划
13	GB/T 15543—2008 电能质量　三相电压不平衡	设计规划

续表

序号	标准名称	分类
14	DL/T 1364—2014 光伏发电站防雷技术规程	设计规划
15	NB/T 10128—2019 光伏发电工程电气设计规范	设计规划
16	NB/T 10642—2021 光伏发电站支架技术要求	设计规划
17	NB/T 10685—2021 光伏发电用汇流箱技术规范	设计规划
18	NB/T 32011—2013 光伏发电站功率预测系统技术要求	设计规划
19	NB/T 32016—2013 并网光伏发电监控系统技术规范	设计规划
20	GB 50794—2012 光伏发电站施工规范	施工验收
21	GB/T 50795—2012 光伏发电工程施工组织设计规范	施工验收
22	GB/T 50796—2012 光伏发电工程验收规范	施工验收
23	NB/T 10320—2019 光伏发电工程组件及支架安装质量评定标准	施工验收
24	NB/T 10930—2022 光伏发电站组件监造导则	施工验收
25	NB/T 10931—2022 光伏发电站跟踪系统及支架监造导则	施工验收
26	GB/T 19939—2005 光伏系统并网技术要求	并网运行
27	GB/T 19964—2012 光伏发电站接入电力系统技术规定	并网运行
28	GB/T 29319—2012 光伏发电系统接入配电网技术规定	并网运行
29	GB/T 29321—2012 光伏发电站无功补偿技术规范	并网运行
30	GB/T 31366—2015 光伏发电站监控系统技术要求	并网运行
31	GB/T 33599—2017 光伏发电站并网运行控制规范	并网运行
32	DL/T 793.7—2022 发电设备可靠性评价规程　第 7 部分：光伏发电设备	并网运行
33	NB/T 10204—2019 分布式光伏发电低压并网接口装置技术要求	并网运行
34	NB/T 32015—2013 分布式电源接入配电网技术规定	并网运行
35	NB/T 32025—2015 光伏发电调度技术规范	并网运行
36	NB/T 32031—2016 光伏发电功率预测系统功能规范	并网运行
37	NB/T 33010—2014 分布式电源接入电网运行控制规范	并网运行
38	NB/T 33013—2014 分布式电源孤岛运行控制规范	并网运行
39	GB/T 31365—2015 光伏发电站接入电网检测规程	检验检测
40	GB/T 34160—2017 地面用光伏组件光电转换效率检测方法	检验检测
41	GB/T 34933—2017 光伏发电站汇流箱检测技术规程	检验检测

续表

序号	标准名称	分类
42	GB/T 37409—2019 光伏发电并网逆变器检测技术规范	检验检测
43	GB/T 42006—2022 高原光伏发电设备检验规范	检验检测
44	NB/T 32005—2013 光伏发电站低电压穿越检测技术规程	检验检测
45	NB/T 32006—2013 光伏发电站电能质量检测技术规程	检验检测
46	NB/T 32008—2013 光伏发电站逆变器电能质量检测技术规程	检验检测
47	NB/T 32014—2013 光伏发电站防孤岛效应检测技术规程	检验检测
48	NB/T 32026—2015 光伏发电站并网性能测试与评价方法	检验检测
49	NB/T 32032—2016 光伏发电站逆变器效率检测技术要求	检验检测
50	NB/T 32034—2016 光伏发电站现场组件检测规程	检验检测
51	GB/T 38335—2019 光伏发电站运行规程	运行维护
52	NB/T 10113—2018 光伏发电站技术监督导则	运行维护
53	NB/T 10634—2021 光伏发电站支架及跟踪系统技术监督规程	运行维护
54	NB/T 10635—2021 光伏发电站光伏组件技术监督规程	运行维护
55	NB/T 10636—2021 光伏发电站逆变器及汇流箱技术监督规程	运行维护
56	NB/T 10637—2021 光伏发电站监控及自动化技术监督规程	运行维护

3. 地方标准

对没有国家标准、行业标准而又需要在省、自治区、直辖市范围内统一的技术要求，可以制订地方标准。地方标准由省、自治区、直辖市人民政府标准化行政管理部门制订发布，并报国务院标准化行政管理部门和国务院有关行政主管部门备案。

4. 团体标准

团体标准由团体按照团体确立的标准制订程序自主制订发布，由社会自愿采用的标准。团体标准由具备相应能力的学会、协会、商会、联合会等社会组织和产业技术联盟协调相关市场主体共同制订，供市场自愿选用，以满足市场和创新需要，增加标准的有效供给。团体标准不设行政许可，由社会组织和产业技术联盟自主制订发布，通过市场竞争优胜劣汰。

5. 企业标准

企业标准是指企业所制订的产品标准，以及企业为协调和统一技术要求、管理要求、工作要求而制订的标准。企业标准是企业组织生产、经营活动的依据。主要包括企业对国家、行业未发布相应标准的产品或施工工程，就其技术要求、质量要求、规格、试验方法、检测规则等所作出的经标准化组织审查、企业法人批准的技术规定；企业对国家标准、行业标准尚未规定的内容作出补充性的规定；企业对材料、零件、产品以及组织、采购、检查、管理事项等所制订的标准。国家鼓励企业制订严于国家标准或行业标准的企业标准，在企业内部实施。通常企业标准分为技术标准、管理标准、工作制度三大类。

光伏电站技术监督主要涉及的企业标准之工作制度清单见表 3–9。

表 3–9 典型三级单位级技术监督厂级制度清单

序号	制度名称	专业
1	运行规程	综合
2	检修规程	综合
3	技术监督实施细则（或作业指导书）	综合
4	试验报告审核制度	综合
5	试验和检修作业指导书	综合
6	设备巡检管理制度	综合
7	设备异常、缺陷和事故管理制度	综合
8	设备异动、停用和退役管理制度	综合
9	试验设备、仪器仪表管理制度	综合
10	人员教育培训制度	综合
11	技术资料、图纸管理制度	综合
12	技术监督考核和奖惩制度	综合
13	岗位责任制度	综合
14	工程及外委技术服务管理制度	综合
15	告警管理制度	综合
16	应急处置预案	综合
17	生产建（构）筑物沉降观测制度	综合
18	生产建（构）筑物日常维护制度	综合
19	化学（绝缘油、SF_6气体）验收、定期检测与异常管理制度	化学及环保
20	设备检修油气处理、维护（补油、滤油、换油、气体回收处理）工作制度	化学及环保
21	污水、废弃物管理制度	化学及环保
22	环境污染事件应急预案	化学及环保

续表

序号	制度名称	专业
23	光伏组件巡检和定期清洗管理制度	组件、逆变器及能效
24	备品备件验收、保管、领用管理制度	组件、逆变器及能效
25	汇流箱巡检管理制度	组件、逆变器及能效
26	厂区定期除草制度	组件、逆变器及能效
27	逆变器巡检维护制度	组件、逆变器及能效
28	光伏电站环境监测系统维护管理制度	组件、逆变器及能效
29	调度与通信管理制度	监控自动化
30	设备定期巡回检查制度	监控自动化
31	监控自动化系统定期试验制度及定值核查制度	监控自动化
32	监控自动化系统防火制度（包括监控自动化电缆、盘台管理制度）	监控自动化
33	监控自动化系统防病毒保护措施	监控自动化
34	监控自动化技术资料、图纸管理、计算机软件管理制度	监控自动化
35	关口电能计量装置管理制度	电测及电能
36	交流采样测量装置管理制度	电测及电能
37	仪器仪表检定管理制度	电测及电能
38	试验用仪器仪表使用操作规程	继电保护
39	继电保护定值管理制度	继电保护
40	继电保护装置投、退管理制度	继电保护
41	现场定期校验制度	继电保护
42	微机保护软件管理制度	继电保护
43	继电保护图纸管理制度	继电保护
44	继电保护设备缺陷和事故统计管理制度	继电保护
45	继电保护及安全自动装置检验规程	继电保护
46	继电保护及安全自动装置运行规程	继电保护

续表

序号	制度名称	专业
47	红外测温管理制度	绝缘
48	电气安全工器具管理制度	绝缘
49	高压试验仪器管理制度	绝缘
50	试验用仪器仪表使用操作规程	绝缘
51	设备点检定修管理制度和作业指导书	绝缘
52	设备检修、技改安全、技术、组织措施	绝缘
53	电气设备试验和检修作业指导书	绝缘

三、技术监督工作计划和总结

（一）目的及意义

工作计划是技术监督有效开展的重要保证，工作总结是衡量技术监督成效的重要载体。各级技术监督单位均应在年初发布工作计划，也要在年底编写工作总结。计划分为年度、季度以及月度计划，内容包括定期工作、仪器检定、人员培训、参加会议、标准宣贯以及检修期间的监督计划等。工作总结分为定期工作总结、异常分析总结、大修检查总结和年度技术监督工作总结等。

（二）重点关注

1. 技术监督工作计划

发电集团应制订技术监督工作计划和年度生产目标，并对计划实施过程进行监督。计划要重点体现发电集团层面技术监督管理制度和年度技术监督动态管理要求，能够对二级单位技术监督计划起到指引作用，工作实施过程中根据国家和行业政策导向进行细微调整。

二级单位技术监督工作计划应衔接上级单位和三级单位，并实现动态化管理。每年年初汇总三级单位技术监督工作计划，并上报至发电集团监督管理办公室。三级单位技术监督专责人每年年底应组织制订下年度技术监督工作计划，报送上级主管单位和技术监督服务单位。电力企业技术监督年度计划至少应包括技术监督例行工作计划，检修期间应开展的技术监督项目计划，管理标准及技术标准修编计划，人员培训计划（主要包括内部培训、外部培训、取证、标准规范宣贯），仪器仪表检定计划，技术监督自我评价及年度检查计划，技术监督预警及监督问题整改计划，技术监督工作会议计划。以绝缘监督专业为例，技术监督工作计划表见表 3–10。

表 3-10　　　　绝缘监督工作计划

____年度绝缘监督重点工作计划					
单位：________		填报人：________			
序号	工作名称	工作内容简介	计划起讫月份	责任人或部门	备注
绝缘监督网络完善					
1					
2					
绝缘监督管理标准、技术标准规范制订、修订					
3					
4					
人员培训（包含内部培训、外部培训取证、标准规范宣贯）					
5					
6					
预防性试验工作和定期红外测温计划					
7					
8					
检修期间应开展的技术监督项目计划					
9					
10					
仪器仪表送检（含检定计划）					
11					
12					
绝缘监督自查、动态检查和复查评估计划					
13					
14					
绝缘监督告警、动态检查等监督问题整改计划					
15					
16					
绝缘监督网络工作会议计划					
17					
18					

续表

____年度绝缘监督重点工作计划					
其他					
19					
20					
填报说明：本表用于各专业监督联络人填报本专业监督的年度重点工作，根据集团公司相关技术监督实施细则编订，计划至少应包含上述模块，各三级单位也可将上级要求开展的与技术监督相关的其他各类专项工作填报在“其他”类别中					

2. 技术监督总结

三级单位技术监督专责人员每年在技术监督服务单位召开技术监督年会之前（原则上为每年年底之前），编制完成上年度技术监督工作总结，并报送上级生产部门。年度技术监督总结主要包括监督工作完成情况、亮点、经验与教训，设备一般事故、严重缺陷统计分析，存在的问题和改进措施，后续技术监督工作思路及主要措施。

以继电保护专业为例，年度技术监督总结主要包括以下内容：

（1）年度继电保护技术监督指标完成情况（汇总）。

（2）与上一年相比，继电保护技术监督指标出现的差异及其原因分析。

（3）继电保护动作情况分析。

（4）全年完成的主要工作，取得的主要成绩。

（5）消除的重大缺陷及设备隐患。

（6）计量工作完成情况（检定员、标准器具、计量认证、仪表定检）。

（7）存在的主要问题。

（8）明年继电保护技术监督工作的重点。

四、技术监督仪器管理

（一）目的及意义

技术监督仪器管理主要指试验仪器仪表及各种监督用的计量工具的管理。仪器仪表稳定、准确是保证光伏电站安全运行的基础。随着电力工业的发展，电力企业的规模不断扩大，自动化程度日益提高，自动化仪表的重要性与日俱增。因此，有必要建立仪器仪表管理系统，加强光伏电站各类仪器仪表管理和维护工作，实现仪器仪表从设备基础数据台账建立、设备校验，到日常维护工作计划的产生、执行、终结，以及校验数据统计分析，检修报告的生成、周期调整、质量评价等全过程实时化、规范化管理。

（二）重点关注

1. 仪器设备管理

企业应建立完备的设备管理制度，仪器管理应符合仪器的布置要求，以保证仪器的

精度及其使用寿命，同时完成仪表的防振、防尘、防腐、电压稳定等工作。建立设备维修记录，对自身无能力维修的工作人员，联系相关单位组织维修，并作维修记录。

企业应建立信息管理系统，通过收集现有的信息对档案材料进行分类，维护技术人员也应该收集数据档案，鼓励建立仪器设备管理信息系统，实现计量设备从设备基础数据台账建立、设备校验，到日常维护工作计划的产生、执行、终结，以及校验数据统计分析等规范化管理。

2. 计量监督管理

各单位应编制本单位本年度在用计量器具的周期检定计划，并结合设备维修进度安排，编制在用计量器具年度检定计划表，并报技术部门审核批准生效。应认真执行周期检定计划，做到不漏检、不误检，严禁计量器具超期使用，超期按失准处理。各单位计量器具周期检定工作接受生产技术部的监督、检查与考核。

各级计量检定机构的最高计量标准装置应经上一级计量主管部门考核，取得计量标准合格证书后，才能进行量值传递。计量标准实验室应设专人管理，对实验室用标准计量器具、环境条件及检定记录、技术档案等统一管理，建立完整的标准仪器设备台账，做到账、卡、物相符。

3. 量值传递

从事专业计量检定人员，应进行考核取证，做到持证上岗。标准计量器具和设备应具备有效的检定合格证书、计量器具制造许可证或者国家的进口设备批准书，铅封应完整。

新购的检测仪表投入使用前，必须经过检定或校准；运行中的检测仪表应按照计量管理要求进行分类，按周期进行检定和校准，使其符合本身精确度等级的要求，达到最佳的工作状态，并满足现场使用条件。在不影响机组安全运行的前提下，检查和校准可在运行中逐个进行。在运行中不能进行的，则随检修同时进行。检测仪表的校准方法和质量要求应符合国家仪表专业标准、国家计量检定规程、行业标准或仪表使用说明书的规定。如无相应的现行标准，应编写相应的校验规定和标准，经批准后执行。

仪表经校准合格后，应贴有效的计量标签（标明编号、校准日期、有效周期、校准人、用途）。

五、技术监督定期工作

（一）目的及意义

技术监督定期工作是在发电设备全寿命周期过程中，由不同的技术监督体系层级根据其职责所开展的具体工作。对于一级管理单位来说，定期工作包括制订发电集团年度技术监督工作计划、审核二级管理单位工作计划，定期与国家以及行业有关部门开展技术监督的工作联系，定期组织、推广和应用成熟、可靠、有效的技术监督和故障诊断技术，定期组织对重大技术监督异常情况的研究，并审核解决方案。

二级管理单位是承接上级单位和三级管理单位的桥梁。二级管理单位应制订技术监督工作计划，对所管理三级单位技术监督工作进行指导；定期参与三级单位的事故调查分析工作，制定反事故措施，并对落实情况进行检查。二级管理单位应定期组织召开技术监督工作会议，传达上级单位工作的指示和要求，总结工作经验，定期组织对技术监督人员的培训、考核工作。定期对三级单位的监督报表数据进行分析汇总，并定期上报给发电集团技术监督实施单位。

三级单位是技术监督工作落地实施单位。三级单位应根据各个专业技术监督标准规定的内容，督促技术监督专业人员定期开展工作。不同业态、不同专业的监督工作存在显著差异，技术人员应根据企业特征全面开展。如基建技术监督，已投产电站的运行、检修期间的技术监督，定期填报报表和数据分析监督，定期组织班组技术监督工作会议，定期组织专业问题研讨，定期参加二级管理单位组织的技术监督年度工作会议等。

（二）重点关注

三级单位开展定期工作应做到时间规范性、方法规范性、标准规范性、项目规范性等。考虑到不同企业发电设备差异性，各集团应按照“一场一策”的要求规范各专业定期工作。

六、技术监督指标管理

（一）目的及意义

在光伏设备的质量管理中，指标管理作为技术监督工作的重点内容，各级监督责任人应监督检查对设备健康水平与安全、经济、稳定有重要作用的参数与指标，以确保光伏设备在允许范围或良好状态下运行。目前，三级单位作为指标管理的责任主体，填报技术监督指标时易受到诸多非常态因素影响，统计数据缺乏真实性和客观性。技术监督服务单位作为技术监督管理主体与现场生产脱节，数据收集与分析工作不到位问题长期存在；上级主管单位对于技术监督报送的异常数据，很难进行核实和纠正，造成指标统计和分析存在偏差，影响生产经营精细化管理。

随着各发电集团信息化项目应用程度不断深入，厂级监控信息系统、设备状态监测系统、安全生产管理等信息化应用项目在越来越多的场站得到推广，实时生产数据和经营指标获取手段不断完善，借助信息化平台可以有效获得所需相关信息，为指标管理提供了良好的数据支持。技术监督单位和三级单位上级部门在掌握第一手生产指标情况下，通过纵向对标和横向对标等手段，科学、客观、全面地分析判断出运行的经济性、健康状况和安全性，通过组串能效监控、各级能量耗损分析等先进的技术手段，指导三级单位有序地开展节能增效工作，有效提升生产经营管理水平。

（二）重点关注

1. 建立技术监督指标体系

通过建立各专业技术监督指标体系，可以分析三级单位的经济、生产和安全效益，

为提高企业运行和管理水平提供可靠的依据。此外，通过建立规范的三级单位技术监督指标体系，可以使有关部门形成自我评价、自我监督和外部评价、外部监督相结合的有效机制，提高电力系统的整体水平。

2. 技术监督指标管理

各专业应及时统计监督指标的完成情况，按时在月报、季报中上报。技术监督指标不满足国家、行业、企业标准或偏离设计范围的，应按异常告警规定，发出预告警。

二级单位应注重技术监督范围内对各项指标进行量化，重点开展对同类型场站各类生产指标对标工作，从而找出差距，不断提高。

加强新技术、新产品在发供电生产中的应用，依靠大数据、信息化、智能化等手段，进一步提升技术监督指标的科学性及准确性。

七、技术监督工作报告管理

（一）目的及意义

技术监督工作报告是对一段时间内光伏场站运行情况和技术监督工作的总结，也是上级公司和有关部门了解光伏场站运行现状和检查、评定技术监督工作的重要依据。技术监督工作报告重在用数据说话，通过强化日常监督，使技术监督工作及时性、可靠性得到保障。

（二）重点关注

1. 月报与季报

各专业技术监督负责人应按照规定的格式和要求，组织编写技术监督月报与季报，定期报送三级单位；三级单位技术监督负责人按时编写完成光伏发电技术监督分析报告，报送二级单位，经二级单位审核后，发送至集团技术监督管理部门。定期监督报表的正确统计与报送工作对做好技术监督工作尤为重要。定期监督报表应包含以下主要内容：

（1）统计期间各专业监督指标的完成情况。

（2）统计期间设备的运行、检修、维护情况。

（3）统计期间设备及系统主要缺陷及异常。

（4）统计期间设备及装置的投运情况和动作记录。

（5）统计期间发生的设备事故分析和处理情况。

2. 专项报告

专项报告一般指针对某一特定问题的报告，即针对某一特定问题，进行专题详细深入报告。电力企业发生重大监督指标异常、受监设备重大缺陷、故障和损坏等事件后24h内，技术监督专责人应将事件概况、原因分析、采取措施等情况填写专项报告，报上级生产部门。上级生产部门应分析和总结各电力企业报送的专项报告，编辑汇总后在光伏发电技术监督月度报告中发布，供各电力生产企业学习、交流。各电力企业要结合本单位设备实际情况，吸取经验教训，举一反三，确保设备安全运行。

八、技术监督异常告警

（一）目的及意义

电力企业技术监督管理工作中，技术监督范围内的设备、系统出现异常已经达到规程报警指标或接近超标值，应实行监督异常告警管理制度。技术监督异常是指没有按照国家标准、行业标准和企业管理办法相关规定开展技术监督管理、试验、检验等工作，技术监督指标不满足国家和行业标准或偏离设计范围。

技术监督告警制度根据问题的严重程度，采用分级告警。考虑不同企业发电设备差异性，集团可根据自身管理模式明确各专业技术监督不同等级告警项目。

（二）重点关注

1. 技术监督告警管理

光伏电站应明确各专业技术监督告警项目，并将其纳入日常监督管理和考核工作中。收到“技术监督告警通知单”的单位，要根据告警事项立即组织研究，采取防范处理措施，制订整改计划。当发生下列情况时，发出“技术监督告警通知单”。

（1）技术监督范围内的设备已处于严重异常状态，但仍在运行。

（2）技术监督范围内的设备存在安全隐患，经技术监督指出后，未及时进行整改。

（3）设备的运行数据、技术数据、试验数据有弄虚作假的行为；技术监督月报、季报、技术报告、记录档案或工作总结严重失实。

（4）设备检修及技术改造中存在重要检修项目、试验项目漏项。

（5）连续 3 个月未按要求上报技术监督月度报表，连续两个季度未按要求上报技术监督季度报表。

（6）技术监督设备发生异常情况，未按技术监督制度规定按时上报。

（7）企业有关负责人带头违反技术监督工作制度。

（8）技术监督体系不能正常运行。

（9）技术监督专业人员未进行相关培训，不满足岗位职责要求。

2. 主要告警项目

以绝缘监督专业为例，主要告警项目见表 3-11

表 3-11　　绝缘专业技术监督主要告警项目

告警等级	告警项目
1 严重告警	
1.1	箱式变压器、主变压器、断路器等重要设备出现危急缺陷未进行处理，仍继续在运行
1.2	发现家族性缺陷或设备共性问题未制订针对性措施，未见相关记录、检测报告及分析报告等

续表

告警等级	告警项目
1.3	由于绝缘监督不到位，造成主变压器、GIS 设备绝缘严重损坏
2 一般告警	
2.1	主变压器、集电系统接地装置、无功补偿装置、仅剩一路电源正常工作的场用变压器、母线、开关设备、TV、TA、避雷器、穿墙套管和电力电缆、架空线等设备带缺陷继续运行，但不至于短期内造成系统不稳定、设备损坏及停运
2.2	主变压器、集电系统接地装置、无功补偿装置、仅剩一路电源正常工作的场用变、母线、开关设备、TV、TA、避雷器、穿墙套管和电力电缆、架空线等预防性试验周期超过规程规定，特殊情况未见总工程师批准记录
2.3	预防性试验出现下列情况之一： （1）试验使用的仪器仪表未经检验，导致试验数据失准，以致造成对设备状态判断错误。 （2）试验项目出现漏项或不合格而未制订设备运行监控措施。 （3）未经总工程师批准降低试验标准。 （4）预防性试验报告未经审核
2.4	单条集电线路停电超过 48h
2.5	单台箱式变压器停电超过 7 天
2.6	未按照集团公司制度要求开展绝缘监督定期工作
2.7	设备设计、选型、制造和安装存在严重问题，影响投运后设备安全运行和使用寿命
2.8	设备出厂验收、工程交接验收、检修及技改质量验收、购入设备及材料质量验收中，未严格按照有关标准检查和验收，造成不合格设备投运或不合格材料使用
2.9	主变压器遭受近区突发短路后，未经任何试验而试投
2.10	受监督设备出现的严重缺陷而未按计划要求按期消缺
2.11	对带缺陷运行的设备未实施有效的运行监控
2.12	对设备未按运行规程的要求进行监视、巡视及记录，造成对设备安全运行失控

3. 告警闭环整改考核

告警问题整改完成后，企业按照验收程序要求，向告警提出单位提出验收申请，经验收合格后，由验收单位填写告警验收单，并抄报上级主管单位备案。签发技术监督异常告警通知单的单位，要负责跟踪异常告警通知单的整改落实情况，并对整改结果进行评估和验收。技术监督告警制度的执行情况要纳入技术监督检查考核范围。对于在整改期间，未按要求认真进行整改并因此造成事故、扩大事故或延误事故处理的要严肃追究责任。

九、技术监督经验反馈

（一）目的及意义

技术监督经验反馈指及时利用有效的方法对内外部良好实践进行推广和应用，目的是防止和避免发生同类或类似事故、无效活动。通过改进组织方法、工艺方案或管理手段，以提高工作质量和效率，提高管理水平和效益，实现管理预期目标。

学习借鉴相关事故经验或良好实践是改进电力企业内部技术监督管理薄弱环节的重要手段，将自己相关经验信息及时向业内予以共享，也可促进行业整体发展和共同进步，通过经验反馈工作的规范化、制度化管理，提高电站运行的安全性和经济性，不断提高企业的安全生产管理水平。

（二）重点关注

1. 经验反馈的目标和途径

把合适的信息（包括内部、外部信息）在适当的时间内传达给合适的人员知晓，学习经验，吸取教训，使场站安全、可靠、经济运行。经验反馈应该由专人负责，全员参与。

本企业及其他有关单位获取的运行经验和信息主要包括场内部上报的事故分析报告和良好实践、收集筛选外部事件或有价值的经验教训、其他单位的事故经验和信息等，还可以通过举办和参加企业互访、研讨会、培训班等活动，不断接触国内外最新的管理理念和技术动态，并将这些经验带回到企业，应用到生产实践中。经验反馈工作应与信息化相融合，建立有效的管理平台，通过安全生产管理系统或技术监督管理系统来实现，达到改进现场工作、共同学习的目的。

2. 经验反馈的建立和应用

为有效学习本单位及电力行业的运行经验，预防事故重复发生，光伏电站全体人员应开展多种形式经验反馈工作。建立完整的经验反馈管理流程，包括经验反馈事件、报告、分析及纠正行动的执行和跟踪。各级管理层应支持经验反馈工作，确保经验反馈工作得到有效的开展。定期举行会议对经验反馈工作的有效性、事件的趋势等进行分析。

还应确定需分析事件（包括未遂事件）的选择准则，建立事件根本原因分析机制，对事件的根本原因分析要采取科学、客观和坦诚的态度，并对经验反馈信息进行汇总、分析、学习、评估，为后续技术监督工作提供参考。广泛吸取外部的运行经验和良好实践，并与其他场站分享经验和教训，积极组织参与各类外部专业技术培训，进一步提升技术监督管理人员水平。

十、技术监督定期工作会议

（一）目的及意义

定期召开系统内技术监督工作会议，目的是总结上一阶段技术监督工作开展情况，

通报行业、系统内外有关技术监督工作信息，同时部署下阶段工作任务。此外，还应按专业召开技术监督交流会，一方面，从技术监督指标完成情况、设备缺陷异常及处理、光伏电站脱网事故案例分析、技术监督工作存在的主要问题等方面进行总结；另一方面，对技术监督相关专题进行研讨，宣贯最新的制度标准，交流和总结专业技术监督开展情况，对典型事件和良好实践进行经验反馈，与各单位参会代表就技术监督的热点、难点问题和今后发展方向进行交流和探讨。

（二）重点关注

每年至少召开一次技术监督工作会议，会议由技术监督领导小组组长主持，评估、总结、布置技术监督工作，对技术监督工作中出现的问题提出处理意见和防范措施。各专业每月应召开技术监督网络会议，传达上级有关技术监督工作的指示，听取各技术监督网络成员的工作汇报，分析存在的问题并制定、布置针对性纠正措施，检查技术监督各项工作的落实情况。月度例会主要内容包括：

（1）主要技术经济指标完成情况。

（2）本月技术监督工作的开展情况。

（3）影响技术监督指标存在的主要问题及解决措施、方案。

（4）上次监督例会提出问题整改措施完成情况的评价。

（5）技术监督标准、相关生产技术标准（措施）、规范和管理制度的编制、修订情况。

（6）技术监督工作计划发布及执行情况、监督计划的变更。

（7）发电集团技术监督季报、监督简讯，新颁布的国家、行业标准规范等监督新技术学习交流。

（8）需要领导协调和其他部门配合的技术监督相关事项。

（9）下月技术监督重点工作布置。

十一、建立健全监督档案

（一）目的及意义

监督档案管理是技术监督基础管理的一项重要内容。监督档案包括受监设备的基础技术资料以及运行中大量的日常监督数据，其描述和记载了技术监督活动及其成果，是开展技术监督各项工作的重要依据和必要条件。做好技术监督档案管理，对于完善技术监督管理体系，提高技术监督水平具有重要意义。

（二）重点关注

1. 技术监督档案内容

技术监督档案可分基建阶段和生产阶段档案两部分。基建阶段技术监督档案主要包括技术监督各项台账、档案、规程、标准、制度和技术资料、主设备出厂试验和交接试验报告、基建移交技术资料等。这些档案主要涉及电站设计、选型、制造、安装、调试环节的重要信息，是后续开展各项技术监督工作的基础。

生产阶段技术监督档案主要包括设备运行维护记录、检修记录、试验报告、事故处理记录、技术监督计划及技术监督指标定期统计报表等。这些档案是电站生产阶段运行、检修、技术改造环节的重要记录，是对各项生产活动的监控。

日常工作中主要关注以下两点：

（1）做好设备档案和图纸资料的管理。

（2）做好日常监督数据的整理和归档，保证数据的完整性和连续性，以掌握设备运行情况，方便以后判断、分析以及处理设备故障。

（3）做好检修设备和技术改造项目的资料归档。

2. 技术监督档案管理要求

（1）技术监督档案管理应根据专业安排专人管理。由专人建立本专业监督档案资料目录清册，并及时更新；根据监督组织机构的设置和设备的实际情况，明确档案资料的分级存放地点，并指定专人整理保管。同时，宜运用多种技术手段相结合的方式，实现档案管理的信息化。

（2）技术监督负责人应按照上级单位规定的技术监督资料目录和格式要求，建立技术监督各项台账，健全规程、制度和技术资料内容，确保技术监督原始档案和技术资料的完整性和连续性。各专业技术监督负责人应根据自身专业特点，不断完善包括规章制度、规程标准、设备台账等内容的技术档案。技术档案按照横向和纵向进行分类整理，横向按设备所在区域和系统进行整理，纵向则按时间阶段和专业进行整理。技术监督服务单位和三级单位应将电力行业技术监督标准、规范收集齐全，并保持在用版本为最新的有效版本。

十二、人员培训及持证上岗管理

（一）目的及意义

技术监督是一项专业性很强的过程控制，要求参与者的技术素养较高，需要具备一定的技术水平和现场经验。组建技术监督网络时，应充分考虑各专业技术监督负责人的专业能力，更要注重对监督人员的培训管理。

（二）重点关注

1. 持证上岗管理

对于从事技术监督相关工作的专业技术人员，应符合国家、行业和上级单位明确的上岗资格要求，各电力生产企业应将人员培训和持证上岗纳入日常监督管理和考核工作中。从事特种专业的技术人员，应通过国家或行业资格考试并获得上岗资格证书。各专业技术监督负责人，应取得发电集团技术监督管理部门颁发的技术监督专业资格证书。

2. 人员日常培训

技术监督相关人员日常培训应包括标准的修订及变化、新技术的变革与发展、新材料的开发及应用、新问题的分析及处理等与光伏电站技术监督工作密切相关的知识与经验，形式不限于网络课堂、员工讲堂、典型事故分析会等。重视人员日常培训有助于技术监督人员开阔视野、丰富监督经验、吸取典型事故的教训、提高场站技术监督水平。

对于新建场站，则更需要重视监督人员的能力培训。基建阶段要创新传统培训模式，提前制订学习计划，定期组织培训，结合设备到货或现场设备安装情况，要求各专业技术监督人员都要参与专题技术讲座，培训内容要结合《防止电力生产事故的二十五项重点要求（2023 版）》、隐患排查、基建问题质量通病等内容。建议有条件的单位组织各级技术人员到设备生产厂家或相同设备使用单位进行专题调研，增长专业知识、借鉴良好专业管理模式，落实专业知识理论培训工作，促进队伍素质整体提升，为开展现场技术监督工作奠定基础。上级管理单位也可适时组织相关技能技术培训，定期组织开展交流和研讨。

第四章

技术监督检查与评价

第一节　概　述

发电设备运行参数的技术监督与控制检查是保证设备安全运行和创建企业经济效益的重要手段。建立和完善技术监督检查与评价管理对光伏电站有着十分重要的现实意义，通过技术监督管理体系能够使电力设备发挥最大效益，只有在技术监督过程中及时发现问题、解决问题，对技术监督中一时消除不了的事故隐患发出预警、建立防范事故的“防火墙”，才能将事故拒之门外。

技术监督检查与评价实行全过程、动态、闭环管理，采用企业自查评和外部查评、全面查评和专项查评相结合的形式。查评工作贵在真实、重在整改，通过查评、整改、复查，形成持续改进的技术监督管理长效机制，全面系统地查找和分析威胁生产安全的隐患，为生产整顿和企业决策提供有力依据。同时有计划、有组织地落实整改，做到全方位、全过程控制的闭环管理，确保国家、行业及企业技术监督制度有效执行，从而夯实电力企业安全生产基础，提高设备健康水平。

过去几十年的监督工作摸索与实践，光伏电站的技术监督水平不断提高，积累了切实可行的工作方法和实施经验，建立了完整的技术监督工作体系与工作制度，形成了科学有效的技术监督标准规程与检查评价办法。

一、技术监督评价类型

（一）技术监督自评价

三级单位每年要开展技术监督自评价，自评价不仅可以发现问题，同时对于三级单位自主管理能力的提升也有很大帮助。

（二）技术监督动态检查

发电集团每年组织开展技术监督动态检查，由内部技术监督服务机构具体实施，按照年度技术监督工作计划中所列的三级单位名单（一般抽选一定比例的三级单位开展）和时间安排开展动态检查评价。

（三）技术监督专项检查

除以上技术监督查评外，发电集团或二级单位也可根据一段时间内电力行业突出问题开展专项查评或组织系统内单位开展互查评比活动。

二、技术监督评价原则

（一）坚持计划性原则

发电集团和二级单位要在技术监督年度工作计划中明确评价计划，依据发电集团评价标准，组织开展自评价、动态检查和专项检查。制订评价计划时，应首先考虑将现场问题隐患多、指标不达标的单位作为重点查评对象。

（二）技术监督自评价原则

三级单位应每年开展一次自评价，不能以外委代替或削弱自身应做的工作。自评价人员应由本单位技术监督网成员组成，评价结束后应编制自评价报告。自查评价的过程是一个自我诊断的过程，要注意实事求是地反映问题。

（三）技术监督动态检查原则

发电集团一般每 5 年完成一次对所有三级单位的评价。评价人员由发电集团所属技术监督服务机构技术监督人员或外部专家联合组成，每个专业 1 ～ 2 人，现场评价时间不少于 3 个有效工作日。二级、三级单位应积极配合发电集团开展评价工作，安排专业人员协助并为现场评价创造条件。

第二节　检查与评价内容

一、检查与评价范围

（1）以三级单位为执行主体的技术监督工作，如日常管理、定期工作等。

（2）技术监督服务单位（研究院）与三级单位签订的合同规定开展的技术监督工作。

（3）三级单位独立完成或委托有资质单位开展的与技术监督相关的技术服务工作。

二、检查评价内容

按照过程阶段，评价内容应涵盖电力建设与生产全过程，包括设计选型、设备监造、施工安装、调试试运、生产运行、检修技改、设备停运退役阶段。

按照专业分类，评价内容应包括绝缘、继电保护、监控自动化、光伏组件及逆变器、化学及生态环保、电能质量、电测、能效共 8 个监督专业。评价部分内容见表 4–1 和表 4–2。

表 4–1　光伏组件及逆变器监督评价细则

序号	检查项目	标准分	检查方法	评分标准
1	监督管理	200		
1.1	网络组织与职责	20		
1.1.1	建立健全由生产副总经理或总工程师领导下的技术监督网，设置光伏组件及逆变器技术监督专责，并能根据人员变化及时完善	10	查看技术监督组织机构正式文件	（1）未建立监督网或监督网不健全扣 5 分。 （2）未设置监督专责或未及时完善监督网络扣 5 分
1.1.2	各级岗位职责明确，落实到人	10	查看岗位设置文件	岗位设置不全或未落实到人，每一岗位扣 2 分
1.2	制度与标准维护	30		
1.2.1	国家标准、行业标准和上级单位的技术监督制度配备齐全，并为最新可用版本	15	查阅相关的制度、文件及企业制定的技术监督规章制度	标准、制度配备不全，每项扣 5 分；标准更新不及时，每项扣 2 分
1.2.2	按所列清单建立本专业技术监督制度、技术标准和实施细则，并根据新颁布的标准及设备异动情况及时修订，建立光伏组件及逆变器监督制度。	15	查阅相关的制度、文件及企业制定的技术监督规章制度	制定不全，每项扣 2 分；修订不及时每一处（项）扣 2 分
1.3	工作计划	30		
…	…	…	…	…

表 4–2　　光伏电站监控自动化监督评价细则

序号	检查项目	标准分	检查方法	评分标准
…	…	…	…	…
3.8.1	现地控制单元应有人机接口设备。在其上可以进行现场控制操作，还能显示相应的操作画面、操作提示、相关数据及事故、故障指示信号	40	现场检查	不符合要求的每项扣 5 分
3.8.2	对任何现地的自动或手动操作应设计有误操作闭锁功能，误操作能被自动禁止并报警	40	现场检查	不符合要求的每项扣 5 分
3.8.3	现地控制单元与上位机的通信应为双通道配置，应考虑在恶劣环境下的电磁防护	20	现场检查	不符合要求的每项扣 5 分
3.9	消防报警系统	40		
3.9.1	集控室或机房应设置火灾自动消防系统，能够自动检测火情、自动报警与自动灭火；机房及相关房间采用耐火等级的建筑材料；机房划分区域管理，区域和区域之间有隔离防火措施	20	现场检查及运行记录	不符合要求的每项扣 5 分
3.9.2	设备安装牢固、整齐美观，工作状态良好，系统联动可靠，且每个季度进行各项功能测试	20	现场检查，查阅试验记录	不符合要求的每项扣 1 分
3.10	光功率预测系统	60		
3.10.1	系统应具有光伏电站的工作环境下独立进行光功率预测的能力，与监控系统连接的数据通道完好，测试光资源分析软件的所有命令和功能正常	20	现场检查	不符合要求的每项扣 5 分
3.10.2	光伏发电站发电时段（不含处理受控时段）的功率预测应满足：短期预测月平均绝对误差应小于 0.15，月合格率应大于 80%；超短期预测的 4h 月平均绝对误差应小于 0.10，月合格率应大于 85%，光伏发电站功率预测系统应达到当地电网考核标准的要求	20	查阅试验记录、运行日志及相关报告	不符合要求的每项扣 4 分
3.10.3	预测系统性能要求：光功率预测系统服务器应在任意 10s 内，CPU 平均负荷率小于 70%；在任何情况下，在任意 5min 内，光功率预测系统网络平均负载率小于 50%；单次光功率预测时间小于 5min	20	查阅试验记录、运行日志及相关报告	不符合要求的每项扣 3 分
…	…	…	…	…

三、监督管理评价重点

（一）技术监督组织机构

光伏发电企业应按照“管理—监督—执行”的层次建立三级技术监督网络，成立技术监督领导小组，日常工作由生产管理部门归口管理。结合实际配备必需的技术监督管理专责，明确各专业技术监督岗位分工和职责，健全班组级技术监督网络。

检查方式：检查组织机构文件，与相关人员座谈。

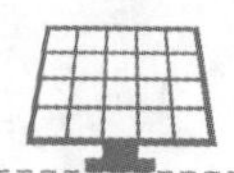

（二）技术监督规章制度

制定符合本企业实际情况的技术监督制度及实施细则，履行审批流程后发布实施。

检查方式：检查相关的制度、文件及企业制定的技术监督规章制度。

（三）技术监督工作计划、总结

光伏发电企业应制订技术监督各专业指标的管控计划；制订检修、技改期间应开展的技术监督项目（包括重要试验、薄弱环节、关键技术、重点区域和隐蔽工程等）计划；制订技术监督例行工作计划、人员培训计划、仪器仪表检定计划、定期工作会议计划等；制订技术监督告警、各类评价等监督问题整改计划。

检查方式：查阅技术监督年度工作计划、专项计划、月报，查看会议纪要、报告、报表、总结等记录。

（四）技术监督自查

三级单位是技术监督自查的责任主体，应根据发电集团相关制度要求，定期开展技术监督自查。三级单位在应技术监督年度工作计划中明确检查计划，依据集发电集团技术监督检查评价标准，组织开展自查工作。技术监督服务机构每年应对三级单位自查情况进行检查核实。

检查方式：查阅技术监督自查评价报告。

（五）技术监督季度例会

三级单位每季度至少应召开一次技术监督工作会议，对技术监督工作计划落实情况进行检查分析，对新发现的问题提出处理意见和防范措施等。

检查方式：查阅会议纪要等资料。

（六）设备异常分析

发生技术监督重大问题后，制订整改计划，明确工作负责人、防范措施、整改方案、完成时限。

检查方式：查阅设备异常分析及处理资料。

四、专业工作评价重点

各专业评价重点的确定应遵循以下原则：影响生产安全的薄弱环节，涉及安全生产的反事故措施执行落实情况，节能减排工作的开展情况，设备检修缺项，仪表（表计、参数）定期校验、设备定期检定和定时试验工作，以及对上次监督检查中提出问题的整改落实情况。

（一）绝缘监督

是否按预防性试验规程规定开展电力设备的预防性试验工作情况；是否对试验数据进行认真分析（既要横向比较又要纵向分析，以便及时发现问题）；是否按要求做好变

压器套管油和绝缘色谱普查。

（二）继电保护监督

是否严格按规程、制度规定开展继电保护装置的校验和维护工作；是否按规程、制度、反事故措施要求完善继电保护系统；是否存在保护误动和拒动的情况发生；是否严格执行继电保护投退规定。

（三）监控自动化监督

是否严格按照规范要求，开展光伏电站监控系统、消防报警系统、安防监控系统、光功率预测系统、升压站综合自动化系统、AGC/AVC 及一次调频控制系统、电力调度数据网络安全防护系统等设备的检查及维护工作；各监控自动化系统监测参数是否正常；是否定期开展网络安全评估及分析工作；是否定期开展重要软件及数据的备份。

（四）组件及逆变器监督

是否严格按照规范要求，定期开展光伏组件、逆变器、汇流箱与支架的日常维护工作；极端天气（雷暴、台风、大雪等）频发季节前后是否对光伏组件及逆变器开展专项检查；是否定期开展光伏组件及逆变器性能检测及分析。

（五）化学环保监督

光伏发电企业生态保护措施（含复垦及植被恢复措施），污染防治措施（大气环境保护措施、水环境保护措施、声环境保护措施、土壤环境保护措施 / 固体废物处置措施、固沙措施）等各项环保措施是否有效落实。

光伏发电企业是否按照规范要求，定期开展绝缘油、六氟化硫（SF_6）、设备化学腐蚀等指标的监测及分析；是否严格控制绝缘油、SF_6 品质；在线化学仪表是否正常运转，监测结果是否准确可靠。

（六）电测监督

光伏企业是否严格按照规范要求，定期对仪器仪表和计量装置及其一、二次回路开展校准及维护工作；用于贸易结算的关口电能表、电压互感器、电流互感器等属于强制检定的仪器仪表，是否由法定或授权的计量检定机构执行强制检定。

（七）电能质量监督

升压站母线电压合格率和 AVC 系统闭环运行投入率情况；在节假日期间，是否根据网、省调度部门下发的节日期间无功电压控制预案，采取进相运行等方式，维护电网电压的稳定；AVC 装置各项性能指标（控制精度、控制延迟时间、调节速率、历史数据保存情况等）是否满足规范要求。

（八）能效监督

光伏电站移交生产验收时，是否开展全站发电效率检测，充分了解电站初始发电性能水平；是否定期对发电量、站用电率、电站能效等重要运行指标和能源利用效率进行监测和分析；对于存在较大异常的指标是否及时开展分析并制订整改措施。

第三节　评价问题整改与闭环

一、整改与闭环流程

（1）发电集团评价结束后，评价组要将评价报告报归口管理部门和各二级单位，同时发送至被评价三级单位。

（2）二级单位评价结束后，要组织所属三级单位召开总结通报会，对所属三级单位评价中发现的问题，要组织落实整改，实现闭环管理。

（3）三级单位自评价结束后，要组织召开总结通报会，对各专业评价中发现的问题，要制定整改措施并加快落实。

（4）三级单位收到技术监督服务机构出具的技术监督评价报告后，应在一定时间内制订整改计划，确保按期完成整改。

（5）在自评价和动态检查过程中发现的技术监督重大问题，要纳入技术监督重大问题整改管控范围。按照有关要求，三级单位报送告警报告单，技术监督服务机构签发告警通知单，三级单位整改完成后报送告警整改验收单。

二、定期报告制度

（1）在自评价和评价过程中发现的技术监督重大问题，三级单位整改完成后要向告警提出单位报送告警整改验收单，由告警提出单位验收后抄报发电集团。

（2）二级单位应加强对三级单位技术监督重大问题整改落实情况的督促检查和跟踪，组织复评价工作，保证问题整改落实到位。发电集团不定期组织对三级单位技术监督重大问题整改落实情况和二级单位督办情况的抽查工作。

（3）发电集团定期对技术监督评价工作的开展、整改等情况进行总结，并每年公布技术监督检查评价结果。

三、考核奖惩

（1）根据检查评价结果，发电集团对二级单位和三级单位技术监督工作进行考核，二级单位和三级单位要将技术监督工作纳入本单位绩效考核体系。

（2）三级单位因技术监督失职或自行减少监督项目、降低监督指标标准等的，给予相应的警告或通报批评，造成严重后果的，视具体情况，追究有关领导与责任人的责任。

第二篇

光伏电站技术监督专业要求

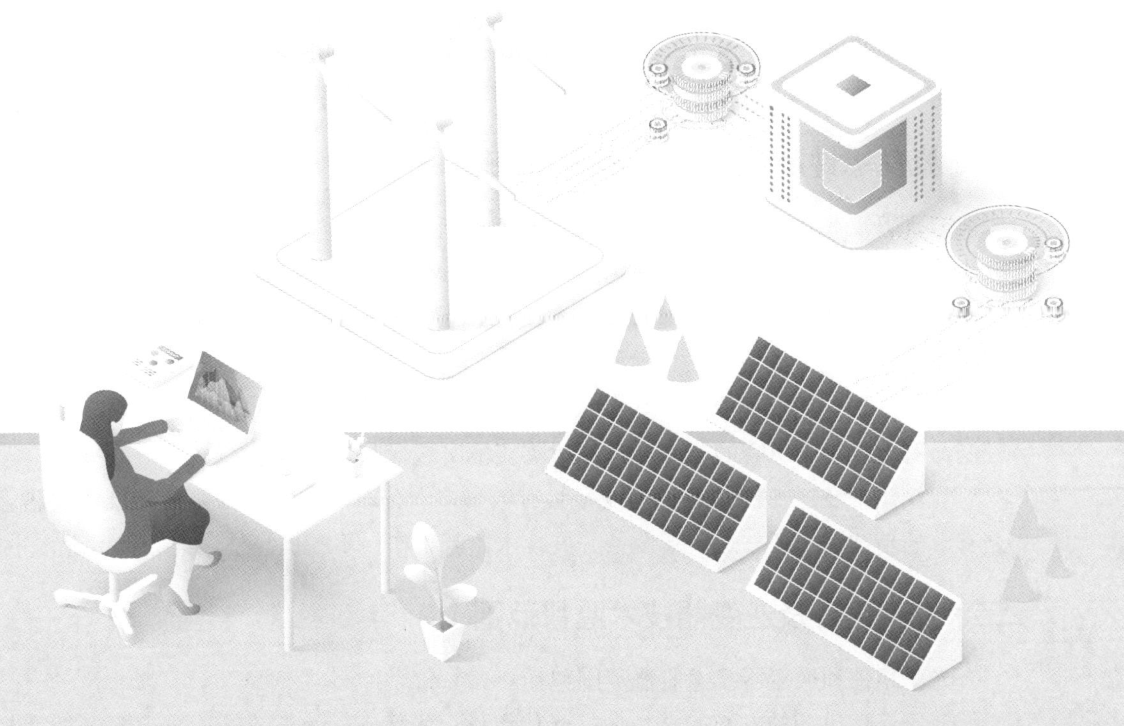

第五章 光伏电站组件及逆变器监督

第一节 技术监督总体要求

光伏电站组件与逆变器既是光伏电站主要发电设备，也是数量占比最多的设备，其运行良好程度直接影响整个电站的发电状况，做好组件与逆变器技术监督是光伏电站保证安全、经济、稳定、环保运行的重要基础工作之一。

一、光伏组件及逆变器技术监督实施

合理开展光伏发电站组件与逆变器技术监督，能够有效防止选型、安装与调试过程中出现的问题，及时了解并掌握生产期设备运行状态，提高设备安全运行的可靠性。

光伏组件及逆变器技术监督要依照国家、行业及企业相关制度及标准，依照分级管理的原则，对相关设备在设计阶段、选型及监造阶段、安装及调试阶段、运行阶段、检修及技改阶段与安全、质量、环保、经济运行有关的重要参数、性能和指标进行检测与控制，对电力生产所需的标准规程执行落实情况进行监督。

光伏组件及逆变器监督相关设备具有数量多、分布散的特点，要依靠推广成熟、行之有效的新技术、新方法、新设备开展技术监督工作，不断提高技术监督的专业水平。

二、光伏组件及逆变器技术监督范围

光伏组件和逆变器技术监督范围包括：

（1）光伏单元的电气安全，包括光伏组件、光伏支架、汇流箱、直流配电柜等电气设备的绝缘、保护以及电磁兼容性能等。

（2）发电性能，包括光伏组件状态、跟踪系统状态、逆变器最大功率点追踪（MPPT）效果、发电效率等。

（3）并网性能，包括逆变器输出侧电能质量、电网电压故障穿越能力、电网适应性、有功及无功调节性能等。

（4）就地监控系统和辅助电气等二次设备功能完备性、电气运行和检修状况等。

三、光伏组件及逆变器技术监督指标

（一）光伏组件

（1）组件污渍及灰尘损失率小于或等于 5%。

（2）光伏组串温升损失率，原则上不高于设计值。

（3）组件串联失配损失率小于或等于 2%。

（4）组串并联失配损失率小于或等于 2%。

（5）组件功率衰减率，原则上不高于设计值。

（6）组件缺陷率应符合企业管理要求。

（7）组件抽检率应符合企业管理要求。

（二）逆变器

（1）设备可利用率应符合企业管理要求。

（2）逆变器转换效率应符合 NB/T 32004—2018《光伏并网逆变器技术规范》。

（3）逆变器运行时，输出侧电流谐波总畸变率、各次谐波占有率应符合 NB/T 32004—2018《光伏并网逆变器技术规范》。

（4）逆变器有功控制、无功调节和故障穿越能力应符合 NB/T 32004—2018《光伏并网逆变器技术规范》。

第二节　各阶段技术监督重点要求

一、设计、监造阶段

（1）光伏电站设计及设备选型应考虑站址地区的太阳能资源、地理特征和环境条件等因素，经过技术、经济性分析确定光伏发电设备的类型和数量。

（2）光伏方阵的布置宜通过模拟软件进行阴影分析。气象监测站的测量要素应包括总辐照度（水平及倾角）、日照时间、平均风速、平均风向、环境温度、相对湿度，测量数据应满足要求。

（3）光伏单元应具备直流接地、过电压、欠电压等保护配置，保护功能满足要求。

（4）光伏组件应具备必要的防冰雹、耐湿冷和防腐蚀能力，盐碱地区的光伏组件应配备抗电势诱导衰减（PID）的功能。

（5）光伏支架应考虑在使用过程中满足强度、稳定性和刚度要求，并符合抗震、抗风、防沙尘和防盐雾腐蚀等要求。在多雪、寒冷地区，跟踪系统应具备自动避雪功能，且载荷设计满足要求。无论哪种材质，均需确保 30 年不腐蚀、不生锈。支架本体无焊接、无钻孔、100% 可调、100% 可重复利用。支架需带有槽轨设计，以放置电线，防止电击。

（6）逆变器及汇流箱方面，采用集中式逆变器的光伏单元汇流箱的输入回路应具有防逆流及过电流保护功能，输出回路应具有隔离保护措施，并设置监测装置。丘陵和山地地区宜选用组串式光伏逆变器，且组串式逆变器的直流侧应配置过流熔断保护装置。海拔在 2000m 及以上高原地区使用的逆变器，应选用高原型（G）产品或采取降容使用措施。

（7）就地监控系统应能监测光伏单元的主要运行信息。光伏单元应配备的通信设施，满足与光伏分系统监控系统的通信要求。

二、安装与调试阶段

（1）应对光伏组件进行全过程监造管理，包括原材料、金属部件、聚合物材料、封装材料、内部导线和载流部件的外观、尺寸、热性能和化学成分的监督。应对重要的制造过程进行见证，包括文件见证或现场见证，必要时进行光伏组件质量抽查，检测项目包括湿热试验、绝缘试验、热循环试验、机械载荷试验等。组件到达现场后应依照国家、行业及发电集团标准，委托有资质的第三方检测机构，开展组件到货检验工作。

（2）支架和汇流箱的出厂试验和型式试验，应进行文件见证或现场见证，必要时进行质量抽检。支架检测项目包括外观检查、防腐检测、材质检查、硬度检查等；汇流箱检测项目包括电气间隙和爬电距离、接地连续性、绝缘电阻等。

（3）对光伏逆变器的出厂试验和型式试验，至少应进行文件见证，并按一定比例进行抽查和现场见证。

（4）光伏单元的装配、安装和单体调试应执行制造厂要求，重点关注内容包括光伏组件的倾斜角偏差、边缘高差、串并联方式、固定螺栓力矩值；汇流箱应可靠接地；汇流箱内光伏组件串极性测试、电流测试、电缆温度检查等。

（5）安装接线完毕应进行电缆、断路器、接地装置等一次设备的交接试验和保护传动试验；应进行光伏单元逆变器自动开、关机，MPPT 功能，就地启、停机试验，就地有功功率设定值控制试验，就地无功功率和功率因数设定值控制试验，运行模式与维护模式切换，就地与远程控制模式切换等控制传动试验等。

三、运行及检修阶段

（1）运行维护方面，应注意检查光伏组件表面积灰、玻璃破碎和背板灼焦等情况，雷雨暴风天气后，应特别注意光伏组件、汇流箱是否有雷击、灼烧痕迹；汇流箱和直流配电柜各个接线端子有无松动、锈蚀现象，直流断路器、熔断器是否损坏；光伏支架和自动跟踪系统的固定螺栓、螺母位置标识线是否一致，是否存在变形、损坏和锈斑现象；逆变器是否存在噪声过大、出现异常气味或冒烟，散热片温度是否异常，电路板、

元器件和滤网是否积灰，电缆连接是否松动、有无损伤；自动跟踪系统跟踪的角度是否一致，若出现明显偏差应及时处理；应定期检查光伏分系统监控系统的遥测、遥信信息与设备实际运行参数、状态是否一致，宜结合例行维护每年一次；应定期横向比较相邻同类型光伏单元的功率等参数，在相似气象条件下光伏单元输出功率不应有明显差异；定期对光伏厂区开展除草作业；定期完成光伏组件除尘及逆变器本体清灰。

（2）定期检修方面，应重点抽查发电性能严重退化的光伏单元，对单元内的光伏组件串、光伏方阵进行功率特性测试，宜结合例行维护每年一次，必要时应结合电致发光测试查明缺陷类型；定期进行光伏组串的开路电压和电流一致性测试，宜结合例行维护每年一次；按要求在现场测试评估光伏单元的 PR 曲线；辐照度计、环境温度计等传感器的校验或标定；定期进行光伏单元串并联失配的抽样检测，宜结合例行维护每年一次；定期进行光伏组串、汇流箱、逆变器、并网开关等一次设备的绝缘试验，宜结合例行维护每年一次；定期进行光伏单元接地连续性检查；定期进行光伏单元支架、跟踪系统等紧固螺栓力矩检查；定期进行光伏单元自动跟踪系统跟踪精度、动作功能试验，宜结合例行维护每年一次；光伏组件、汇流箱和逆变器等更换或解体性检修后，应进行相关试验和光伏单元整体试运行。

第三节 光伏组件及逆变器试验

为做好光伏组件及逆变器技术监督工作，需及时了解相关设备的运行状况及主要性能参数，应根据标准及制度的要求开展相关试验，及时发现设备存在的问题并采取针对性措施进行整改。

一、执行标准

（一）安装及调试阶段

（1）对光伏组件进行开箱检查，外包装应密封良好，光伏组件外观应符合 GB/T 9535—1998《地面用晶体硅光伏组件 设计鉴定和定型》及 GB/T 18911—2002《地面用薄膜光伏组件 设定鉴定和定型》的要求，型号、规格、数量应符合要求，存在异常应及时反馈并提出处理措施。

（2）对光伏组件进行电致发光抽样检测，检测抽样方法应满足 GB/T 2828. 1—2012《计数抽样检验程序 第 1 部分：按接收质量限（AQL）检索的逐批检验抽样计划》的要求，检验水平不低于 GB/T 2828.1 中表 2-A 一般检验水平Ⅰ，选取不同材料类型和不同生产批次的光伏组件按比例进行检测。抽检比例不宜低于 10 块 /MW，若抽检不合格，则扩大抽检比例，存在异常应及时反馈并提出处理措施。

（3）逆变器的安装质量应符合 GB 50794—2012《光伏发电站施工规范》和 GB/T

50796—2012《光伏发电工程验收规范》的要求。

（4）在调试过程中，应开展光伏组件的绝缘电阻与接地电阻检测，绝缘电阻检测结果应符合 GB/T 9535—1998 和 GB/T 18911—2002 的要求，接地电阻检测结果应符合 GB/T 35694—2017《光伏发电站安全规程》的要求。

（5）在调试过程中，应开展光伏组件及光伏阵列的电流、电压特性检测与接地电阻测试，检测方法及结果应符合 GB/T 6495.1—1996《光伏器件　第 1 部分：光伏电流—电压特性的测量》和 GB/T 18210—2000《晶体硅光伏（PV）方阵 *I–V* 特性的现场测量》的要求，接地电阻检测结果应符合 GB/T 35694—2017 的要求。

（6）光伏组件串接入汇流箱或逆变器时应测试光伏组件串的极性，调试和安装次序应符合 GB 50794—2012 的要求。

（7）逆变器的调试应符合 GB 50794—2012 的要求。

（8）光伏发电站移交生产前应进行逆变器转换效率和电能质量检测，检测方法、结果应符合 GB/T 30427—2013《并网光伏发电专用逆变器技术要求和试验方法》和 GB/T 37409—2019《光伏发电并网逆变器检测技术规范》的要求。

（二）运行及检修阶段

（1）光伏组件及逆变器的运行、巡视检查与日常维护应符合 GB/T 38335—2019《光伏发电站运行规程》的要求。

（2）光伏组件的检修项目、方法和周期应符合 GB/T 36567—2018《光伏组件检修规程》的要求，检修工作涉及的现场检测应符合 NB/T 32034—2016《光伏发电站现场组件检测规程》的要求。

（3）逆变器检修的内容、方法和技术要求应符合 GB/T 38330—2019《光伏发电站逆变器检修维护规程》的要求。

（4）光伏组件的故障处理、更换、修复和回收应符合 GB/T 36567—2018 和 GB/T 38335—2019 的要求。

（5）光伏组件运行满一年后应开展光伏组件标准测试条件下的性能抽样检测，过程应符合 GB/T 9535—1998 和 GB/T 18911—2002 的要求，使用的太阳模拟器应符合 GB/T 6495.9—2006《光伏器件　第 9 部分：太阳模拟器性能要求》的要求。

（6）光伏组件电致发光抽样检测的过程及判定条件应符合 GB/T 36567—2018 的要求，存在异常时应进行原因分析并及时处理。

（7）光伏组件红外热成像抽样检测的过程及判定条件应符合 GB/T 36567—2018 的要求，存在异常时应进行原因分析并及时处理。

（8）光伏组件 *I–V* 特性抽样检测及光伏组件串电流、电压一致性抽样检测方法应符合 GB/T 6495. 1—1996 和 NB/T 32034—2016 的要求，存在异常时应进行原因分析并及时处理。

（9）光伏发电站逆变器开展绝缘电阻和接地电阻测试，测试方法和结果应符合

GB/T 37409—2019 和 GB/T 34933—2017《光伏发电站汇流箱检测技术规程》的要求。

（10）光伏电站逆变器开展转换效率和电能质量检测，检测方法和结果应符合GB/T 37409—2019 的要求。

二、试验项目及周期

（一）基建期光伏组件及逆变器主要试验项目可参考表 5–1 执行。

表 5–1　　基建期光伏组件及逆变器主要试验项目

序号	设备	试验项目
1	光伏组件	电性能试验
2		隐裂测试
3	光伏系统	光伏发电系统效率试验

（二）生产期光伏组件及逆变器主要试验项目及周期可参考表 5–2 执行。

表 5–2　　生产期光伏组件及逆变器主要试验项目及周期

序号	试验项目	试验周期	成果方式	备注
1	光伏组件 EL 测试	特殊	报告	每年宜开展一次。冰雹、台风等极端天气后应情况开展
2	光伏组件热斑效应测试	年度	报告	
3	光伏组件特性测试（现场测试）	年度	报告	
4	光伏组件特性测试（实验室标准测试条件）	特殊	报告	投运满一年宜开展一次，后续每两年宜开展一次
5	光伏组串接地连续性测试	年度	报告	
6	光伏组串电流、电压一致性检查	年度	记录	
7	光伏阵列绝缘电阻测试	年度	报告	
8	逆变器绝缘电阻测试	年度	报告	
9	逆变器接地电阻测试	年度	报告	
10	逆变器效率测试	年度	报告	需覆盖所有型号逆变器
11	逆变器电能质量测试	年度	报告	需覆盖所有型号逆变器
12	防雷专项检查，重点检查全站防雷接地网、组件防雷接地、逆变器及汇流箱防雷保护装置的状态	特殊	报告	雷雨季节来临之前开展
13	汇流箱红外检测（抽检）	年度	记录	

三、光伏组件及逆变器试验方法

（一）光伏组件 *I–V* 特性测试

（1）光伏组件 *I–V* 特性测试分现场自然光环境测试和实验室标准测试条件测试。

（2）实验室标准测试条件下的光伏组件 *I–V* 特性测试，应委托具有相关检验检测资质的第三方检测机构进行。

（3）现场自然光环境下的光伏组件 *I–V* 特性测试应按下述要求开展。

1）每年应对电站不同品牌、不同型号的光伏组件进行 *I–V* 特性测试，获取标准测试条件（standard test condition，STC）下的填充因子、转换效率，并计算组件功率衰减值，及时掌握组件的衰减情况。

2）每年对不同品牌、不同型号光伏组件的衰减率进行测试，测试比例不低于 1 块 / MW，测试的光伏组件应选择外观完好、无划痕、无裂纹的样本，确保组件衰减非其他缺陷造成。每 3 ～ 5 年适当增加组件抽检比例或进行光伏组串的 *I–V* 特性测试，以便掌握电站容量的变化情况。

3）测试应在太阳总辐照度大于 $600W/m^2$ 下进行，辐照计应有校准证书。测试前应对仪器参数设置进行检查，如被测组件面积、温度系数、组件连接方式等，确保参数设置正确。

4）断开光伏组件连接端子之前，需保证直流汇流箱断路器或逆变器直流开关处于断开状态。

（4）组件及组串的 *I–V* 特性应满足以下要求：

1）同一组串的光伏组件在相同条件下的电压、电流输出应相差不大于 5%；

2）相同条件下接入同一个直流汇流箱的各光伏组串的运行电流及开路电压应相差不大于 5%。

（5）光伏组件生命周期内衰减应按照 GB/T 39857—2021《光伏发电效率技术规范》第 4.2.2 条的要求执行。

（二）光伏组件热斑效应测试

（1）应根据各个光伏组件串电流的大小情况，对电流较低的组串下的光伏组件进行红外检测。

（2）光伏组件的红外检测宜在太阳辐照度为 $600W/m^2$ 以上，风速不大于 2m/s 的条件下进行，同一光伏组件外表面（电池正上方区域）在温度稳定后，温度差异应小于 20℃。

（3）对抽查的光伏阵列下的各个方阵、组件进行编号，记录各个组件的热斑情况，对热斑组件进行现场检查。对于脏污和植被遮挡造成的热斑，应立即处理；对于其他原因造成的热斑，应根据热斑的大小和温差情况，适时对组件进行更换。

（4）有条件场站可采用无人机进行全站热斑效应检测。

（三）逆变器效率及电能质量测试

（1）光伏电站选取不同厂家和不同型号的逆变器按比例进行检测，组串式逆变器抽检比例不少于 2 台 /10MW，集中式逆变器抽检比例不少于 2 台。

（2）逆变器设备更换后，应对新投入使用的设备开展转换效率和电能质量检测。

（3）逆变器效率及电能质量评价应依照 NB/T 32004—2018《光伏并网逆变器技术规范》执行。

第四节　典型技术监督问题汇总

一、技术监督计划及定期工作管理不完善

光伏场站由于人员少、运维管理模式复杂、制度及标准管理不到位等原因，导致其技术监督工作中普遍存在计划及定期工作项目不全、报告编写不规范等情况，具体包括如下几个方面的内容。

（一）光伏组件及逆变器技术监督计划及定期工作项目不全

部分光伏场站在制订光伏组件及逆变器年度工作计划时存在缺项的情况，造成后续年度定期工作开展不完善，未能按照相关标准及制度要求完成各项定期工作内容。

NB/T 10635—2021《光伏发电站光伏组件技术监督规程》和 NB/T 10636—2021《光伏发电站逆变器及汇流箱技术监督规程》中相关条款对光伏组件及逆变器在设计选型、安装调试和运行维护阶段所需的各项工作进行了规定，应参照执行。表 5–3 及表 5–4 分别列举了光伏组件及逆变器监督部分定期工作项及对应条款。

表 5–3　　光伏组件技术监督部分定期工作项（参见 NB/T 10635—2021）

条款	工作内容	条款内容
6.1.1	光伏组件到货检查和检测	对光伏组件进行电致发光抽样检测，检测抽样方法应满足 GB/T 2828.1 的要求，选取不同材料类型和不同生产批次的光伏组件按比例进行检测。抽检比例不宜低于 10 块 /MW，若抽检不合格，则扩大抽检比例，存在异常应及时反馈并提出处理措施
6.1.5	光伏组件安装检查和检测	外观检查结果应符合 GB/T 9535 及 GB/T 18911 的要求；电致发光抽样检测应根据光伏阵列运行参数及安装地形特征的不同进行抽检
6.2.3	绝缘电阻及接地电阻测试	在调试过程中，应开展光伏组件的绝缘电阻与接地电阻检测，绝缘电阻检测结果应符合 GB/T 9535 和 GB/T 18911 的要求，接地电阻检测结果应符合 GB/T 35694 的要求

续表

条款	工作内容	条款内容
7.3	极端天气检查	雷暴、台风、大雪、冰、高温等恶劣气象条件频发季节前，应开展光伏组件的预防性检查，对存在异常的光伏组件应及时处理。恶劣天气过后，应开展光伏组件的外观抽样检查、电致发光抽样检测和红外热成像抽样检测，存在异常时应及时反馈并提出处理措施
8.5	标准测试条件性能抽样检测	光伏组件运行满一年后应开展光伏组件标准测试条件下的性能抽样检测，其后宜每 2 年开展一次光伏组件标准测试条件下的性能抽样检测。检测过程应符合 GB/T 9535 和 GB/T 18911 的要求，使用的太阳模拟器应符合 GB/T 6495.9 的要求
8.8	光伏组件红外热成像抽样检测	光伏组件红外热成像抽样检测宜结合光伏组件状态每年开展一次，检测的过程及判定条件应符合 GB/T 36567 的要求，存在异常时应进行原因分析并及时处理

表 5-4　逆变器及汇流箱技术监督部分定期工作项（参见 NB/T 10636—2021）

条款	工作内容	条款内容
6.1.6	项目验收检测	光伏发电站移交生产前应进行逆变器转换效率和电能质量检测，检测方法、结果应符合 GB/T 30427 和 GB/T 37409 的要求
6.2.6	绝缘电阻及接地电阻测试	汇流箱调试过程中，应进行绝缘电阻与接地电阻检测，检测方法、结果应符合 GB/T 34933 的要求
7.3	极端天气检查	雷暴、台风、大雪、冰、高温等恶劣气象条件频发季节前，应开展逆变器、汇流箱设备的预防性检查，对存在异常的设备应及时处理。恶劣天气过后，应进行逆变器、汇流箱外观与功能检查，存在异常时应及时反馈并提出处理措施
8.5	逆变器性能抽样检测	光伏发电站宜结合逆变器的运行状态，每年开展一次转换效率与电能质量抽样检测
8.7	设备更换后检测	逆变器、汇流箱设备更换后，应对新投入使用的设备开展绝缘电阻和接地电阻测试，测试方法和结果应符合 GB/T 37409 和 GB/T 34933 的要求
8.8		逆变器设备更换后，应对新投入使用的设备开展转换效率和电能质量检测，检测方法和结果应符合 GB/T 37409 的要求

（二）定期工作开展不规范

（1）检测项目的测试条件及抽检比例应符合相关标准及制度要求。如依据 GB/T 36567—2018《光伏组件检修规程》第 7.1 条要求，红外热斑测试所需辐照度不应低于 $600W/m^2$。

（2）定期工作相关的报告和记录不够规范。报告及记录应注明检测时间、检测地点、仪器编号、仪器校准有效期、相关测试数据及图像记录、检测结论、报告及记录的审批记录、异常设备消缺记录等。

二、光伏阵列防雷接地管理

（一）防雷接地设计不合理

光伏阵列防雷应严格依照GB/T 32512—2016《光伏发电站防雷技术要求》和GB 50169—2016《电气装置安装工程　接地装置施工及验收规范》相关条款进行，重点应注意以下内容。

（1）光伏组件边框之间应设计有等电位连接线，光伏组件边框和光伏支架之间应采用接地线或穿刺垫片的方式连接，如图5-1和图5-2所示。

图5-1　组件边框未设计等电位连接线

图5-2　组件边框与支架穿刺垫片连接

（2）埋于腐蚀性土壤中的接地体应采用防腐蚀能力强的接地体。在高土壤电阻率地区宜采用降低接地电阻措施，具体措施包括采用多支线外引接地装置；接地体埋于较深的低电阻率土壤；换土；寻找岩石缝，注射降阻剂浆液。

（3）埋于土壤中的人工垂直接地体可采用热镀锌角钢、钢管、圆钢、复合材料等接地材料；埋于土壤中的人工水平接地体宜采用热镀锌扁钢或圆钢。光伏方阵的接地网外缘应闭合。光伏方阵每排支架应至少在两端接地，如图5-3所示。人工接地体在土壤中的埋设深度应不小于0.5m，并宜敷设在当地冻土层以下。

图5-3　光伏组串一端未安全接地

（二）光伏组件防雷接地线断裂

光伏组件防雷普遍采取的方法是支架与光伏组件边框接地，因此光伏组件之间、光伏组件与光伏支架之间连接良好程度直接影响光伏组件的防雷水平，应予以重视。光伏组件处于室外环境，由于连接螺栓锈蚀、外力牵拉等原因会导致接地连接损坏，影响光伏阵列防雷性能，如图 5–4 和图 5–5 所示。应加强光伏组件巡检，发现接地线松动或脱落情况及时进行紧固。

图 5–4　组件等电位连接线断裂

图 5–5　组件边框与支架连接线断裂

（三）定期开展光伏阵列防雷设施维护

光伏阵列防雷设施需要周期性维护，每年在雷雨季节到来之前，应进行一次全面检测，检测项目包括防雷接地电阻是否大于规定值、接地连续性是否合格等，必须向当地防雷中心报检。

对于防雷设施锈蚀、脱焊等情况，在咨询当地防雷中心后可自行按照规范进行维护。防雷设施应由熟悉雷电防护技术的专职或兼职人员负责管理。防雷措施投入使用后，应建立管理制度。防雷装置的设计、安装、隐蔽工程图纸资料、年间测试记录等，均应及时归档、妥善保管，以便后期维护和改造。

三、光伏电站支架倒塌、组件脱落

（一）原因分析

光伏电站支架大面积倒塌、组件脱落事故的诱因主要有以下几个方面。

1. 安全管理问题

如事故应急救援及响应管理问题，未制订场站大风、大雪、暴雨等极端天气处置预案并组织演练；现场储备的应急处置物资不齐全。

2. 技术监督管理问题

如现场支架金属构架入场验收不规范，无验收记录；支架基础、地网等施工过程隐蔽工作验收资料不全，无验收记录；现场浇筑基础未开展混凝土同养试块送检，部分场

站出现基础混凝土开裂、剥离、混凝土粉化情况。

3. 运维管理问题

如未将光伏支架及基础纳入光伏场站日常巡检范围；未制订大风、大雪等极端天气过后的巡检标准及要求，部分场站特殊天气过后现场未开展巡检。

4. 设备、设施问题

如光伏场站普遍存在的光伏支架螺栓松动、支架锈蚀、擅条变形、斜撑掉落等情况；光伏组件固定夹件、螺栓松动，组件下滑，个别场站甚至出现单块组件被吹飞的情况；光伏基础被雨水冲刷导致桩基础埋深度不足，桩基础倾斜、下沉。

（二）应对建议

1. 强化设计管理

（1）加强设计审核，从设计图纸、结构强度稳定性计算书、技术协议等方面着手，对支架基础混凝土强度、基桩深度、承载能力、设计使用年限、基础预埋螺栓抗拉强度、支架载荷等严格审核。

（2）后续新建设项目特别是在沿海地区、南方地区等环境湿度大、腐蚀性较强的区域，光伏支架在满足设计强度要求的情况下优先考虑采用铝合金支架。

（3）加强项目所属地理区域地质勘查，结合当地气象条件，从地质勘察报告着手，尽量避开在地质松散、易塌方地区铺设光伏组件。

2. 严格落实施工质量过程管控

（1）加强基建期技术监督工作，做好设备入场管理，特别是钢结构、支架、螺栓等金属部件的入场验收工作，严格审查支架质量检测报告、出厂合格证等技术资料，确保金属部件材料、防腐性能满足规范要求。

（2）加强隐蔽工程施工管理及验收工作，确保基础尺寸、埋深度满足设计要求，现场浇筑支架基础严格按标准要求开展同养试块送检，混凝土养护周期达到设计要求，并留存好过程资料，特别是验收影像资料。

（3）严把设备安装质量，明确光伏场站施工质量关键点，施工重要环节监理单位、建设单位应旁站监督，落实分级验收制度，确保工程质量且验收报告完整有效。

3. 规范做好设备运维工作

（1）定期对光伏支架基础、支架、组件等设备开展巡检工作，大风、大雪、地震等极端天气过后，应组织对支架、组件进行专项巡检，发现紧固件批量松脱时应开展普查、紧固。

（2）结合地域气候特点及金属部件锈蚀情况，定期开展光伏支架、连接螺栓等金属部件的除锈防腐工作。

（3）加强对可调支架的维护及管理，定期开展跟踪支架主动避险功能测试及跟踪系统状态检查，发现故障应及时处理。

（4）加强天气预报的监视，与地方气象局建立良好的沟通机制，共享气象信息，及时发布本单位气象预警，确保遇有极端天气时各场站及时完成应对工作。

（三）良好实践

为了解决光伏组件支架大面积倒塌及组件脱落问题，部分电站结合所处的实际环境开展了技术改造，取得良好效果，见表 5-5。

表 5-5　　防光伏支架大面积倒塌及组件脱落良好实践

序号	案例描述	图示
1	重点区域光伏组件与支架之间的连接螺栓加装防脱螺母	
2	光伏组件支架加固	
3	利用管桩桩顶端部作为防坠受力点在抱箍上方加装一个倒 U 形金属卡件，防止抱箍下滑，从而防止组件支架因抱箍下滑而出现变形	

第六章
光伏电站绝缘监督

第一节　技术监督总体要求

绝缘监督是保证光伏企业发电设备安全、经济、稳定运行的重要基础工作，应坚持“安全第一、预防为主”的方针，实行全过程、全方位的监督。该项监督的目的在于，通过对站内高压电气设备绝缘状况和影响绝缘性能的污秽状况、接地装置状况、过电压保护等进行监督，以确保高压电气设备在良好绝缘状态下运行，防止绝缘事故的发生。

一、光伏电站绝缘技术监督实施

绝缘技术监督要按照统一标准和分级管理的原则，对光伏电站高压电气设备实行全过程的监督，即从高压电气设备设计选型和审查、监造和出厂验收、安装和投产验收、运行维护、检修到技术改造，直至退出运行的监督，其中还包括对高压试验仪器仪表和绝缘工器具的监督。

随着科学技术的发展，绝缘技术监督也要充分运用新技术、新方法、新设备、新材料，不断提高绝缘技术监督的专业水平。

二、光伏电站绝缘技术监督范围

光伏电站绝缘技术监督范围主要包括：变压器、高压开关柜设备、气体绝缘金属封闭开关设备（GIS）、接地装置、电力电缆等。

三、光伏电站绝缘技术监督指标

光伏电站绝缘技术监督指标包括：

（1）不发生由于监督不到位造成的电气设备损坏事故。

（2）年度监督工作计划完成率：100%。

（3）绝缘监督现场检查提出问题整改完成率：100%。

（4）绝缘监督告警问题整改完成率：100%。

（5）绝缘监督报告或计划提出问题整改完成率：100%。

（6）预试完成率：主设备为 100%，一般设备为 98%。

（7）缺陷消除率：危急缺陷消除率为 100%，其他缺陷消除率不低于 90%。

（8）试验仪器校验率为 100%。

第二节　各阶段技术监督重点要求

光伏电站绝缘监督受监设备主要包括：变压器、高压开关柜设备、气体绝缘金属封闭开关设备（GIS）、接地装置、电力电缆等。下面将分别介绍不同受监设备在不同阶段的技术监督重点要求。

一、设计、监造阶段

（一）变压器

（1）电力变压器的设计、选型应符合 GB/T 17468—2019《电力变压器选用导则》、GB/T 13499—2002《电力变压器应用导则》和 GB/T 1094.1—2013《电力变压器　第 1 部分：总则》、GB/T 1094.2—2013《电力变压器　第 2 部分：液浸式变压器的温升》、GB/T 1094.3—2017《电力变压器　第 3 部分：绝缘水平、绝缘试验和外绝缘空气间隙》、GB/T 1094.5《电力变压器　第 5 部分：承受短路的能力》等变压器标准，以及《防止电力生产事故的二十五项重点要求 (2023 年版)》的要求。油浸变压器的技术参数和要求应满足 GB/T 6451—2023《油浸式电力变压器技术参数和要求》的规定；干式变压器的技术参数和要求应满足 GB/T 1094.11—2022《电力变压器　第 11 部分：干式变压器》和 GB/T 10228—2023《干式电力变压器技术参数和要求》的规定。

（2）变压器套管的过负荷能力应与变压器允许过负荷能力相匹配。变压器套管外绝缘不仅要提出与所在地区污秽等级相适应的爬电比距要求，也应对伞裙形状提出要求。重污区可选用大小伞结构瓷套。应要求制造厂提供淋雨条件下套管人工污秽试验的型式试验报告。不得订购有机粘结接缝过多的瓷套管和密集型伞裙的瓷套管，防止瓷套出现裂纹断裂和外绝缘污闪、雨闪故障。

（3）220kV 及以上电压等级的变压器应赴厂监造和验收。重点监造项目主要包括：原材料（硅钢片、电磁线、绝缘油等）的原材料质量保证书、性能试验报告；组件（套管、分接开关、气体继电器等）的质量保证书、出厂或型式试验报告，压力释放阀、气体继电器、套管电流互感器等还应有工厂校验报告；局部放电试验、出厂局放试验、感

应耐压试验。

（4）出厂局部放电试验要求应注意：220kV 及以上变压器，测量电压为 $1.5U_m/\sqrt{3}$ 时，自耦变中压端不大于 200pC；其他不大于 100pC；110（66）kV 电压等级变压器，测量电压为 $1.5U_m/\sqrt{3}$ 时，高压侧的局部放电量不大于 100pC；500kV 变压器应分别在油泵全部停止和全部开启时（除备用油泵）进行局部放电试验。

（二）高压开关柜设备

（1）高压开关柜的设计选型应符合 GB/T 1984—2014《高压交流断路器》、GB/T 11022—2020《高压交流开关设备和控制设备标准的共用技术要求》、DL/T 615—2013《高压交流断路器参数选用导则》等标准和有关反事故措施的规定。高压开关设备有关参数选择应考虑电网发展需要，留有适当裕度，特别是开断电流、外绝缘配置等技术指标。

（2）高压开关柜断路器操动机构应优先选用弹簧机构、液压机构（包括弹簧储能液压机构）。

（3）高压开关柜断路器应选用无油化产品，其中真空断路器应选用本体和机构一体化设计制造的产品。

（4）高压开关柜 SF_6 密度继电器与开关设备本体之间的连接方式应满足不拆卸校验密度继电器的要求。密度继电器应装设在与断路器同一运行环境温度的位置，以保证其报警、闭锁接点正确动作。

（5）高压开关柜中的绝缘件（如绝缘子、套管、隔板和触头罩等）严禁采用酚醛树脂、聚氯乙烯及聚碳酸酯等有机绝缘材料，应采用阻燃性绝缘材料（如环氧或 SMC 材料）。

（6）高压开关柜的配电室中应配置温湿度监测及通风防潮设备，在梅雨、多雨季节时启动，防止凝露导致绝缘事故。

（7）为防止高压开关柜火灾蔓延，在开关柜的柜间、母线室之间及与本柜其他功能气室之间应采取有效的封堵隔离措施。另外，应加强柜内二次线的防护，二次线宜由阻燃型软管或金属软管包裹，防止二次线损伤。

（三）气体绝缘金属封闭开关设备（GIS）

（1）GIS 订货应符合 DL/T 617—2019《气体绝缘金属封闭开关设备技术条件》、DL/T 728—2013《气体绝缘金属封闭开关设备选用导则》和 GB/T 7674—2020《额定电压 72.5kV 及以上气体绝缘金属封闭开关设备》等标准和相关反事故的要求。

（2）根据使用要求，确定 GIS 内部元件在正常负荷条件和故障条件下的额定值，并考虑系统的特点及其今后预期的发展来选用符合规格的 GIS。

（四）接地装置

（1）接地装置必须按 GB 50169—2016《电气装置安装工程 接地装置施工及验收规范》以及 GB/T 50065—2011《交流电气装置的接地设计规范》等有关规定进行设计、施工、验收。

（2）在工程设计时，应认真吸取接地网事故的教训，并按照相关规程规定的要求，改进和完善接地网设计。审查地表电位梯度分布、跨步电势、接触电势、接地阻抗等指标的安全性和合理性，以及防腐、防盗措施的有效性。

（3）新建工程设计，应结合长期规划考虑接地装置（包括设备接地引下线）的热稳定容量，并提出接地装置的热稳定容量计算报告。

（4）当输电线路的避雷线和电厂的接地装置相连时，应采取措施使避雷线和接地装置有便于分开的连接点。

（五）电力电缆

（1）电力电缆线路的设计选型应根据 GB 50217—2018《电力工程电缆设计标准》。

（2）光伏场区内部集电线路电力电缆设计选型应根据 GB/T 12706.3—2020《额定电压 1kV（U_m=1.2 kV）到 35kV（U_m=40.5 kV）挤包绝缘电力电缆及附件　第 3 部分：额定电压 35kV（U_m=40.5kV）电缆》、GB/T 12706.4—2020《额定电压 1kV（U_m=1.2kV）到 35kV（U_m=40.5kV）挤包绝缘电力电缆及附件　第 4 部分：额定电压 6kV（U_m=7.2kV）到 35kV（U_m=40.5kV）电力电缆附件试验要求》。

（3）光伏电站升压站 110kV 送出线路电力电缆设计选型应根据 GB/T 11017.1—2014《额定电压 110kV（U_m=126kV）交联聚乙烯绝缘电力电缆及其附件　第 1 部分：试验方法和要求》、GB/T 11017.2—2014《额定电压 110kV（U_m=126kV）交联聚乙烯绝缘电力电缆及其附件　第 2 部分：电缆》、GB/T 11017.3—2014《额定电压 110kV（U_m=126kV）交联聚乙烯绝缘电力电缆及其附件　第 3 部分：电缆附件》

（4）对于更高电压等级的光伏电站升压站送出线路电力电缆，设计选型应根据 GB/T 9326.1—2008《交流 500kV 及以下纸或聚丙烯复合纸绝缘金属套充油电缆及附件　第 1 部分：试验》、GB/T 9326.2—2008《交流 500kV 及以下纸或聚丙烯复合纸绝缘金属套充油电缆及附件　第 2 部分：交流 500kV 及以下纸绝缘铅套充油电缆》、GB/T 9326.3—2008《交流 500kV 及以下纸或聚丙烯复合纸绝缘金属套充油电缆及附件　第 3 部分：终端》、GB/T 9326.4—2008《交流 500kV 及以下纸或聚丙烯复合纸绝缘金属套充油电缆及附件　第 4 部分：接头》、GB/T 9326.5—2008《交流 500kV 及以下纸或聚丙烯复合纸绝缘金属套充油电缆及附件　第 5 部分：压力供油箱》。

（5）除上述标准外，对于水上光伏，海底电缆的设计选型还应根据 GB/T 51190—2016《海底电缆输电工程设计规范》、GB/T 32346.1—2015《额定电压 220 kV（U_m=252 kV）交联聚乙烯绝缘大长度交流海底电缆及附件　第 1 部分：试验方法和要求》、GB/T 32346.2—2015《额定电压 220 kV（U_m=252 kV）交联聚乙烯绝缘大长度交流海底电缆及附件　第 2 部分：大长度交流海底电缆》、GB/T 32346.3—2015《额定电压 220 kV（U_m=252 kV）交联聚乙烯绝缘大长度交流海底电缆及附件　第 3 部分：海底电缆附件》

（6）电力电缆在设计监造阶段应重点审查电缆的绝缘、截面、金属护套、外护套、

敷设方式等以及电缆附件的选择是否安全、经济、合理；审查电缆敷设路径设计是否合理，包括运行条件是否良好，运行维护是否方便，防水、防盗、防外力破坏、防虫害的措施是否有效等。

二、安装与调试阶段

（一）变压器

（1）变压器在装卸和运输过程中，不应有严重的冲击和振动，在运输和现场保管时必须保持密封。到达目的地后，制造厂、运输部门、用户三方人员应共同验收，记录纸和押运记录应提供用户留存。

（2）注入的变压器油应符合 GB/T 7595—2017《运行中变压器油质量》规定，110kV（66kV）及以上变压器必须进行真空注油，其他变压器有条件时也应采用真空注油。

（3）安装结束后，应按 GB 50150—2016《电气装置安装工程　电气设备交接试验标准》、订货技术要求、调试大纲及和反事故措施的规定进行交接验收试验。交接验收试验重点监督项目包括：

1）局部放电试验。

2）交流耐压试验。

3）频响法和低电压短路阻抗法绕组变形试验。

4）各分接头直流电阻试验。

5）所有分接的电压比试验。

6）绝缘油试验。

7）冲击合闸试验。

8）绕组连同套管介质损耗因数（$\tan\delta$）及电容量。

（4）新投运的变压器油中气体含量的要求：在注油静置后与耐压和局部放电试验24h后，两次测得的氢、乙炔和总烃含量应无明显变化；气体含量应符合 GB 50150—2016《电气装置安装工程　电气设备交接试验标准》的要求。

（5）新油在注入设备前，应首先对其进行脱气、脱水处理。

（6）新油注入设备后，为了对设备本身进行干燥、脱气，一般需进行热油循环处理。

（7）在变压器投用前应对其油品作一次全分析，并进行气相色谱分析，作为交接试验数据。

（8）变压器、电抗器在试运行前，应按规定的检查项目进行全面检查，确认其符合运行条件，方可投入试运行。变压器、电抗器应进行启动试运行，带可能的最大负荷连续运行 24h。变压器、电抗器在试运行时，应进行 5 次空载全电压冲击合闸试验，且无异常情况发生；当变压器间无操作断开点时可不作全电压冲击合闸。第一次受电后持续时间不应少于 10min，励磁涌流不应引起保护装置的误动。带电后，检查变压器噪声、振动无异常；本体及附件所有焊缝和连接面，不应有渗漏油现象。

（二）高压开关柜设备

（1）根据 DL/T 1054—2021《高压电气设备绝缘技术监督规程》的规定，220kV 及以上电压等级的高压开关设备应进行监造和出厂验收。监造项目在订货技术文件中规定。

（2）断路器及其操动机构应能保证断路器各零部件在运输过程中不致遭到脏污、损坏、变形、丢失及受潮。对于其中的绝缘部分及由有机绝缘材料制成的绝缘件应特别加以保护，以免损坏和受潮；对于外露的接触表面，应有预防腐蚀的措施。SF_6 断路器在运输和装卸过程中，不得倒置、碰撞或受到剧烈的振动。

（3）断路器在运输过程中，应充以符合标准的 SF_6 气体或氮气。

（4）高压开关柜的安装应在制造厂家技术人员的指导下进行，安装应符合 GB 50147—2010《电气装置安装工程　高压电器施工及验收规范》、产品技术条件和相关反事故措施的要求，且应符合下列规定：

1）设备及器材到达现场后应及时检查；安装前的保管应符合产品技术文件要求；应按制造厂的部件编号和规定顺序进行组装，不得混装。

2）断路器的固定应符合产品技术文件要求且牢固可靠。支架或底座与基础的垫片不宜超过 3 片，其总厚度不应大于 10mm，各垫片尺寸应与机座相符且连接牢靠。

3）新装 72.5kV 及以上电压等级断路器的绝缘拉杆，在安装前必须进行外观检查，不得有开裂起皱、接头松动及超过允许限度的变形，除进行直流泄漏电流试验外，必要时应进行工频耐压试验。

4）同相各支柱瓷套的法兰面宜在同一水平面上，各支柱中心线间距离的误差不应大于 5mm，相间中心距离的误差不应大于 5mm。所有部件的安装位置正确，并按产品技术文件要求保持其应有的水平或垂直位置。

5）密封槽面应清洁，无划伤痕迹；已用过的密封垫（圈）不得使用；涂密封脂时，不得使其流入密封垫（圈）内侧而与 SF_6 气体接触。

6）SF_6 气体注入设备后必须进行湿度试验，且应对设备内气体进行 SF_6 纯度检测，必要时进行气体成分分析。

7）应按产品技术文件要求更换吸附剂。应按产品技术文件要求选用吊装器具、吊点及吊装程序。

8）密封部位的螺栓应使用力矩扳手紧固，其力矩值应符合产品技术文件要求。

9）按产品技术文件要求涂抹防水胶。

（三）气体绝缘金属封闭开关设备（GIS）

（1）根据 DL/T 1054—2021《高压电气设备绝缘技术监督规程》的规定，220kV 及以上电压等级的 GIS 成套设备应进行监造和出厂验收。GIS 监造项目参照 DL/T 586—2008《电力设备监造技术导则》。

（2）GIS 应在密封和充低压力的干燥气体（如 SF_6 或 N_2）的情况下包装、运输和贮存，以免潮气侵入。

（3）GIS 在现场安装后、投入运行前的交接试验项目和要求，应符合 GB 50150—2016《电气装置安装工程　电气设备交接试验标准》、DL/T 618—2022《气体绝缘金属封闭开关设备现场交接试验规程》以及制造厂技术要求等有关规定执行。220kV 及以上设备重点监督项目：交流耐压试验、SF_6 气体含水量测试。

（4）SF_6 气体压力、泄漏率和含水量应符合 GB 50150—2016《电气装置安装工程　电气设备交接试验标准》及产品技术文件的规定。

（四）接地装置

（1）施工单位应严格按照设计要求进行施工。接地装置的选择、敷设及连接应符合 GB 50169—2016《电气装置安装工程　接地装置施工及验收规范》的有关要求。预留的设备、设施的接地引下线必须确认合格，隐蔽工程必须经监理单位和建设单位验收合格后，方可回填土；并应分别对两个最近的接地引下线之间测量其回路电阻，确保接地网连接完好。

（2）对高土壤电阻率地区的接地网，在接地电阻难以满足要求时，应由设计确定采取措施后，方可投入运行。

（3）接地装置验收测试应在土建完工后尽快进行；特性参数测量应避免雨天和雨后立即测量，应在连续天晴 3 天后测量。交接验收试验应符合 GB 50150—2016《电气装置安装工程　电气设备交接试验标准》的规定。接地装置交接试验时，必须确保接地装置隔离，排除与接地装置连接的接地中性点、架空地线和电缆外皮的分流，对测试结果及评价的影响。

（4）大型接地装置除进行 GB 50150—2016《电气装置安装工程　电气设备交接试验标准》规定的电气完整性试验和接地阻抗测量，还必须考核场区地表电位梯度、接触电位差、跨步电位差、转移电位等各项特性参数测试，以确保接地装置的安全。试验的测试电源、测试回路的布置、电流极和电压极的确定以及测试方法等应符合 DL/T 475—2017《接地装置特性参数测量导则》的相关要求。有条件时宜按照 DL/T 266—2023《接地装置冲击特性参数测试导则》进行冲击接地阻抗、场区地表冲击电位梯度、冲击反击电位测试等冲击特性参数测试。

（五）电力电缆

（1）电缆交接时应按 GB 50150—2016《电气装置安装工程　电气设备交接试验标准》的规定进行试验。

（2）电力电缆不应浸泡在水中（海底电缆等除外），单芯电缆不应有外护套破损现象，油纸绝缘电缆不应有漏油、压力箱失压现象。

三、运行及检修阶段

（一）变压器

（1）变压器的例行巡视检查：变压器的日常巡视，每天至少一次，每周进行一次夜间巡视。变压器的巡视检查包括但不限于以下内容：

1）变压器的油位和温度计应正常，储油柜的油位应与温度相对应，各部位无渗油、漏油。

2）套管油位应正常，套管外部无破损、无裂纹、无严重油污、无放电痕迹及其他异常现象。

3）持续跟踪并记录油温和绕组温度，特别是高温天气及峰值负荷时温度。如果变压器温度有明显的增长趋势，而负荷并没有增加，在确认温度计正常的情况下，要检查了解冷却器是否积污严重。

4）检查吸湿器中干燥剂的颜色，当大约 2/3 干燥剂的颜色显示已受潮时，应予更换或进行再生处理；若干燥剂的变色速度异常（横比或纵比），应进行处理。

5）检查风扇、油泵、水泵运转正常，油流继电器工作正常，特别注意变压器冷却器潜油泵负压区出现的渗漏。

6）引线接头、电缆、母线应无发热迹象。

（2）变压器的特殊巡视检查。在下列情况下应对变压器进行特殊巡视检查，增加巡视检查次数：

1）新设备或经过检修、改造的变压器在投运 72h 内。

2）有严重缺陷时。

3）气象突变（如大风、大雾、大雪、冰雹、寒潮等）时。

4）雷雨季节特别是雷雨后。

5）高温季节、高峰负载期间。

（3）变压器检修的项目、周期、工艺及其试验项目按 DL/T 573—2021《电力变压器检修导则》的有关规定和制造厂的要求执行；分接开关检修项目、周期、要求与试验项目应按 DL/T 574—2021《电力变压器分接开关运行维修导则》的规定和制造厂的技术要求执行。

（4）变压器检修时应重点注意以下事项。

1）定期对套管进行清扫，防止污秽闪络和大雨时闪络。在严重污秽地区运行的变压器，可采用在瓷套上涂防污闪涂料等措施。

2）变压器油处理：大修后，注入变压器内的变压器油质量应符合 GB/T 7595—2017《运行中变压器油质量》的要求；注油后，变压器应进行油样化验与色谱分析。变压器补油时应使用牌号相同的变压器油，如需要补充不同牌号的变压器油时，应先做混油试验，合格后方可使用。

3）检修后的变压器应严格按照有关标准或厂家规定真空注油和热油循环，真空度、抽真空时间、注油速度及热油循环时间、温度均应达到要求。对有载分接开关的油箱应同时按照相同要求抽真空。

4）在检修时应测试铁芯绝缘，如有多点接地应查明原因，消除故障。

5）变压器套管上部注油孔的螺栓胶垫，应结合检修检查更换。

（二）高压开关柜设备

（1）断路器巡视

1）日常巡视：升压站每天当班巡视不少于一次。

2）夜间闭灯巡视：升压站每周一次。

（2）SF_6 断路器主要巡视项目。

1）套管、绝缘子无断裂、无裂纹、无损伤、无放电。

2）分、合位置指示正确，与实际运行工况相符。

3）各部分及管道无异声（漏气声、振动声）及异味，管道夹头正常。

4）SF_6 气体压力表或密度表在正常范围内，记录压力值。

（3）真空断路器主要巡视项目。

1）灭弧室无放电、无异声、无破损、无变色。

2）分、合位置指示正确，并与实际运行工况相符。

3）绝缘拉杆完好、无裂纹。

（4）断路器 SF_6 气体气质监督。

1）运行中的 SF_6 断路器应定期测量 SF_6 气体含水量，新装或大修后，一年内复测一次，如湿度符合要求，则正常运行中 1 ～ 3 年 1 次。

2）运行中 SF_6 气体微量水分或漏气率不合格时，应及时处理；处理时，气体应予回收，不得随意向大气排放以防止污染环境及造成人员中毒事故。

3）新气及库存 SF_6 气应按 SF_6 管理导则定期检验，进口 SF_6 新气亦应复检验收入库。检查时按批号作抽样检验，分析复核主要技术指标。凡未经分析证明符合技术指标的气体（不论是新气还是回收的气体），均应贴上“严禁使用”标识。

4）SF_6 断路器需补气时，应使用检验合格的 SF_6 气体。

（5）检修期间，断路器应按 DL/T 596—2021《电力设备预防性试验规程》进行预防性试验。

（6）加强断路器合闸电阻的检测和试验，防止断路器合闸电阻缺陷引发故障。在断路器产品出厂试验、交接试验及预防性试验中，应对合闸电阻的阻值、断路器主断口与合闸电阻断口的配合关系进行测试。

（7）SF_6 密度继电器及压力表应按规定定期校验，或按厂家要求执行。

（8）断路器红外检测的方法、周期、要求应符合 DL/T 664—2016《带电设备红外诊断应用规范》的规定。

（9）真空断路器交流耐压试验应在投运一年内进行一次，以后按正常预防性试验周期进行。

（三）气体绝缘金属封闭开关设备（GIS）

（1）GIS 运行维护技术要求应符合 DL/T 603—2017《气体绝缘金属封闭开关设备运行维护规程》的规定，巡视每天至少 1 次，“无人值班、少人值守”的电站可根据现场实际情况自行规定巡视周期。对运行中的GIS设备进行外观检查，主要检查设备有无异常情况，并做好记录。如有异常情况应按规定上报并处理。监督内容主要有：

1）断路器、隔离开关、接地开关及快速接地开关的位置指示正确，并与当时实际运行工况相符。

2）SF_6气体泄漏及压力监测：每天巡视记录一次，根据SF_6气体压力、温度曲线监视气体压力变化；发现异常，应查明原因，及时处理。

3）气体泄漏检查：当发现压力表在同一温度下，相邻两次读数的差值达0.01～0.03MPa时，应进行气体泄漏检查。

4）检查断路器和隔离开关的动作指示是否正常，记录其累积动作次数。

5）避雷器在线监测仪指示正确，每半月记录泄漏电流值和动作次数并进行分析。

6）设备有无漏气（SF_6气体、压缩空气）、漏油（液压油、电缆油）。

（2）定期检查。GIS处于全部或部分停电状态下，专门组织的维修检查宜每4年进行1次，或按厂家要求执行。监督内容主要有：

1）对操动机构进行维修检查，处理漏油、漏气或缺陷，更换损坏零部件。

2）维修检查辅助开关。

3）检查或校验压力表、压力开关、密度继电器或密度压力表和动作压力值。

4）检查传动部位及齿轮等的磨损情况，对转动部件添加润滑剂。

5）断路器的机械特性及动作电压试验。

6）检查各种外露连杆的紧固情况。

7）检查接地装置。

8）必要时进行绝缘电阻、回路电阻测量。

9）油漆或补漆。

10）清扫GIS外壳，对压缩空气系统排污。

（3）GIS的分解检查监督内容主要有：

1）断路器达到规定的开断次数或累计开断电流值；GIS某部位发生异常现象、某气室发生内部故障；达到规定的分解检修周期时，应对断路器或其他设备进行分解检修，其内容与范围应根据运行中所发生的问题而定，这类分解检修宜由制造厂承包进行。GIS解体检修后，应按DL/T 603—2017《气体绝缘封闭开关设备运行维护规程》的规定进行试验及验收。

2）断路器本体一般不用检修，在达到制造厂规定的操作次数时应进行分解检修。断路器分解检修时，应有制造厂技术人员在场指导下进行。检修时将主回路元件解体进行检查，根据需要更换不能继续使用的零部件。

3）检修内容与周期。每15年或按制造厂规定应对主回路元件进行1次大修，主要内容包括：电气回路、操动机构、气体处理、绝缘件检查等相关试验。

（四）接地装置

（1）对于已投运的接地装置，应根据地区短路容量的变化，校核接地装置（包括设

备接地引下线）的热稳定容量，并结合短路容量变化情况和接地装置的腐蚀程度有针对性地对接地装置进行改造。对不接地、经消弧线圈接地、经低阻或高阻接地系统，必须按异点两相接地校核接地装置的热稳定容量。

（2）接地引下线的导通检测工作应每 1 ～ 3 年进行一次，其检测范围、方法、评定应符合 DL/T 475—2017《接地装置特性参数测量导则》的要求，并根据历次测量结果进行分析比较，以决定是否需要进行开挖、处理。

（3）定期通过开挖抽查等手段确定接地网的腐蚀情况。根据电气设备的重要性和施工的安全性，选择 5 ～ 8 个点沿接地引下线进行开挖检查，要求不得有开断、松脱，或严重腐蚀等现象。如发现接地网腐蚀较为严重，应及时进行处理。铜质材料接地体地网不必定期开挖检查。

（五）电力电缆

（1）电力电缆巡查内容主要包括：巡查敷设在隧道中及沿桥梁架设的电缆，每三个月至少一次；巡查电缆竖井内的电缆，每半年至少一次；地埋设施、电缆沟、隧道、电缆井、电缆架及电缆线段等的巡查，至少每三个月一次；海缆海中段、登陆段的巡视有条件的宜每周一次；海缆监控设备的巡视为每月一次；陆上段和其他设备的巡视为每月两次。

（2）对敷设在地下的每一电缆线路，应查看路面是否正常、有无挖掘痕迹及路线标桩是否完整无缺等。

（3）对户外与架空线连接的电缆和终端头应检查终端头是否完整，引出线的接点有无发热现象，靠近地面一段电缆是否被车辆撞碰等。

（4）对电缆中间接头定期测温。多根并列电缆要检查电流分配和电缆外皮的温度情况。防止因接触不良而引起电缆过负荷或烧坏接点。

（5）隧道内的电缆要检查电缆位置是否正常、接头有无变形漏油、温度是否异常、构件是否失落及通风、排水、照明等设施是否完整。特别要注意防火设施是否完善。

（6）检查电缆夹层、竖井、电缆隧道和电缆沟等部位是否保持清洁、不积粉尘、不积水，安全电压的照明是否充足，是否堆放杂物。

（7）定期检测单芯海缆铠装（锚固处）、铅屏蔽（终端处）的接地环流与温度，并做好记录、与历史数据分析。

第三节　光伏电站绝缘监督试验

为做好光伏电站绝缘技术监督工作，需及时了解相关设备的运行状况及主要性能参数，应根据标准及制度的要求开展相关试验，及时发现设备存在的问题并采取针对性措施进行整改。

一、执行标准

（一）安装及调试阶段

（1）变压器安装结束后，应按 GB 50150—2016、订货技术要求、调试大纲及和反事故措施的规定进行交接验收试验。交接验收试验重点监督项目包括：局部放电试验、交流耐压试验、频响法和低电压短路阻抗法绕组变形试验、各分接头直流电阻试验、所有分接的电压比试验、绝缘油试验、冲击合闸试验、绕组连同套管介质损耗因数（$\tan\delta$）及电容量。

（2）新投运的变压器油中气体含量的要求：在注油静置后与耐压和局部放电试验24h 后，两次测得的氢、乙炔和总烃含量应无明显变化；气体含量应符合 GB 50150—2016 的要求。

（3）新装的断路器必须严格按照 GB 50150—2016 进行交接试验。220kV 及以上设备重点监督项目：交流耐压试验、SF_6 气体含水量测试。

（4）GIS 在现场安装后、投入运行前的交接试验项目和要求，应符合 GB 50150—2016、DL/T 618—2022 以及制造厂技术要求等有关规定执行。220kV 及以上设备重点监督项目：交流耐压试验、SF_6 气体含水量测试。

（5）大型接地装置除进行 GB 50150—2016 规定的电气完整性试验和接地阻抗测量，还必须考核场区地表电位梯度、接触电位差、跨步电位差、转移电位等各项特性参数测试，以确保接地装置的安全。试验的测试电源、测试回路的布置、电流极和电压极的确定以及测试方法等应符合 DL/T 475—2017 的相关要求。有条件时宜按照 DL/T 266—2012 进行冲击接地阻抗、场区地表冲击电位梯度、冲击反击电位测试等冲击特性参数测试。

（6）电缆交接时应按 GB 50150—2016 的规定进行试验。海底电缆应参照 GB/T 51191—2016、GB/T 32346.1—2015 的有关要求，开展绝缘交流电压试验，同时测量海底电缆阻抗、电容及直阻等参数。

（二）运行及检修阶段

（1）变压器预防性试验的项目、周期、要求应符合 DL/T 596—2021 的规定及制造厂的要求。

（2）变压器红外检测的方法、周期、要求应符合 DL/T 664—2016 的规定。

（3）检修期间，断路器应按 DL/T 596—2021 进行预防性试验。

（4）高压开关柜红外检测的方法、周期、要求应符合 DL/T 664—2016 的规定。

（5）GIS 预防性试验的项目、周期、要求应符合 DL/T 596—2021 的规定，运行中怀疑存在缺陷按 DL/T 393—2021《输变电设备状态检修试验规程》要求进行带电检测。

（6）GIS 解体检修后的试验应按 DL/T 603—2017 的规定进行，试验项目包括：绝缘电阻测量、主回路耐压试验、元件试验、主回路电阻测量、密封试验、联锁试验、湿度测量、气体纯度检查、开关机械特性测试、带电显示器试验、局部放电试验（必要时）。

（7）SF_6 新气到货后，充入设备前应按 GB/T 12022—2014 及 DL/T 603—2017 验收。

（8）接地装置试验的项目、周期、要求应符合 DL/T 596—2021 及 DL/T 475—2017 的规定。接地装置试验的项目、周期、要求应符合 DL/T 596—2021 及 DL/T 475—2017 的规定。

（9）电力电缆的试验按照 DL/T 596—2021 有关规定进行，橡塑电缆不应采用“直流耐压试验”项目替代“交流耐压试验”，试验标准也可参考电网公司制定的预试规程执行。110kV 及以上电压等级的电缆可不进行定期交流耐压试验。

（10）海底电缆应按 GB/T 32346.1—2015 相关要求试验。

二、试验项目及周期

（一）基建期

基建期光伏电站主要设备绝缘监督试验项目可参考表 6-1 执行。

表 6-1　　基建期光伏电站绝缘监督试验项目

序号	设备	试验项目
1	主变压器	耐压试验
2		绝缘油试验
3		空载及负载试验
4		变比试验
5		绕组变形试验
6		直流电阻试验
7		局部放电试验
8		冲击合闸试验
9	SVG 设备	直流电阻试验
10		耐压试验
11		冲击合闸试验
12	电流 / 电压互感器	绝缘电阻试验
13		耐压试验
14		直流电阻试验
15		误差测量（变比测量）试验

（二）生产期

生产期光伏电站绝缘监督定期工作项目及周期可参考表 6-2 执行。

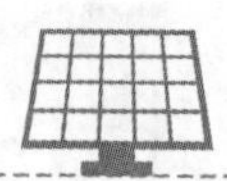

表 6–2　　生产期光伏电站绝缘监督定期工作项目及周期

序号	定期工作项目	周期	成果方式
1	变压器铁芯、夹件接地电流定期测量	月度	检测报告
2	110kV 及以下变压器红外热成像测温	半年度	检测报告
3	220kV 变压器红外热成像测温	季度	检测报告
4	升压站红外热成像测温	半年度	检测报告
5	金属氧化锌避雷器带电测试（110kV 及以上）	年度	检测报告
6	绝缘子表面等值盐密、灰密测试	年度	检测报告
7	蓄电池组监测	月度	试验报告
8	变压器冷却器控制盘电源切换试验	月度	附表

三、光伏电站绝缘监督典型试验方法

（一）变压器铁芯、夹件接地电流定期测量

（1）变压器铁芯、夹件接地电流测量应参考 DL/T 596—2021 进行，宜每月开展一次。

（2）测试应选用防电磁干扰的钳形电流表进行测试。

（3）测试应按如下步骤进行：

1）确认变压器处于运行状态。

2）确认被测变压器铁芯、夹件（如有）接地引线引出至变压器下部并可靠接地。

3）将钳形电流表夹至变压器铁芯（夹件），打开测量仪器，电流选择适当的量程，频率选取工频量程（50Hz）进行测量，尽量选取符合要求的最小量程，确保测量的精确度。

4）在接地电流直接引下线段进行测试。历次测试位置应相对固定，将钳形电流表置于器身高度的下 1/3 处，沿接地引下线方向，上下移动仪表观察数值应变化不大。测试条件允许时，还可以将仪表钳口以接地引下线为轴左右转动，观察数值也不应有明显变化。

5）使钳形电流表与接地引下线保持垂直。

6）待电流表数据稳定后，读取数据并做好记录。

（4）编写测试报告时项目要齐全，包括测试人员、天气情况、环境温度、湿度、设备双重命名、设备参数、试验性质（交接、检查、例行、诊断）、测试结果、试验结论、试验仪器名称型号及出厂编号。

（5）铁芯、夹件接地电流不超过 100mA 或与历史数据比较无较大变化则判定测试结果正常。

（6）测试时应注意以下重要事项：

1）在进行检测前，应注意仪器电池是否充足，钳形电流的橡胶绝缘是否完好无损。

2）将钳形电流表钳口闭合，被试引线尽量处于钳口中间。

（二）带电设备红外热成像检测

（1）带电设备红外热成像检测应参照 DL/T 664—2016 进行。

（2）检查被检测设备处于带电运行或通电状态。

（3）记录环境温度、湿度和天气情况。

（4）根据带电设备的材料和 DL/T 664—2016 设置辐射率，如果不确定，推荐选择 0.95。

（5）将红外热像仪对准被测试品，调整镜头角度，使被测试设备合理显示在红外热像仪的画面中。

（6）采用自动对焦功能，调整焦距。

（7）完全按下“自动对焦 / 保存”按钮，保存红外图像 1 张，可见光图像 1 张。

（8）依据 DL/T 664—2016，要求，对测试结果进行判定并编写报告。编写测试报告时项目要齐全，包括测试人员、天气情况、环境温度、湿度、设备双重命名、设备参数、试验性质（交接、检查、例行、诊断）、测试结果、试验结论、试验仪器名称型号及出厂编号。

（三）金属氧化锌避雷器带电测试

（1）避雷器的总泄漏电流包含阻性电流（有功分量）和容性电流（无功分量）。在正常运行情况下，流过避雷器的主要是容性电流，阻性电流只占很小一部分，为 10% ～ 20%。但当阀片老化时，避雷器受潮、内部绝缘部件及表面严重污秽时，容性电流变化不多，而阻性电流大大增加。因此，测量运行电压下的交流泄漏电流及其有功分量与无功分量是现场监测避雷器的主要方法。

（2）试验时使用测量金属氧化物避雷器阻性电流分量的专用仪器进行测量，应严格按照试验仪器操作要求进行使用。

（3）测量运行电压下的全电流、阻性电流或功率损耗，测量值与初始值比较，有明显变化时应加强监测；当阻性电流增加 1 倍时，应停电检查。

（四）变压器冷却器控制盘电源切换试验

（1）为检查主变压器冷却器供电运行可靠性，定期进行冷却器双路电源切换及备用冷却器联锁试验。

（2）在定期切换试验过程中，首先要确认两路交流电源正常，然后通过断开投入电源的空气断路器，让备用电源自动切换，确认风机运行正常。再通过正常电源切换把手将备用电源转入工作后，将备用电源空气断路器断开，使工作电源自动切换，最后，恢复至正常的工作状态。注意，两路电源是没有主次之分的，根据运行具体情况，来投入其中一路工作，另一路备用。

第四节　典型技术监督问题汇总

一、基建期电力电缆现场施工监理履职不到位

（一）现状分析

基建期由于建设单位专业人员不足，电力电缆敷设及接头制作存在监管难点。技术监督开展过程中发现，光伏场站普遍存在监理未认真履行施工质量检查职责，电缆相关的验评表内容不是按最新标准要求执行，且填写内容明显与现场情况不符，存在走过场、应付了事的情况。

电缆头施工人员的技术水平直接影响到后期新能源场站的运维工作，制作工艺质量不到位的短期内可通过电力电缆耐压试验，但中间接头密封不严受潮导致绝缘击穿、中间接头压接不到位运行持续发热致使绝缘热老化击穿（见图 6–1）、应力锥安装不到位等质量问题在生产阶段会陆续暴露，对新能源场站造成电量损失。我国东北地区某光伏电站由某施工单位的同一名电缆中间接头安装人员制作的 5 处接头，已发生 3 次击穿事故。此种情况在基建期技术监督管理工作中，很难对施工监理及施工人员进行长时间把控及随时监督，需要从工程建设管理方面入手，加强对施工监理及施工人员资质审核管理，并在基建期过后，对安装单位、供应商产品建立质量追责机制加以约束。

图 6–1　电缆中间接头制作工艺不规范导致运行中绝缘热击穿

（二）应对措施

（1）应做好电缆及其附件的施工管理，施工期间应做好电缆及附件的防潮、防尘、防外力损伤措施。现场安装电缆附件及制作电缆头之前，现场的温度、湿度和清洁度应符合安装工艺要求，严禁在雨、雾、风沙等有严重污染的环境中安装电缆附件、制作电

缆头。

（2）应加强电缆敷设及施工质量、附件安装质量及制作工艺的管理，杜绝无证人员施工。

（3）电缆接头制作完成后，除开展绝缘电阻及交流耐压试验外，有条件时还应按照要求开展振荡波局部放电试验。振荡波局部放电试验能有效发现电缆中间接头安装工艺缺陷，避免电缆带病入网。严禁开展直流耐压试验。

（4）应做好电缆接头的台账，如生产厂家、施工单位、施工人员姓名、接头位置及其环境条件等，便于投产后运维、故障快速查找与处理以及家族性缺陷的改造与更换。

（5）应加强电缆的日常巡视及特巡，具备测量的电缆终端和非埋式电缆中间接头、瓷套表面、交叉互联箱、外护套屏蔽接地点等部位应定期用红外热像仪测温。检测方法、检测周期、检测仪器及评定准则参照 DL/T 664—2016 的要求。有条件时还应按周期开展电缆接头及终端带电测试工作，一旦发现接头、终端缺陷隐患及时治理。

（6）电缆管沟应采取有效的防积水和抽排水措施，在大雨、汛期及可能造成淹水的区域，应加强积水检查。至少每年对电缆管沟进行一次全面的积水、防腐、封堵等专项排查。对重要的电缆接头应安排专项检查。

（7）新建项目的建设单位应选择水平高、口碑好的监理单位，日常应加强对监理的监管，严格检查电缆接头的旁站记录与验收评价记录，可采取图片或视频方式记录，并将施工人员及监理人员的姓名制作标识牌，随电缆头保存。质保期内对电缆头挂牌追责。对于履职不到位的，应加大考核力度。

（三）电缆中间接头及终端头安装不到位的常见原因分析

（1）终端主体未严格按照限位线位置收缩，内部应力锥未搭接到外半导电层，如图 6-2 所示。

（2）半导断口应倒角未与主绝缘平滑过渡，有锯齿状，有尖端出现，如图 6-3 所示。

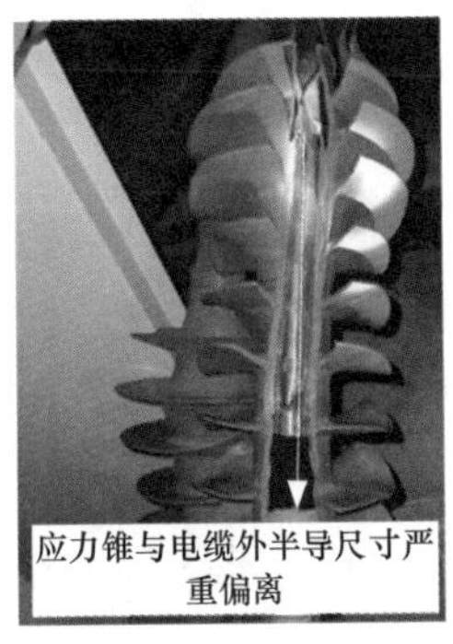

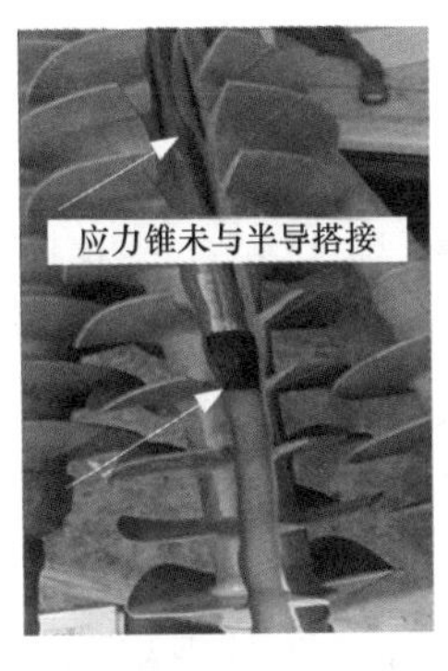

图 6-2　应力锥安装不到位

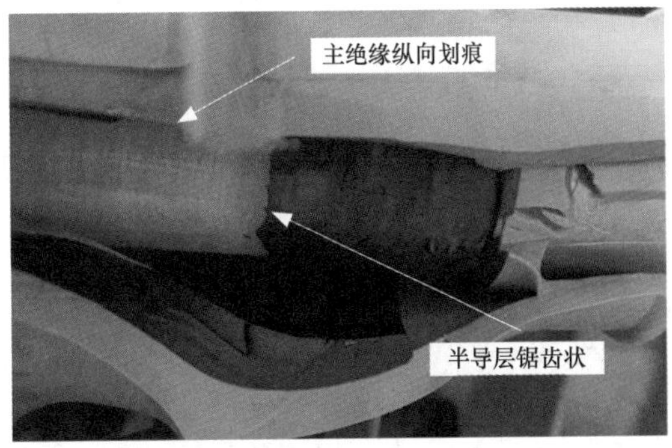

图 6-3 半导电层制作工艺不到位

（3）主绝缘表面被刀划伤，更容易在绝缘中发生空隙放电，形成的电树枝逐渐发展导致绝缘击穿，如图 6-4 所示。

（4）线芯外层被环切刀切断，接触不良导致该部位过热，从而导致绝缘性能下降引起绝缘击穿，如图 6–5 所示。

图 6–4　绝缘密封不良

图 6–5　电缆头制作工艺粗糙

（5）电缆附件外绝缘材料质量有问题，防污能力差，吸附灰尘，导致爬电距离缩短，可能引起对地击穿，如图 6–6 所示。

（6）接地线被腐蚀或安装不到位，不能有效接地，如图 6–7 所示。

图 6–6　电缆头产品外绝缘质量差

图 6–7　接地线安装问题

二、光伏发电设备预防性试验管理不规范

（一）现状分析

（1）目前进口或国产电力设备的可靠性总体比较高，但是部分光伏场站未制订本场站的电力设备预防性试验规程，电气设备预防性试验周期（常规性试验，如绝缘电阻、直流电阻等）按一年一次执行，存在过度维修的问题，不但浪费了大量的人力、物力和财力，还可能在恢复时由于接头部位紧固不到位等引起设备运行异常。

（2）部分场站在橡塑电力电缆交接试验、预防性试验中，仍采用直流耐压试验或者交流耐压试验方法不规范（如施加电压或持续时间不符合标准要求）。直流耐压试验对电缆头的累积损伤效应是业内的共识，DL/T 596—2021《电力设备预防性试验规程》也已经明确取消了直流耐压试验，但部分场站仍然在故障处理后开展直流耐压试验。若在电力电缆预防性试验依然采用直流耐压试验，会增加绝缘故障发生概率。

（二）应对措施

1. 加强电气设备试验管理

各新能源场站应按照国家、行业、企业标准及厂家技术说明书的要求，结合本单位电气一次设备历年试验结果以及运行实际情况，编制本场站的预防性试验规程，明确试验项目、周期、方法及验收标准。对于进入稳定运行期的设备，可根据设备状态或在线监测结果，适当延长试验周期或采用抽检方式。

2. 提高预防性试验开展有效性

严格按照相关标准及制度要求开展各项电气预防性试验，明确试验条件、周期，规范试验报告及记录格式。

以电气设备红外检测为例，目前大部分光伏场站均配备准确度、分辨率较高的红外成像仪，对电气一次设备进行定期检测。应重点关注套管、互感器、电容器、避雷器的温度变化情况，断路器、GIS、隔离开关、设备接线端子温度状况，电缆终端及接头、悬式绝缘子温度分布情况。对于充油及存在绝缘受潮风险的设备，应进行红外成像精确检测。场站应确定专人经专业培训后，负责红外成像仪保管和使用，并规范红外测温报告的编制，报告模板可参考表 6–3。

表 6–3　　电气设备红外检测报告模板

拍摄地点		设备名称		
间隔单元		拍摄日期		
天气情况		负荷电流		
环境温度		环境湿度		
辐射率		测试距离		
红外分析 A 相（max）	×××：　℃	×××：　℃	×××：　℃	×××：　℃
红外分析 B 相（max）	×××：　℃	×××：　℃	×××：　℃	×××：　℃
红外分析 C 相（max）	×××：　℃	×××：　℃	×××：　℃	×××：　℃
相对温差 δt				
红外图片				
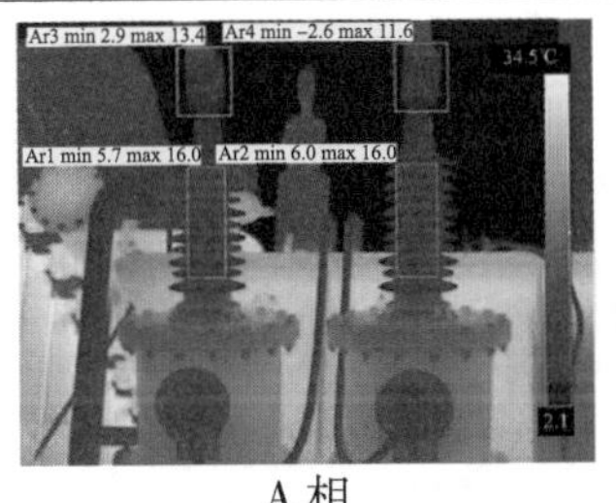 A 相	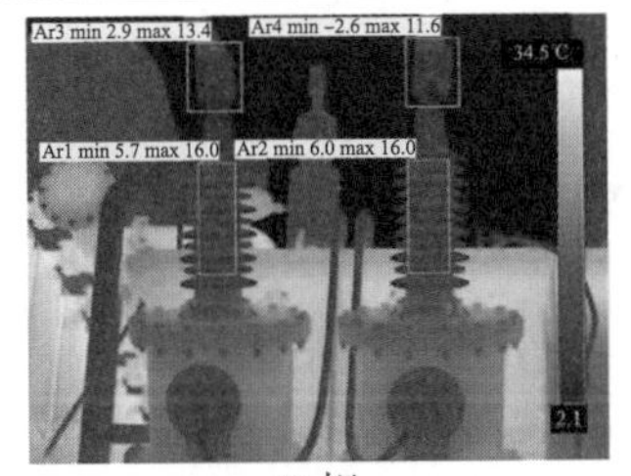 B 相	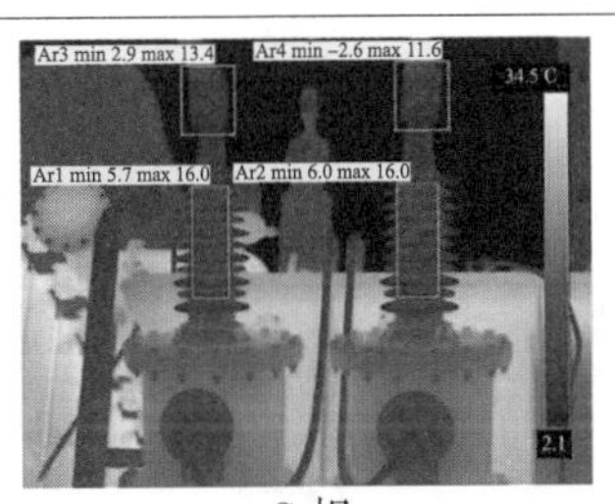 C 相		

续表

<table>
<tr><td colspan="4">可见光图片</td></tr>
<tr><td>A 相</td><td colspan="2">B 相</td><td>C 相</td></tr>
<tr><td colspan="4">检测结果：</td></tr>
<tr><td colspan="4">结论与建议：</td></tr>
<tr><td>报告人员：</td><td>校核人员：</td><td>审核人员：</td><td>报告日期：</td></tr>
</table>

第七章

光伏电站继电保护监督

第一节　技术监督总体要求

光伏电站继电保护技术监督是光伏电站保证安全、经济、稳定、环保运行的重要基础工作之一，做好光伏电站继电保护技术监督是保障光伏电站正常运行的重要措施。

一、光伏电站继电保护技术监督实施

继电保护技术监督，就是依据国家、行业和发电集团、分公司标准、规章制度和有关要求，对电力系统内影响发供电系统及设备安全稳定运行的继电保护、安全自动控制进行全过程的监督与管控。按照依法监督、分级管理原则，对继电保护系统与设备，二次回路的设计、选型、安装、调试、运行、维护、评价进行全过程监督，对其运行状态进行巡视检查、整定、调整、消缺，使之经常处于完好、准确、可靠状态，满足系统运行需要。

二、光伏电站继电保护技术监督范围

光伏电站继电保护技术监督范围包括用于电力系统设备的电气量和非电气量继电器、电力系统的继电保护装置（各种线路和元件保护，以及自动重合闸、备用电源自动自投装置、故障录波器）、安全自动装置及其二次回路（继电保护用的公用电流电压回路、直流控制和信号回路、保护的接口回路等）、直流系统等的性能指标、健康状况。

继电保护技术监督范围主要包括以下内容：

（1）继电保护装置。包括变压器、电抗器、母线、输电线路、电缆、断路器等设备的继电保护装置。

（2）安全自动装置。包括备用设备及备用电源自动投入装置、稳控装置、自动重合

闸、故障录波装置、故障信息子站、厂站测控单元及其他保证系统稳定的自动装置。

（3）控制屏、信号屏与继电保护有关的继电器和元件。

（4）继电保护、安全自动装置的二次回路。

（5）继电保护专用的通道设备。

（6）继电保护试验设备、仪器仪表。

（7）直流系统。

三、光伏电站继电保护技术监督指标

光伏电站继电保护技术监督指标包括以下几方面：

（一）技术指标

（1）主系统继电保护及安全自动装置投入率为 100%。

（2）全厂继电保护及安全自动装置正确动作率为 100%。

（二）检验合格率

（1）故障录波器完好率为 100%。

（2）消缺率为 100%。

（3）年检计划完成率不低于 95%。

（4）继电保护设备年检合格率为 100%。

（5）新投产电站一年内全检完成率为 100%。

第二节　各阶段技术监督重点要求

一、设计、监造阶段

（1）装置选型应满足的基本要求。

1）应选用经电力行业认可的检测机构检测合格的微机型继电保护装置。

2）应优先选用原理成熟、技术先进、制造质量可靠，并在国内同等或更高的电压等级有成功运行经验的微机型继电保护装置。

3）选择微机型继电保护装置时，应充分考虑技术因素所占的比重。

4）选择微机型继电保护装置时，在发电集团及所在电网的运行业绩应作为重要的技术指标予以考虑。

5）同一厂站内同类型微机型继电保护装置宜选用同一型号，以利于运行人员操作、维护校验和备品备件的管理。

6）要充分考虑制造厂商的技术力量、质量保证体系和售后服务情况。

7）继电保护设备订货合同中的技术要求应明确微机型保护装置软件版本。制造厂

商提供的微机型保护装置软件版本及说明书应与订货合同中的技术要求一致。

8）微机型继电保护装置的新产品应按国家规定的要求和程序进行检测或鉴定，合格后方可推广使用。检测报告应注明被检测微机型保护装置的软件版本、校验码和程序形成时间。

（2）线路、变压器、电抗器、母线和母联保护的通用要求。

1）220kV 及以上电压等级线路、变压器、高压并联电抗器、母线和母联（分段）及相关设备的保护装置的通用要求、保护配置及二次回路的通用要求、保护及辅助装置标号原则执行 DL/T 317—2010《继电保护设备标准化设计规范》。

2）110kV 及以下电压等级线路、变压器、高压并联电抗器、母线和母联（分段）及相关设备的保护装置的通用要求、保护配置及二次回路的通用要求、保护及辅助装置标号原则参照 DL/T 317—2010 相关规定执行。

（3）继电保护双重化配置。电力系统重要设备的微机型继电保护均应采用不同厂家、不同原理的双重化配置，双套配置的每套保护均应含有完整的主、后备保护，能反映被保护设备的各种故障及异常状态，并能作用于跳闸或给出信号。双重化配置的两套保护装置的交流、直流回路完全相互独立，其保护范围应交叉重叠，避免死区。

（4）保护装置应优先通过继电保护装置自身实现相关保护功能，尽可能减少外部输入量，以降低对相关回路和设备的依赖。

（5）变压器保护的设计，应符合 GB/T 14285—2006、DL/T 317—2010、DL/T 478—2013《继电保护和安全自动装置通用技术条件》、DL/T 572—2021、DL/T 671—2010《发电机变压器组保护装置通用技术条件》、DL/T 684—2012《大型发电机变压器继电保护整定计算导则》和 DL/T 770—2012《变压器保护装置通用技术条件》等的规定。

（6）并联电抗器的保护配置，应符合 GB/T 14285—2006、DL/T 242—2012《高压并联电抗器保护装置通用技术条件》、DL/T 317—2010 和 DL/T 572—2021 相关要求。

（7）母线保护应符合 GB/T 14285—2006、DL/T 317—2010、DL/T 670—2010《母线保护装置通用技术条件》及当地电网相关要求。

（8）线路保护配置及设计应符合 GB/T 14285—2006、GB/T 15145—2017《输电线路保护装置通用技术条件》、DL/T 317—2010 及当地电网相关要求。

（9）断路器保护的设计应符合 GB/T 14285—2006、DL/T 317—2010 等的相关标准要求。

（10）光伏电站可按电力系统要求配置电力系统相量测量装置，装置应满足 GB/T 14285—2006、DL/T 280—2012《电力系统同步相量测量装置通用技术条件》及 DL/T 5136—2012《火力发电厂、变电站二次接线设计技术规程》相关要求。

（11）光伏电站时间同步系统应符合现行标准 GB/T 36050—2018《电力系统时间同步基本规定》、DL/T 317—2010、DL/T 1100.1—2018《电力系统的时间同步系统　第 1 部分：技术规范》、DL/T 5136—2012 的相关规定。

（12）光伏电站直流系统应符合现行 GB/T 14285—2006、GB/T 19638.2—2014、GB/T

19826—2014 和 DL/T 5044—2014 等国家和行业标准的规定。

（13）继电保护相关回路及设备的设计应符合 GB/T 14285—2006、DL/T 317—2010、DL/T 866—2015 及 DL/T 5136—2012 等标准的相关要求。

（14）厂用电继电保护应符合 GB/T 14285—2006、GB/T 50062—2008《电力装置的继电保护和自动装置设计规范》、DL/T 744、DL/T 770—2012《电动机保护装置通用技术条件》及 DL/T 5153—2014《火力发电厂厂用电设计技术规程》等标准的要求。

二、安装与调试阶段

（1）对新安装的继电保护装置进行验收时，应以订货合同、技术协议、设计图和技术说明书及有关验收规范等规定为依据，按 GB 50171—2012《电气装置安装工程　盘、柜及二次回路接线施工及验收规范》、GB 50172—2012《电气装置安装工程　蓄电池施工及验收规范》、DL/T 995—2016《继电保护和电网安全自动装置检验规程》等标准及有关规程和规定进行调试，并按定值通知单进行整定。检验整定完毕，并经验收合格后方可允许投入运行。

（2）设备出厂前进行继电保护装置各项型式试验；继电保护装置软件版本、程序校验码，继电保护装置二次回路绝缘检查；继电保护装置的采样精度检查；开入、开出量检查；继电保护装置的逻辑功能检查，保护通道检查等内容。

（3）应对电流互感器、电压互感器的绝缘性能、极性、变比、容量、准确级进行检查与校核。

（4）路径经过室外的电缆必须使用铠装电缆；交流、直流、强电、弱电二次回路，均应使用各自独立的电缆，保护用电缆与动力电缆不可同层敷设，所有二次电缆均应使用屏蔽电缆，电缆屏蔽层应在电缆两端可靠接地。

（5）静态保护和控制装置的屏柜下部应设有截面积不小于 $100mm^2$ 的接地铜排。屏柜上装置的接地端子应用截面积不小于 $4mm^2$ 的多股铜线与接地铜排相连。

（6）电流回路的电缆芯线，其截面积不应小于 $2.5mm^2$，并满足电流互感器对负载的要求；强电回路控制电缆或绝缘导线的芯线截面积不应小于 $1.5mm^2$，屏柜内导线的芯线截面积不应小于 $1.0mm^2$；检查弱电回路芯线截面积不应小于 $0.5mm^2$。

（7）正、负电源之间以及经常带电的正电源与合闸或跳闸回路之间应有空端子隔开。

（8）重点关注继电保护等电位接地网的安装应满足要求（就地设备端子箱、TV 端子箱、TA 端子箱内应按要求敷设等电位接地网并按要求进行连接），同时关注继电保护设备机箱应按要求构成良好的电磁屏蔽体，并有可靠的接地措施。

（9）断路器防跳试验、非电量保护装置中间继电器动作功率和动作时间，测试、保护级 TA 10% 误差曲线校核，保护装置在 80% 额定电压下整组传动等试验项目。

（10）对照《防止电力生产事故的二十五项重点要求》（国能发安全〔2023〕22 号）检查交、直流二次回路接线正确性、牢固可靠性，接地点与接地状况，以及绝缘检查。

（11）新安装的气体继电器必须经校验合格后方可使用。气体继电器应在真空注油完毕后再安装。瓦斯保护投运前必须对信号、跳闸回路进行保护试验。

（12）整组试验前先进行每一套保护（指几种保护共用一组出口的保护总称）带模拟断路器（或带断路器及采用其他手段）的整组试验。每一套保护传动完成后，还需模拟各种故障，用所有保护带实际断路器进行整组试验。

（13）新安装或经更改的电流、电压回路，应直接利用工作电压对二次回路电流、电压进行检查。

（14）利用负荷电流检查电流二次回路接线的正确性。装置未经该检验，不能正式投入运行。

三、运行及检修阶段

（1）关注继电保护装置的运行情况，保护装置有无异常报警及运行异常的状况。

（2）在运行的设备上开展工作时，应严格执行各项规章制度及反事故措施和安全技术措施，杜绝继电保护人员因人为责任造成的“误碰、误整定、误接线”事故。

（3）建立定期检查和记录差流的制度，从中找出薄弱环节和事故隐患，及时采取有效对策，同时对重要电站配置单套母线差动保护的母线应尽量减少母线无差动保护时的运行时间。

（4）微机型差动保护应能在差流越限时发出告警信号，严禁无母线差动保护时进行母线及相关元件的倒闸操作。

（5）微机型保护装置的电源板（或模件）应每 6 年更换一次，以免由此引起保护拒动或误启动。

（6）在一般情况下，定期检验应尽可能配合在一次设备停电检修期间进行。

（7）新安装装置投运后 1 年内应进行第一次全部检验。

（8）检修时重点关注继电保护装置动作逻辑、零漂、定值准确性的检验情况。

（9）检修设备在投运前，应认真检查各项安全措施恢复情况，防止电压二次回路（特别是开口三角回路）短路、电流二次回路（特别是备用的二次回路）开路和不符合运行要求的接地点的现象，定期检查和分析每套保护在运行中反映出来的各类不平衡分量。

（10）新安装、全部和部分检验的重点应放在微机型继电保护装置的外部接线和二次回路，定期检验周期计划的制订应综合考虑设备的电压等级及工况。

（11）110kV 电压等级的微机型装置宜每 2 ～ 4 年进行一次部分检验，每 6 年进行一次全部检验；非微机型装置参照 220kV 及以上电压等级同类装置的检验周期。

（12）低压厂用电 PC 进线断路器若配置智能保护器，宜每 2 ～ 4 年做 1 次定值试验，保护出口动作试验应结合断路器跳闸进行。智能保护器试验一般分为长时限过电流、短时限过电流和电流速断保护试验。智能保护器试验一般使用厂家配备的专用试验仪器。

第三节　光伏电站继电保护和安全自动装置试验

为及时了解光伏电站继电保护和安全自动装置相关设备的运行状况及主要性能参数，应根据标准及制度的要求开展相关定期工作，及时发现设备存在的问题并采取针对性措施进行整改。

一、执行标准

（一）安装及调试阶段

（1）新装的继电保护及安全自动装置必须严格按照 GB 50150—2016 进行交接试验。

（2）对新安装的继电保护装置进行验收时，应以订货合同、技术协议、设计图和技术说明书及有关验收规范等规定为依据，按 GB 50794—2012、GB/T 50796—2012、GB 50171—2012、GB 50172—2012、DL/T 995—2016 等标准及有关规程和规定进行调试，并按定值通知单进行整定。检验整定完毕，并经验收合格后方可允许投入运行。

（3）在基建验收时，应按相关规程要求，检验线路和主设备的所有保护之间的相互配合关系，对线路纵联保护还应与线路对侧保护进行一一对应的联动试验，并有针对性地检查各套保护与跳闸连接片的唯一对应关系。

（二）运行及检修阶段

（1）继电保护装置检验，应符合 DL/T 995—2016 及有关微机型继电保护装置检验规程、反事故措施和现场工作保安相关规定。

（2）继电保护检验所选用的微机型校验仪器应符合 DL/T 624—2023《继电保护微机型试验装置技术条件》相关要求，定期检验应符合 DL/T 1153—2012《继电保护测试仪校准规范》相关要求。做好微机型继电保护试验装置的检验、管理与防病毒工作，防止因试验设备性能、特性不良而引起对保护装置的误整定、误试验。

（3）装置检验所使用的仪器、仪表必须经过检验合格，并应满足 GB/T 7261—2016《继电保护和安全自动装置基本试验方法》相关规定。定值检验所使用的仪器、仪表的准确级应不低于 0.5 级；动作时间测量所使用的仪器、仪表的准确级应满足要求。

（4）结合变压器检修工作，应按照 DL/T 540—2013《气体继电器校验规程》的要求校验气体继电器。对大型变压器应配备经校验性能良好、整定正确的气体继电器作为备品。

（5）对直流系统进行维护与试验，应符合 GB/T 19826—2014 及 DL/T 724—2021 的相关规定。

二、试验项目及周期

（一）基建期

基建期光伏电站主要设备继电保护监督试验项目可参考表 7–1 执行。

表 7–1　　基建期光伏电站继电保护监督试验项目

序号	设备	试验项目
1	二次回路及继电保护装置	开关传动回路试验
2		信号回路试验
3		三遥回路试验
4		电压回路试验
5		电流回路试验
6		差流测量及相位分析
7		电源调试
8		逻辑功能调试
9		后台监控系统及对点
10		保护、测控装置与后台监控系统对点

（二）生产期

生产期光伏电站定期检验周期计划的制订应综合考虑设备的电压等级及工况，按 DL/T 995—2016 要求的周期、项目进行。在一般情况下，定期检验应尽可能配合在一次设备停电检修期间进行。220kV 电压等级及以上继电保护装置的全部检验及部分检验周期可参考表 7–2 执行。

表 7–2　　继电保护装置主要试验项目及周期

编号	设备类型	检验周期（年）	定义范围说明
全部检验项目			
1	微机型装置	6	包括装置引入端子外的交、直流及操作回路以及涉及的辅助继电器、操动机构的辅助触点、直流控制回路的自动断路器等
2	非微机型装置	4	
3	保护专用光纤通道，复用光纤或微波连接通道	6	指站端保护装置连接用光纤通道及光电转换装置

续表

编号	设备类型	检验周期（年）	定义范围说明
部分检验项目			
1	微机型装置	2～4	包括装置引入端子外的交、直流及操作回路以及涉及的辅助继电器、操动机构的辅助触点、直流控制回路的自动断路器等
2	非微机型装置	1	
3	保护专用光纤通道，复用光纤或微波连接通道	2～4	指光头擦拭、收信裕度测试等

（1）制订部分检验周期计划时，可依装置的电压等级、制造质量、运行工况、运行环境与条件，适当缩短检验周期、增加检验项目。

1）新安装装置投运后1年内应进行第一次全部检验。在装置第二次全部检验后，若发现装置运行情况较差或已暴露出了应予以监督的缺陷，可考虑适当缩短部分检验周期，并有目的、有重点地（防跳回路、三相不一致等）选择检验项目。

2）110kV电压等级的微机型装置宜每2～4年进行一次部分检验，每6年进行一次全部检验；非微机型装置参照220kV及以上电压等级同类装置的检验周期。

3）断路器若配置智能保护器，宜每2～4年做1次定值试验，保护出口动作试验应结合断路器跳闸进行。智能保护器试验一般分为长时限过电流、短时限过电流和电流速断保护试验。智能保护器试验一般使用厂家配备的专用试验仪器。

4）利用装置进行断路器的跳、合闸试验宜与一次设备检修结合进行。必要时，可进行补充检验。

（2）电力系统同步相量测量装置和电力系统的时间同步系统检测宜每2～4年进行一次。

（3）结合变压器检修工作，应按照DL/T 540—2013的要求校验气体继电器。对大型变压器应配备经校验性能良好、整定正确的气体继电器作为备品。

（4）对直流系统进行维护与试验，应符合GB/T 19826—2014及DL/T 724—2021的相关规定。

（5）定期对蓄电池进行核对性放电试验，确切掌握蓄电池的容量。新安装或大修后的阀控蓄电池组，应进行全容量核对性放电试验，以后每2年至少进行一次核对性试验；运行了4年以上的阀控蓄电池，应每年做一次容量核对性放电试验。

（6）母线差动保护、断路器失灵保护及自动装置中投切除负荷、切除线路或变压器的跳、合断路器试验，允许用导通方法分别证实至每个断路器接线的正确性。

三、继电保护装置试验方法

（一）整定值的整定及检验

（1）整定值的整定检验是指将保护装置各有关元件的动作值及动作时间按照定值通

知单进行整定后的试验。该项试验在屏柜上每一元件检验完毕之后才可进行。

（2）每一套保护应单独进行整定检验，试验接线回路中的交、直流电源及时间测量连线均应直接接到被试保护屏柜的端子排上。交流电压、电流试验接线的相对极性关系应与实际运行接线中电压、电流互感器接到屏柜上的相对相位关系（折算到一次侧的相位关系）完全一致。

（3）在整定检验时，除所通入的交流电流、电压为模拟故障值并断开断路器的跳、合闸回路外，整套保护装置应处于与实际运行情况完全一致的条件下，而且不得在试验过程中人为地予以改变。

（4）保护装置整定的动作时间为自向保护屏柜通入模拟故障分量（电流、电压或电流及电压）至保护动作向断路器发出跳闸脉冲的全部时间。

（5）电气特性的检验项目和内容应根据检验的性质、保护装置的具体构成方式和动作原理拟定。

（6）检验保护装置的特性时，在原则上应符合实际运行条件，并满足实际运行的要求。每一检验项目都应有明确的目的，或为运行所必须，或用以判别元件、装置是否处于良好状态和发现可能存在的缺陷等。

（二）纵联保护通道检验

（1）对光纤及微波通道的检查项目。

1）对于光纤及微波通道可以采用自环的方式检查通道是否完好。光纤通道还可以通过下面两种方法检查通道是否完好：方法一，拔插待测光纤一端的通信端口，观察其对应另一端的通信接口信号灯是否正确熄灭和点亮；方法二，采用激光笔照亮待测光纤的一端而在另外一端检查是否点亮。

2）光纤尾纤检查及要求。光纤尾纤应呈现自然弯曲（弯曲半径不小于 3cm），不应存在弯折的现象，不应承受任何外重，尾纤表皮应完好无损。纤接头应干净无异物，如有污染应立即清洁干净。尾纤接头连接应牢靠，不应有松动现象。

3）对于与光纤及微波通道相连的保护用附属接设备，应对其继电器输出触点、电源和接口设备的接地情况进行检查。

4）通信专业应对光纤及微波通道的误码率和传输时间进行检查，指标应满足 GB/T 14285—2006 的要求。

5）对于利用专用水微波通道传输保护信息的远方传输设备，应对其发信功率（电平）、收信灵敏度进行测试，并保证通道的裕度满足运行要求。

（2）传输远方跳闸信号的通道，在新安装或更换设备后应测试其通道传输时间。采用允许式信号的纵联保护，除了测试通道传输时间，还应测试“允许跳闸”信号的返回时间。

（3）保护装置与通信设备之间的连接（继电保护利用通信设备传送保护信息的通道），应有电气隔离，并检查各端非接线的正确性和可靠性。

（三）整组试验

（1）在做完每一套单独保护（元件）的整定检验后，需要将同一被保护设备的所有保护装置连在起进行整组的检查试验，以校验各保护装置在故障及重合闸过程中的动作情况和保护回路设计正确性及其调试质量。

（2）若同一被保护设备的各套保护装置皆接于同一电流互感器二次回路，则按回路的实际接线，自电流互感器引进的第一套保护屏柜的端子排上接入试验电流、电压，以检验各套保护相互间的动作关系是否正确。如果同一被保护设备的各套保护装置分别接于不同的电流回路时，则应临时将各套保护的电流回路串联后进行整组试验。

（3）新安装保护装置的验收检验或全部检验时，可先进行每一套保护（指几种保护共用一组出口的保护总称）带模拟断路器（或带实际断路器或采用其他手段）的整组试验。

1）每一套保护传动完成后，还需模拟各种故障用所有保护带实际断路器进行整组试验。

2）新安装保护装置或回路经更改后的整组试验由基建单位负责时，生产部门继电保护验收人员应参加试验，了解掌握试验情况。

（4）整组试验内容包括：

1）整组试验时应检查各保护之间的配合、装置动作行为、断路器动作行为、保护起动故障录波信号、厂站自动化系统信号、中央信号、监控信息等正确无误。

2）借助于传输通道实现的纵联保护、远方跳闸等的整组试验，应与传输通道的检验一同进行。必要时，可与线路对侧的相应保护配合一起进行模拟区内、区外故障时保护动作行为的试验。

3）对装设有综合重合闸装置的线路，应检查各保护及重合闸装置间的相互动作情况与设计相符合。为减少断路器的跳合次数，试验时，应以模拟断路器代替实际的断路器。使用模拟断路器时宜从操作箱出口接入，并与装置、试验器构成闭环。

4）将装置（保护和重合闸）带实际断路器进行必要的跳、合闸试验，以检验各有关跳、合闸回路，防止断路器跳跃回路，重合闸停用回路及气（液）压闭锁等相关回路动作的正确性，每相的电流、电压及断路器跳合闸回路的相别是否一致。

5）在进行整组试验时，还应检验断路器、合闸线圈的压降不小于额定值的90%。

（5）对母线差动保护、失灵保护及电网安全自动装置的整组试验，可只在新建变电站投产时进行。

1）定期检验时允许用导通的方法证实每一个断路器接线的正确性。一般情况下，母线差动保护、失灵保护及电网安全自动装置回路设计及接线的正确性，要根据每一项检验结果（尤其是电流互感器的极性关系）及保护本身的相互动作检验结果来判断。

2）变电站扩建，变压器、线路或回路发生变动，有条件时应利用母线差动保护、失灵保护及电网安全自动装置传动到断路器。

（6）对设有可靠稳压装置的厂站直流系统，经确认稳压性能可靠后，进行整组试验

时，应按额定电压进行。

1）定期检验时允许用导通的方法证实每一个断路器接线的正确性。一般情况下，母线差动保护、失灵保护及电网安全自动装置回路设计及接线的正确性，要根据每一项检验结果（尤其是电流互感器的极性关系）及保护本身的相互动作检验结果来判断。

2）变电站扩建，变压器、线路或回路发生变动，有条件时应利用母线差动保护、失灵保护及电网安全自动装置传动到断路器。

（7）在整组试验中应检查以下问题：

1）各套保护间的电压、电流回路的相别及极性是否一致。

2）在同一类型的故障下，是否同时动作于发出跳闸脉冲的保护，在模拟短路故障中是否均能动作，其信号指示是否正确。

3）有两个线圈以上的直流继电器的极性连接是否正确，对于用电流起动（或保持）的回路，其动作（或保持）性能是否可靠。

4）所有相互间存在闭锁关系的回路，其性能是否与设计符合。

5）所有在运行中需要由运行值班员操作的把手及连片的连线、名称、位置标号是否正确，在运行过程中与这些设备有关的名称、使用条件是否一致。

6）中央信号装置或监控系统的有关光字、音响信号指示是否正确。

7）各套保护在直流电源正常及异常状态下（自端子排处断开其中一套保护的负电源等）是否存在寄生回路。

8）断路器跳、合闸回路是否可靠，其中装设单相重合闸的线路，需验证电压、电流、断路器回路相别的一致性及与断路器跳合闸回路相连的所有信号指示回路是否正确。对于有双跳闸线圈的断路器，应检查两跳闸接线的极性是否一致。

9）自动重合闸是否能确实保证按规定的方式动作并保证不发生多次重合情况。

（8）整组试验结束后应在恢复接线前测量交流回路的直流电阻。工作负责人应在继电保护记录本中注明可以投入运行的保护和需要利用负荷电流及工作电压进行检验以后才能正式投入运行的保护。

第四节　典型技术监督问题汇总

一、继电保护装置定值整定不规范、定期工作存在遗漏

新能源场站大多继电保护专业人员配置不足，导致保护定值管理混乱，主要体现在以下几个方面：

（1）不能自主地对电站内执行的继电保护定值开展核算工作，对外委定值存在把关不严、定值超期无效等情况。

（2）继电保护定值单和定值计算书缺少了重要设备的定值。例如有些电站缺少光伏

区箱式变压箱低压侧框架断路器和并网断路器定值计算书和定值单，不满足《防止电力生产事故的二十五项重点要求》（国能发安全〔2023〕22 号）第 18.5.1 条“依据电网结构和保护配置情况，按相关规定进行保护的整定计算”要求。

（3）继电保护监督档案管理水平较低。例如部分电站失效的定值单没有加盖“作废”公章、定值单缺少必要审批记录，不满足 DL/T 587—2016《微机继电保护装置运行管理规程》第 11.4.4 条的规定：定值通知单应有计算人、审核人和批准人签字并加盖“继电保护专用章”方能有效；定值通知单应按年度编号，注明签发日期、限定执行日期和作废的定值通知单号等，在无效的定值通知单上加盖“作废”章。部分电站同时使用多个版本的定值单，版本较多，容易发生误整定。

针对以上问题，建议采取措施规范继电保护定值管理，具体如下：

（1）应根据电网定期提供的系统阻抗值或设备异动情况及时进行校核定值，防止保护装置拒动、误动造成的越级跳闸、设备损坏或光伏电站脱网事件。

（2）应根据定值校核结果及时制订本站的继电保护及安全自动装置定值单，按照相关制度进行编审批，对有变更的定值执行定值通知单制度，同时运行人员应留存最新的定值单，定期核对定值及压板投运状态。

（3）应编制适合本站的继电保护及安全自动装置台账制订保护装置校验作业指导书，并根据指导书明确校验项目以及周期，从而确保保护装置的安全稳定运行，防止因缺项、漏项或校验不规范导致的保护不正确动作。

二、保护压板投退不规范

保护屏普遍存在不用的保护跳闸压板没有摘除、投入了错误的保护压板、保护压板不能够按照色标管理规定标识，不满足 DL/T 587—2016《微机继电保护装置运行管理规程》第 5.7 条“保护功能退出时，应退出其出口压板”的要求，如图 7–1 所示。应开展保护压板标准化管理工作，摘除不用的保护跳闸压板，退出不用的保护压板。定期进行保护定值及压板投运状态的检查，做到定值单、整定记录和保护装置的录入值三者一致，就地调整定值或投退压板时，应及时向运行人员交代，并做好定值修改记录。

图 7–1　共用测控柜备用压板未采用浅驼色

三、继电保护设备运行及检修常见问题

1. 缺少全站直跳大功率继电器的检验报告

《国家电网公司十八项重大反事故措施》(2018 版) 第 15.7.8 条要求“起动功率大于 5W 的中间继电器，动作电压在额定直流电源电压的 55% ～ 70% 范围以内”。若站内具备该种类型设备，应严格按照反措要求开展相关工作。

2. 继电保护装置接地设计不符合要求

部分电站继电保护装置接地设计不符合反措要求。根据《防止电力生产事故的二十五项重点要求》(国能发安全〔2023〕22 号) 第 18.6.14.3 条的要求，屏柜内所有装置、电缆屏蔽层、屏柜门体的接地端应用截面积不小于 $4mm^2$ 的多股铜线与其相连；第 18.6.14.7 条的要求，接有二次电缆的开关场就地端子箱内 (包括汇控柜、智能控制柜) 应设有铜排 (不要求与端子箱外壳绝缘)，二次电缆屏蔽层、保护装置及辅助装置接地端子、屏柜本体通过铜排接地。铜排截面积应不小于 $100mm^2$，一般设置在端子箱下部，通过截面积不小于 $100mm^2$ 的铜缆与电缆沟内不小于 $100mm^2$ 的专用铜排 (缆) 及变电站主地网相连。应严格按照反措要求设计继电保护装置接地连接。

3. 二次盘柜及端子箱空气断路器管理不规范

部分空气开关标识不明确，未进行双重编号，如图 7–2 和图 7–3 所示。按照 GB/T 50976—2014《继电保护及二次回路安装及验收规范》第 4.5.1 条的要求，保护装置、二次回路及相关的屏柜、箱体、接线盒、元器件端子排、压板、交流直流空气断路器和熔断器应设置恰当的标识，方便辨识和运行维护。标识应打印，字迹应清晰、工整，且不易脱色。发现相关问题后，建议核查图纸后进行修改，防止发生设备误操作。

图 7–2　保护屏柜空气开关未双重编号

图 7–3　端子箱空气断路器未双重编号

第八章

光伏电站电测监督

第一节　技术监督总体要求

电测技术监督工作是电力系统开展技术检测的重要工作基础工作之一，是光伏电站工作的重要组成部分之一，对加强电量值传递、仪表检定、计量器的配置，以及计量装置、测量系统和计量产品的验收、现场测试和调试、运行检修、技术改造等发挥重要作用。对光伏电站电测技术监督，是保证光伏电站安全、经济、稳定、环保运行的重要基础工作之一。

一、光伏电站电测技术监督实施

合理开展光伏电站电测技术监督可以正确地反应设备的运行情况，给运行人员日常巡视检查提供便利，直观、准确地了解受监设备的运行状态，提高了电站运行的安全性和经济性。

光伏电站电测技术监督的开展以设备质量为中心、以标准为依据、以计量为手段，根据设备的不同情况和实时运行的环境进行管理，做到监督内容的动态化，监督形式的多样化，不断完善技术监督的制度和规范，提高技术监督的工作质量。同时，技术监督管理工作应该做到法制化、制度化、动态化，实现全方位、全过程的技术监督。

二、光伏电站电测技术监督范围

光伏电站电测技术监督是对仪器仪表和计量装置及其一、二次回路开展从设计审查、设备选型、设备订购、设备监造、安装调试、交接验收、运行维护、技术改造等全方位、全过程的技术监督。其主要的监督器件范围包括：

（1）交、直流仪器仪表。

（2）电测量指示仪器仪表。

（3）电测量数字仪器仪表。

（4）电测量记录仪器仪表（包括统计型电压表）。

（5）电能表（包括最大需量电能表、分时电能表、多费率电能表、多功能电能表、标准电能表等）。

（6）电能表检定装置、电能计量装置（包括电力负荷监控装置）。

（7）电流互感器、电压互感器（包括测量用互感器、标准互感器、互感器检验仪及检定装置、负载箱）。

（8）变换式仪器仪表（包括电量变送器）。

（9）交、直流采样测量装置（包括测控单元、保护测控一体装置、RTU 等设备）。

（10）电测量系统二次回路（包括 TV 二次回路压降测试装置、二次回路阻抗测试装置）。

（11）电测计量标准装置。

（12）电能质量标准器具及电能质量监测仪。

（13）电试类测量仪器（包括继电保护测试仪、高压计量测试设备等）。

（14）电能信息采集与管理系统。

三、光伏电站电测技术监督指标

光伏电站电测技术监督的主要指标包括：

（1）保护、计量、安全等方面分类抽检率为 100%；其他显示类等仪器仪表根据现场实际情况进行抽检。

（2）便携式仪表、重要仪器仪表调前合格率不低于 98%。其他仪表调前合格率不低于 95%。

（3）计量标准合格率为 100%。

（4）关口电能计量装置中电能表、电流互感器、电压互感器及电压互感器二次回路导线压降合格率均应为 100%。

（5）计量标准考核率 100%。

技术监督指标计量公式如下。

（1）仪器仪表检验率计算公式见式（8-1），即

$$检验率=\frac{A_F-A_x}{A_F}\times 100\% \tag{8-1}$$

式中：A_x 为未按周期检验仪表数；A_F 为按规定周期应检验的仪表总数。

（2）重要仪器仪表调前合格率计算公式见式（8-2），即

$$调前合格率=\frac{A_F-A_x}{A_F}\times 100\% \tag{8-2}$$

式中：A_x 为已检重要仪器仪表调前不合格数；A_F 为已检重要仪器仪表总数。

（3）计量标准、电能表、互感器、二次压降合格率计算公式见式（8–3），即

$$合格率 = \frac{A_F - A_x}{A_F} \times 100\% \qquad (8\text{–}3)$$

式中：A_x 为已检计量器具不合格数；A_F 为已检计量器具总数。

（4）计量标准考核率计算公式见式（8–4）。

$$考核率 = \frac{A_F - A_x}{A_F} \times 100\% \qquad (8\text{–}4)$$

式中：A_x 为未按要求考核的计量标准总数；A_F 为按规定应考核的计量标准总数。

第二节　各阶段技术监督重点要求

一、设计、监造阶段

为了满足不同电站安全经济运行和商业化运营的需要，光伏电测量及电能计量装置的设计需要做到技术先进、经济合理、准确可靠、监视便利。设计及监造阶段电测技术监督的要求包括以下几方面：

（一）电能计量装置

（1）电能计量装置设计的主要依据包括：DL/T 448—2016《电能计量装置技术管理规程》、GB/T 50063—2017《电力装置电测量仪表装置设计规范》、GB 17167—2006《用能单位能源计量器具配备和管理通则》、DL/T 614—2007《多功能电能表》、DL/T 5202—2022《电能量计量系统设计规程》、DL/T 825—2002《电能计量装置安装接线规则》。

（2）电能计量装置计量点、计量方式、电能表与互感器接线方式的选择、电能表的型式和装设套数的确定等应符合 DL/T 448—2016《电能计量装置技术管理规程》的要求。

（3）贸易结算用的电能计量装置原则上应设置在供用电设施产权分界处；经互感器接入的贸易结算用电能计量装置应按计量点配置电能计量专用电压、电流互感器或专用二次绕组，并且不得接入与电能计量无关的设备。

（4）电能计量专用电压、电流互感器或专用二次绕组及其二次回路，应有计量专用二次接线盒及试验接线盒。电能表与试验接线盒应按一对一原则配置。

（5）各 I 类电能计量装置、上网贸易结算电量的电能计量装置应配置型号、准确度等级相同的计量有功电量的主、副 2 只电能表。

（二）电测量设备

（1）电测量设备设计应依据：DL/T 5137—2001《电测量及电能设计技术规程》、DL/T 5226—2013《发电厂电力网络计算机监控系统设计技术规程》、DL/T 1075—2016《保

护测控装置技术条件》、GB/T 13850—1998《交流电量转换为模拟量或数字信号的电测量变送器》中相关设计原则和技术要求。

（2）电量变送器、交流采样测量装置、仪器仪表及其二次回路控制、计算机监测（控）系统的性能应符合 GB/T 50063—2017《电力装置电测量仪表装置设计规范》的要求。

（3）电量变送器辅助交流电源必须可靠，重要变送器应采用交流不停电电源。

（4）参与控制功能的电气采样装置，应满足暂态特性和变送器精度要求。

（5）互感器二次回路的连接导线应采用铜质单芯绝缘线，对电流二次回路，连接导线截面积应按电流互感器的额定二次负荷计算确定，至少应不小于 $4mm^2$；对电压二次回路，连接导线截面积应按允许的电压降计算确定，至少应不小于 $2.5mm^2$。

（6）未配置计量柜（箱）的，其互感器二次回路的所有接线端子、试验端子应能实施铅封。

（7）互感器实际二次负荷应在 25% ～ 100% 额定二次负荷范围内；电流互感器额定二次负荷的功率因数应为 0.8 ～ 1.0；电压互感器额定二次功率因数应与实际二次负荷的功率因数接近。

二、安装与调试阶段

（一）安装阶段

（1）订购的电测量设备及电能计量装置的各项性能和技术指标，应符合国家、电力行业相应标准的要求，投运前应进行全面的验收。

（2）开箱验收。

1）装箱单、出厂检验报告（合格证）、使用说明书。

2）铭牌、外观结构、安装尺寸、辅助部件。

（3）安装前验收。

1）设备型号、规格、许可标志、出厂编号应与计量检定证书和技术资料的内容相符。

2）产品外观质量应无明显瑕疵和受损。

3）安装工艺质量应符合有关标准要求。

4）接线情况应和竣工图一致。

（二）调试阶段

（1）电流互感器、电压互感器实际二次负载及电压互感器二次回路压降测试。

（2）电流互感器、电压互感器现场检验。

（3）交流采样测量装置虚负荷检验。

（4）电测量变送器检定。

（5）技术资料验收。

（6）电能计量装置调试。

1）电能计量装置计量方式原理图，一、二次接线图，施工设计图和施工变更资料、竣工图等。

2）电能表及电压互感器、电流互感器安装使用说明书、出厂检验报告、法定计量检定机构的检定证书。

3）电能信息采集终端的使用说明书、出厂检验报告、合格证。

4）计量设备二次回路导线或电缆的型号、规格及长度资料。

5）电压互感器二次回路中的快速自动空气断路器、接线端子的说明书和合格证等。

6）电能表和电能信息采集终端的参数设置记录。

7）关口电能表辅助电源原理图和安装图。

8）计量用电流互感器、电压互感器的实际二次负荷及电压互感器二次回路压降的检测报告。

9）计量用电流互感器、电压互感器使用变比确认记录。

10）实际施工过程中需要说明的其他资料。

（7）电测设备调试。

1）电测设备二次接线图，施工设计图和施工变更资料、竣工图等。

2）电测设备安装使用说明书、出厂检验报告、检定证书。

3）测量用电流互感器、电压互感器使用变比确认记录。

4）实际施工过程中需要说明的其他资料。

（8）安装的电测仪器仪表应在其明显位置粘贴检验合格证。

三、运行及检修阶段

（一）运行阶段

（1）电能表、电压互感器、电流互感器是用于贸易结算的关口，属于强制检定的范围内，必须由法定或授权的计量检定机构执行强制检定。

（2）电站内部电量考核、电量平衡、经济技术指标分析的电能计量装置，应按国家计量检定规程要求进行检定。计量用电压互感器二次回路压降及二次负荷宜根据运行状态进行检测。

（3）建立电测计量设备缺陷记录，包括故障、检修记录等。记录主要项目：记录日期、故障时间、处理情况、恢复正常日期等。

（4）对电能计量装置场站端设备应定期巡视，检查和核对关口电能表信息采集数据、重要电能表信息采集数据，每天巡视一次，并应有记录。

（5）对运行中的电量变送器、交流采样测量装置应每半年至少一次检查和核对遥测值，并应有记录。

（6）运行中的电测仪器仪表发生异常现象时，应采用在线检验的方法、申请退出运行等措施，并及时处理。

（7）按计划完成计量标准、便携式仪器仪表送检，对计量检定证书及时归档。

（8）按计划完成现场运行电测计量设备的检定、测试，完成检定原始记录填写，并判定合格与否，检定合格的设备应粘贴检定标识，检定不合格的设备应及时调整或更换。

（9）当电测设备电压、电流回路发生拆接线工作时，应必须在工作结束后对回路正确性进行检查。

（10）定期对计量标准进行稳定性考核和重复性试验。

（二）检修阶段

（1）电测设备电压、电流回路拆接线工作结束后，进行回路正确性检查。

（2）电测专业屏柜内设备按规范要求布置。

1）电测屏柜内未布置无关设备。

2）端子排标识、回路编号准确、清晰。

3）符合二次回路接线要求，接线规范。

（3）电测设备电压回路、电源回路可靠。

1）重要设备供电电源应由 UPS 供电。

2）UPS 按规程定期做切换试验。

3）重要设备电压回路应在本屏柜内端子排分别引接，并有独立的开关控制。

4）重要设备辅助电源回路应在本屏柜内端子排分别引接，并有独立的开关控制。

（4）集成（多功能）变送器可靠性。

（5）单台集成变送器只允许输出 1 路参与控制的电气量。

（6）对运行中的 NCS 系统测控单元、RTU 等设备应按所属电网要求，结合一次设备检修计划，以虚负荷校验方式定期开展采样精度检测工作；不具备停电条件的，可采用在线方式校验。

（7）运行中的电压互感器二次回路电压降应定期进行检验。对 35kV 及以上的电压互感器二次回路电压降，至少每两年检验一次。当二次回路负荷超过互感器额定二次负荷或者二次回路电压降超差时应及时查明原因，并在一个月内进行处理。

第三节　电测技术监督仪器仪表管理

一、执行标准

电测技术监督涉及的仪器仪表和试验仪器，应依据 DL/T 448—2016《电能计量装置技术管理规程》、DL/T 5137—2001《电测量及电能计量设计技术规程》、DL/T 5202—2022《电能量计量系统设计规程》以及发电集团相关标准、规程及制度要求，定期委托有资质的机构开展仪器仪表和试验仪器的检定（校准）工作。

二、重要仪器仪表检定（校准）周期

光伏电站应根据检定周期和项目，制订仪器仪表年度检验计划，按规定进行检验、送检和量值传递，对检验合格的可继续使用，对检验不合格的送修或报废处理，保证仪器仪表有效性。

（一）总体要求

电测计量标准属于强制检定的范围，必须由法定或授权的计量检定机构执行强制检定，检定周期执行相应的国家计量检定规程；一般便携式仪表、变送器（交流采样）、电能表检定装置检定周期为 1 年；仪表、电能表检定装置（台体）首次检定后 1 年进行第一次后续检定，此后后续检定的检定周期为 2 年。

（二）绝缘电阻表

绝缘电阻表属于强制检定的范围，指针式绝缘电阻表检定至少每 2 年检验一次；电子式绝缘电阻表、接地电阻表的检定周期一般不超过 1 年。

（三）关口电能计量装置

各Ⅰ类电能计量装置宜每 6 个月现场检验一次；各Ⅱ类电能计量装置宜每 12 个月现场检验一次；各Ⅲ类电能计量装置宜每 24 个月现场检验一次。运行中的电压互感器，其二次回路电压降引起的误差应定期检测；35kV 及以上电压互感器二次回路电压降引起的误差，宜每两年检测一次；当二次回路及其负荷变动时，应及时进行现场检验；当二次回路负荷超过互感器额定二次负荷或二次回路电压降超差时应及时查明原因，并在 1 个月内处理。运行中的电压、电流互感器应定期进行现场检验，高压电磁式电压互感器、电流互感器宜每 10 年现场检验一次；高压电容式电压互感器宜每 4 年现场检验一次。

（四）电能表

重要电能表（主变压器、高压厂用变压器）应每年检验一次；其他电能表 4 ～ 6 年检验一次。电能表虚负荷检验周期不得超过 6 年。

（五）电测量变送器、交流采样测量装置、多功能表

重要仪器仪表类的电测量变送器应每年检定一次，其他电测量变送器应每 3 年检定一次；交流采样测量装置应每 3 年至少检定一次；多功能表应每 3 年至少检定一次。

三、重要仪器仪表检定（校准）要求

考虑实际情况，光伏电站通常不会单独配置电测计量标准器及其配套设备（简称计量标准），一般委托外部有资质的检定（校准）机构开展相关工作。对于有条件自主开展重要仪器仪表检定（校准）的光伏电站，应结合本电站电测仪器仪表实际情况配置计

量标准。配置计量标准的要求如下：

（1）电站应当按照计量检定规程或计量技术规范的要求，科学合理、完整齐全地配置计量标准，并能满足开展检定或校准工作的需要。

（2）计量标准应是技术先进、性能可靠、功能齐全、操作简便、自动化程度高的产品，应具备与配套管理的计算机联网进行检定和数据管理功能。检定数据应能自动存储且不能被人为修改，数据导出及备份方式应灵活方便。

（3）一般应配置包括：交直流仪表检定装置、电量变送器检定装置、交流采样测量装置检定装置、交流电能表检定装置、万用表检定装置、钳形电流表检定装置、绝缘电阻表检定装置等。

第四节　典型技术监督问题汇总

电测监督主要问题在于重要仪器仪表未按照规定要求进行校验，以下总结了光伏场站电测监督出现频率较为多的问题。

（1）35kV 开关柜部分电流表、生活用水系统电接点压力表、设备间温湿度表未定期进行检验。

按照 JJG 124—2005《电流表、电压表、功率表及电阻表》第 6.5 条要求：准确度等级小于或等于 0.5 的仪表检定周期一般为 1 年，其余仪表检定周期一般不超过 2 年。JJG 882—2019《压力变送器检定规程》第 7.5 条要求：压力变送器的检定周期可根据使用环境条件及使用频繁程度来确定。一般不超过 1 年。JJG 951—2000《模拟式温度指示调节仪检定规程》第 6.5 条要求：仪表的检定周期可根据使用条件和使用时间来确定，一般不超过 1 年。联系有资质的单位，结合设备停役，完成相关电测仪表校验，根据校验结果粘贴对应标签，报告归档管理。

（2）电能表仅在投运前送往实验室检验，未定期进行电能表现场检验，如图 8–1 所示。

图 8–1　电能表未进行现场检验

按照 DL/T 448—2016《电能计量装置技术管理规程》第 8.3 条要求：运行中的电能计量装置应定期进行电能表现场检验，要求如下：

1）Ⅰ类电能计量装置宜每 6 个月现场检验一次。

2）Ⅱ类电能计量装置宜每 12 个月现场检验一次。

3）Ⅲ类电能计量装置宜每 24 个月现场检验一次。委托有资质的第三方检验检测机构进行现场检验，根据校验结果粘贴对应标签，报告归档管理。

（3）检测仪器未按照要求进行校验，如图 8–2 所示。

图 8–2　电能表未进行现场检验

以万用表和绝缘电阻测试仪为例。根据 JJG 1005—2019《电子式绝缘电阻表检定规程》第 7.6 条要求：绝缘表的检定周期一般不超 1 年，定期对绝缘电阻测试仪表进行检验。根据 JJF 1587—2016《数字多用表校准规范》第 9 条要求：建议复校时间间隔为 1 年。应按照要求委托有资质的第三方检验检测机构进行检验，根据检验结果粘贴对应标签，报告归档管理。

（4）未按要求开展计量用电压互感器二次回路压降检验。

根据 DL/T 448—2016《电能计量装置技术管理规程》第 8.3 条要求：运行中的电压互感器，其二次回路电压降引起的误差应定期检测。35kV 及以上电压互感器次回路电压降引起的误差，宜每两年检测一次。应委托有资质的第三方检验检测机构进行现场检验，根据校验结果粘贴对应标签，报告归档管理。

第九章

光伏电站电能质量监督

第一节　技术监督总体要求

为了防止用电过程中由于设备因素产生较大的谐波影响电网的电能质量，在光伏电站安装用电系统电能质量在线监测装置，实时监测到电网的电能质量是光伏电站保证安全、经济、稳定、环保运行的重要基础工作之一。

一、光伏电站电能质量技术监督实施

合理开展光伏电站电能质量技术监督，可以有效促进光伏电站安全运行、延长设备使用寿命、提高设备运行的安全性和经济性。

电能质量技术监督贯穿于规划、设计、基建、生产运行及用电管理的全过程。应对电站的无功出力、调压功能及电压偏差进行管理与监督，应加强有功功率和无功功率的调节、控制及改进，使并网点电压和频率等指标在标准规定允许范围之内。

二、光伏电站电能质量技术监督范围

光伏电站电能质量的主要监测范围包括频率允许偏差、电压允许偏差、谐波允许指标、电压允许波动和闪变、三相电压不平衡度。

电能质量监测分为连续监测、不定时监测和专项监测三种。

（1）连续监测主要适用于供电电压偏差和频率偏差等指标的实时监测和连续记录。

（2）不定时监测主要适用于需要掌握供电电能质量，但不具备连续监测条件时所采用的方法。

（3）专项监测主要适用于非线性设备接入电网（或容量变化）前后的监测，以确定

电网电能质量的背景条件、干扰的实际发生量以及验证技术措施的效果等。

三、光伏电站电能质量技术监督指标

电能质量是指光伏电站各级电压线路和设备的电能质量，其内容包括：

（1）电压控制点合格率≥98%、电压监视点合格率≥98%、AVC装置投运率≥98%。

（2）电力系统正常频率偏差允许值为±0.2Hz；系统容量较小时，偏差值可放宽至±0.5Hz。

（3）电压偏差符合国家标准要求。

（4）电压波动和闪变符合国家标准要求。

（5）电网正常运行时，负序电压不平衡不超过2%，短时不得超过4%。

（6）谐波电压不超限值，谐波电流不超允许值。

第二节　各阶段技术监督重点要求

一、设计、监造阶段

在设计选型阶段，应重点关注无功电源及无功补偿设备、调压设备、无功电压控制系统配置、频率调节能力及监测设备配置情况，无功表计的配置情况，谐波及三相不平衡度监测设备配置情况等。

（一）频率质量监督

1. 频率允许偏差

电力系统正常频率偏差允许值为±（0.2～0.5）Hz，根据当地电网公司要求确定。

2. 光伏发电站频率调整要求

（1）并网运行的光伏发电站应具有一次调频的功能，一次调频功能应投入运行，一次调频功能参数应按照电网运行的要求进行整定。应根据调度部门要求安装保证电网安全稳定运行的自动装置。为防止频率异常时发生电网崩溃事故，应具有必要的频率异常运行能力。

（2）一次调频动态性能应满足以下要求。

1）响应滞后时间 t_{hx}：自频率越过新能源场站调频死区开始到发电出力可靠地向调频方向开始变化所需的时间不大于1s。

2）响应时间 $t_{0.9}$：自频率超出调频死区开始，至有功功率调节量达到调频目标值与初始功率之差的90%所需时间不大于5s。

3）调节时间 t_s：自频率超出调频死区开始，至有功功率达到稳定（功率波动不超过额定出力±1%）的最短时间不大于15s。

3. 频率质量监测

电站频率统计时间以秒为单位，频率合格率 K_X 计算公式见式（9-1）。

$$K_X=\left(1-\frac{\sum t_i}{T_0}\right)\times 100\% \tag{9-1}$$

式中：t_i 为测试期间（年、季、月）第 i 次不合格时间，s；T_0 为测试期间（年、季、月）全部时间，s。

光伏电站频率调整合格率统计以当地电网调度部门对一次调频和 AGC 调整的考核为准。

（二）电压偏差技术监督

1. 电压允许偏差

（1）当公共电网电压处于正常范围内时，对于接入 35kV 及以上电压等级公共电网的光伏电站，光伏电站应能够控制并网点电压正、负偏差绝对值不超过标称电压的 10%。

（2）20kV 及以下三相供电电压偏差为标称电压的 ±7%。

（3）220V 单相供电电压偏差为标称电压的 −10% ～ +7%。

2. 电压偏差技术要求

（1）通过 10 ～ 35kV 电压等级接入电网的光伏发电站在其无功输出范围内，应具备光伏发电站并网点电压水平调节无功输出，参与电网电压调节的能力，其调节方式和参考电压、电压调差率等参数应由电网调度机构设定。

（2）通过 110kV（66kV）及以上电压等级接入电网的光伏发电站应配置无功电压控制系统，具备无功功率调节及电压控制能力，根据电网调度机构指令，光伏发电站自动调节其发出的（或吸收）的无功功率，实现对并网点电压的控制，其调节速度和控制精度应满足电力系统电压调节的要求。

3. 电压偏差监测

（1）电压偏差监测点设置。光伏电站电压监测点设置原则为：当地电网调度部门所列考核点及监测点。

（2）电压偏差监测统计。电压合格率的统计分为监测点电压合格率、全厂电压合格率。统计电压合格率的时间单位为分钟。

1）监测点（i）的电压合格率 U_i 计算式见式（9-2）。

$$U_i(\%)=\left(1-\frac{t_h+t_l}{t}\right)\times 100\% \tag{9-2}$$

式中　t_h——电压起上限时间，min；

t_l——电压起下限时间，min

t——电压监测总时间。

2）全厂电压合格率 U_Z 计算式见式（9–3）。

$$U_Z=\frac{\sum_{i=1}^{n}U_i}{n} \tag{9-3}$$

式中　n——电网电压监测点数。

（三）电压波动和闪变、三相电压不平衡技术监督

（1）电压波动和闪变以及三相电压不平衡的监测一般在母线、厂用电接有直供冲击负荷和不对称负荷接入系统前后进行，测量以确定此类负荷对系统所造成的影响程度，必要时进行连续监测。对由于大容量单相负荷所造成的负序电压应进行连续监测。

（2）各电压等级母线的三相电压不平衡应符合 GB/T 15543—2008《电能质量　三相电压不平衡》的要求；电压波动和闪变符合 GB/T 12326—2008《电能质量　电压波动和闪变》的要求。

（3）电网正常运行时，负序电压不平衡度不超过 2%，短时不得超过 4%。

电力系统公共连接点，在系统正常运行的较小方式下，以 1 周（168 h）为测量周期，所有长时间闪变值都应满足表 9–1 所示闪变限值的要求。

表 9–1　　闪变限值

系统电压等级	≤ 110 kV	＞ 110 kV
闪变限值	1	0.8

（4）闪变合格率是指实际运行电压在闪变合格范围内累计运行时间与对应的总运行统计时间的百分比，计算式见式（9–4）。

$$闪变合格率=\left(1-\frac{闪变超限时间}{总运行统计时间}\right)\times 100\% \tag{9-4}$$

闪变状况通常可以通过闪变合格率的统计方法进行评估。监测点的闪变合格率通常以月度的时间为闪变监测的总运行统计时间。

二、安装与调试阶段

在调试验收阶段，应重点关注一次调频功能、自动发电控制系统（AGC）和自动电压控制系统（AVC）性能、进相能力等。变压器、变频设备等调试投运时应进行谐波测量，应按要求调节主变压器和厂用变压器的分接位置，按 DL/T 1227—2013《电能质量监测装置技术规范》要求检测谐波监测装置性能，按 GB/T 17626.30—2012《电磁兼容　试验和测量技术　电能质量测量方法》要求检测三相不平衡度监测装置。

（一）谐波技术监督

1. 谐波监测点的设置

光伏电站谐波监测点设置原则为：当地电网调度部门所列考核点及监测点。

2. 谐波限值

母线谐波电压应符合 GB/T 14549—1993《电能质量　公用电网谐波》的要求，各电压等级母线谐波电压限值见表 9-2。

表 9-2　　谐波电压限值（相电压）

标称电压（kV）	电压总谐波畸变率（%）	各次谐波电压含有率（%）	
		奇次	偶次
0.38	5.0	4.0	2.0
6	4.0	3.2	1.6
10			
35	3.0	2.4	1.2
66			
110（220）	2.0	1.6	0.8

3. 谐波定期普查

为了全面掌握发电厂的谐波水平和谐波特性，应定期（至少 3 年一次）对电厂各母线监测点进行谐波普查测试，普查结果应出具专门的报告。测量间隔时间及取值按 GB/T 14549—1993 执行。测量方法和测量仪器应符合 GB/T 17626.7—2017《电磁兼容　试验和测量技术　供电系统及所连设备谐波、同谐波的测量和测量仪器导则》的要求。

4. 谐波测试数据整理及分析

谐波实测数据是判断电网谐波污染及谐波源设备谐波发生量的基本依据，应定期进行整理，经分析后向本单位和有关电能质量监督部门提出正式报告。

谐波测量数据整理应包括：

（1）各谐波监测点 1 ～ 25 次（可根据实际情况增加谐波次数）电压谐波含有率以及电压总谐波畸变率的最大值、95% 概率值。

（2）主要谐波监测点典型日主要谐波电压及总畸变率变化曲线。

（3）谐波电源电压超标一览表。

谐波分析报告包括：

（1）光伏场站概况及总谐波水平评价。

（2）主要谐波源情况及近期发展。

（3）谐波异常或事故的分析。

（4）电网中谐振因素。

（5）新的非线性负荷投入后谐波水平的预测。

（6）建议和对策。

（二）电压暂降与短时中断

按照 GB/T 30137—2013《电能质量　电压暂降与短时中断》的要求监测，评估电网连接点的电压暂降和短时中断指标，提出合理有效的治理措施，减少发电、输电、配电、用电环节因电压暂降和短时中断所造成的人身伤害、设备故障及经济损失。

（1）对电压暂降和短时中断较为敏感的设备或用户接入电力系统前，应根据 GB/T 30137—2013 所列统计方法及推荐指标对拟接入点电网电压暂降和短时中断水平进行评估，在此基础上合理选择接入点。

（2）在电压暂降干扰源用户建设项目的规划设计阶段，应开展电能质量预测评估工作，评估对接入点电网电压暂降指标的影响程度，评估其对周边敏感设备用户的影响程度，合理选择接入点。对接入点电网电压暂降指标影响显著的干扰源用户接入设计时，应考虑相应的治理措施。

（3）电压暂降和短时中断的敏感用户与干扰源用户不宜在同一公共连接点接入电网。

（4）电压暂降和短时中断敏感用户的设备选型应综合考虑接入点电网的电压暂降和短时中断指标。

三、运行及检修阶段

运行期间，应定期进行频率和电压偏差统计；合理设置谐波监测点、电压监测点、频率监测点，定期进行电能质量检测，按照 JJG 126—2022《工频交流电量测量变送器检定规程》要求定期检定电能质量监测用表计及主要监测点的变送器。

（一）电能质量监测仪器

（1）电能质量监测仪器应满足 GB/T 17626.30—2012 及 GB/T 19862—2016《电能质量监测设备通用要求》中对测试仪器的要求。监测装置测量采样窗口应满足 GB/T 17626.30—2012 的要求，取 10 个周波，且每个测量时间窗口应该连续且不重叠，一个基本记录周期为 3s。监测设备各相应指标的准确度应满足下述要求：

1）电压偏差为 0.5%。

2）频率偏差为 0.01Hz。

3）三相电压不平衡度为 0.2%。

4）三相电流不平衡度为 1%。

5）谐波。满足 GB/T 14549—1993《电能质量　公用电网谐波》规定的 A 级标准。

6）闪变为 5%；

7）电压波动为 5%。

（2）电能质量监测仪器应按规定进行定期检测，如出现设备故障或不符合标准要求的情况应及时维修或更换。表 9–3 为电能质量测试仪器谐波精度要求。

表 9–3　　电能质量测试仪器谐波精度要求

被测量	条件	允许误差
谐波电压	$U_h \geq 1\% U_N$	$5\% U_h$
	$U_h < 1\% U_N$	$0.05\% U_N$
谐波电流	$I_h \geq 3\% I_N$	$5\% I_h$
	$I_h < 3\% I_N$	$0.15\% I_N$

注　U_N 为标称电压，U_h 为谐波电压，I_N 为标称电流，I_h 为谐波电流。

（二）电能质量在线检测装置

（1）电能质量在线监测装置检定应满足 DL/T 1028—2006《电能质量测试分析仪检定规程》及 DL/T 1228—2013《电能质量监测装置运行规程》对仪器的检定要求。

（2）电能质量在线监测终端应具备电压暂降和短时中断的监测功能。

第三节　电能质量监督检测

一、执行标准

（一）设计及选型阶段

（1）光伏发电站逆变器的设计选型、技术要求应满足 GB 50797—2012《光伏发电站设计规范》和 GB/T 37408—2019《光伏发电并网逆变器技术要求》的要求。

（2）光伏发电站自动发电控制（AGC）装置、自动电压控制（AVC）装置和无功补偿（SVG）装置的设计选型、功能配置和技术要求应满足 GB/T 19964—2012《光伏发电站接入电力系统技术规定》、GB/T 29321—2012《光伏发电站无功补偿技术规范》和 GB/T 50866—2013《光伏发电站接入电力系统设计规范》的要求。

（3）光伏发电站电能质量在线监测装置的设计选型、功能配置和技术要求应符合 DL/T 1227—2013《电能质量监测装置技术规范》的要求。

（4）光伏发电站的电压穿越能力、电压控制能力、并网性能检测功能应满足 GB/T 19964—2012 的要求。

（5）光伏发电站主变压器设计选型应满足 GB 50797—2012 的要求，分接头控制应满足 GB/T 19964—2012 和 GB/T 29321—2012 的要求。

（二）安装及调试阶段

（1）第三方检测单位资质完整齐全。

（2）逆变器、自动发电控制（AGC）装置、自动电压控制（AVC）装置、无功补偿（SVG）装置、电能质量在线监测等设备的检验合格证书、型式试验报告、产品说明书、技术规格书、调试报告及物料清单齐全，及时存档。

（3）光伏发电站的安装调试方案、安装调试质量、安装流程应符合 GB 50794—2012《光伏发电站施工规范》和 GB 50796—2012《光伏发电工程验收规范》的要求。

（4）光伏发电站安装调试完成后应开展低电压穿越、光伏发电站电能质量、逆变器电能质量、功率控制能力、电压与频率响应、防孤岛效应等专项测试，测试条件、测试方法及测试结果应满足 NB/T 32005—2013《光伏发电站低电压穿越检测技术规程》、NB/T 32006—2013《光伏发电站电能质量检测技术规程》、NB/T 32007—2013《光伏发电站功率控制能力检测技术规程》、NB/T 32008—2013《光伏发电站逆变器电能质量检测技术规程》、NB/T 32009—2013《光伏发电站逆变器电压与频率响应检测技术规程》、NB/T 32010—2013《光伏发电站逆变器防孤岛效应检测技术规程》的要求。

（5）改、扩建光伏发电站增加或更换不同型号变压器或逆变器，或更换数量超过一半时，应重新进行电能质量检测。

二、检测项目及周期

（一）运行及维护阶段检测项目及周期

（1）光伏发电站逆变器、自动发电控制（AGC）装置、自动电压控制（AVC）装置、无功补偿（SVG）装置的运行、巡视检查与日常维护应符合 GB/T 38335—2019《光伏发电站运行规程》的要求。

（2）光伏发电站应实时监视并网点的电能质量，当电能质量指标超出标准允许值时，应开展专题分析并制订整改措施。电能质量指标合格率的计算方法应满足 NB/T 10900—2021《光伏发电站电能质量技术监督》附录 A 的要求。

（3）光伏发电站应每月统计变压器、无功补偿（SVG）装置的设备故障率，对故障率高的设备应及时分析原因并制订整改措施。

（4）光伏发电站自动发电控制（AGC）装置、自动电压控制（AVC）装置应根据电网要求进行模式调整，响应速度和精度应满足 GB/T 19964—2012 的要求，存在异常时应及时反馈并处理。

（5）雷暴、台风、大雪、冰雹、高温等极端天气频发季节来临前，应开展逆变器、无功补偿（SVG）装置的预防性检查，对存在异常的设备应及时处理。极端天气过后，应开展逆变器、无功补偿（SVG）装置的设备外观与功能检查，存在异常时应及时反馈并制订整改措施。

（6）光伏发电站主变压器分接头应根据电网电压变化情况进行调整。

（二）检修阶段检测项目及周期

（1）光伏发电站宜结合逆变器的运行状态，每年开展一次逆变器电能质量抽样检测。

（2）光伏发电站逆变器设备更换后，应对新投入使用的设备开展电能质量检测，检测方法和结果应符合 GB/T 37409—2019《光伏发电并网逆变器检测技术规范》的要求。

（3）光伏发电站无功补偿装置检修的内容、方法和技术要求应符合 GB/T 34931—2017《光伏发电站无功补偿装置检测技术规程》的要求。

（4）光伏发电站的自动发电控制（AGC）装置、自动电压控制（AVC）装置进行设备更换或升级改造后应对新投入的设备开展测试，测试方法和结果满足 NB/T 32007—2013 的要求。

（5）当光伏发电站更换不同型号变压器或逆变器时，应重新进行电压穿越能力检测，当光伏发电站更换同型号变压器或逆变器数量达到 50% 以上时，也应重新进行电压穿越能力检测，检测方法和结果应符合 NB/T 32005—2013 的要求。

（6）电能质量监测装置的检定周期和检定项目应符合 DL/T 1028—2006《电能质量测试分析仪检定规程》的要求。光伏发电站应结合电能质量指标对设备检修的效果进行评价。

第四节　典型技术监督问题汇总

电能质量监督主要问题在于电能质量监测装置未按照规定要求定期校验、电能质量控制调节设备未投入等，本书总结了光伏场站电能质量监督出现频率较为多的问题，供读者参考。

（1）电能质量在线监测装置未定期校验，如图 9-1 所示。

应根据 DL/T 1228—2013《电能质量监测装置运行规程》第 5.2 条“监测装置的检定周期为三年。对工作环境恶劣或有特殊要求的监测装置，必要时可适当缩短检定周期”，对电能质量在线监测装置进行校准。同时，应做好电能质量检测装置的维护工作，不应出现对时异常、画面卡顿等情况。当电能质量监测装置出现异常时，如电流越限频繁启动，应尽快查找原因并处理。

图 9-1　电能质量监测装置未定期校验

（2）SVG 无法投入或已投运但未进行联调。SVG 设备正常投运后，应开展联调。当 SVG 无法投入时，应及时与厂家进行沟通，分析设备故障原因并及时处理，确保 SVG 正常投运。

第十章 光伏电站监控自动化监督

第一节 技术监督总体要求

光伏电站监控自动化技术监督是光伏电站保证安全、经济、稳定、环保运行的重要基础工作之一。

一、光伏电站监控自动化技术监督实施

光伏电站监控自动化技术监督贯穿于规划、设计、基建、生产运行及用电管理的全过程。为确保光伏电站监控系统安全、稳定、经济、可靠运行，应对光伏电站的监控自动化系统设备进行管理与监督。

建立监控自动化技术监督体系，实施光伏发电站监控自动化技术监督工作，要依照国家、行业及企业相关制度及标准，依照分级管理的原则，对光伏发电站监控系统、调度自动化系统、光功率预测系统、辅助系统在设计、安装与调试、运行、检修阶段进行技术监督，并落实监控自动化技术监督管理要求、评价与考核要求。

二、光伏电站监控自动化技术监督范围

光伏电站监控自动化技术监督范围包括：光伏电站监控系统、消防报警系统、安防监控系统、光功率预测系统、升压站综合自动化系统、AGC/AVC 及一次调频控制系统、电力调度数据网络安全防护系统等，光伏电站的所有自动检测及所属二次回路。

三、光伏电站监控自动化技术监督指标

光伏电站监控自动化技术监督指标包括：

（1）系统设备运行率 100%。

（2）主要检测参数合格率 100%。

（3）关键业务系统瘫痪死机 0 次。

（4）通信系统畅通率不小于 99%。

除以上性能指标外，还需满足 GB/T 31366—2015《光伏发电站监控系统技术要求》第 7 章“性能指标”的要求。

第二节　各阶段技术监督重点要求

一、安装与调试阶段

（一）安装阶段

（1）对监控自动化设备的产品外观进行检验，产品表面不应有明显的凹痕、划伤、裂缝、变形和污染等，表面涂镀层应均匀，不应起泡、脱落和磨损，金属零部件不应有松动及其他机械损伤。内部元器件的安装及内部连线应正确、牢固、无松动，控制部件的操作应灵活、可靠，接线端子的布置及内部布线应合理、美观、标识清晰，盘、柜布局应合理。检查产品的硬件数量、型号应与合同一致，软件的配置、文档及其载体应符合受检产品技术条件规定。检查产品（包括外购配套设备）技术文件应完整、详尽、有效。技术文件包括设备清单、设备连接图，机柜设备布置图、布线图，硬件技术资料（自制设备），软件技术资料（包括系统软件和应用软件清单等），软件使用、维护说明书，全部外购设备所附文件，产品出厂检验合格证等。

（2）安装监控自动化设备时应满足国家和行业标准及规范要求。安装工程施工应以设计和制造厂的技术文件为依据，如需设计更改，应办理审批手续，并提供完整的设计更改资料，竣工图应按设计更改内容编制。设备安装工程施工、监理单位应具备相应资质。安装单位技术负责人应在安装前对安装人员进行技术交底。工程主管部门应及时了解并掌握工程进展情况，对设计错误、工程施工质量不达标、施工人员违规等问题，应及时向设计、施工、监理等单位提出具体要求。

（3）控制箱、台、柜安装时，安装允许偏差应满足 DL 5190.4—2019《电力建设施工技术规范　第 4 部分：热工仪表及控制装置》的相关要求，固定时不应采用电焊进行固定，宜采用经防腐、防锈的压板螺栓进行固定连接，箱体、柜体接地电阻值不应大于 4Ω。设备安装在振动较大区域时，还应按要求采取防振动措施。

（4）光纤通信系统设备的安装标准参照 DL/T 5344—2018《电力光纤通信工程验收规范》相关技术条款执行。光缆线路投运前应对所有光缆接续盒进行检查验收、拍照存档，同时，对光缆纤芯测试数据进行记录并存档。应防止引入缆封堵不严或接续盒安装不正确造成管内或盒内进水结冰，导致光纤受力引起断纤故障的发生。通信光缆或信号电缆敷设应避免与一次动力电缆同沟（架、竖井）布放，并绑扎醒目的识别标识；如不具备条件，应采取电缆沟（架、竖井）内部分隔离措施；电缆敷设完毕后应进行防尘处理，盘、台、柜底地板电缆孔洞应采用松软的耐火材料进行严密封堵。

（5）光功率预测系统安装时，各类辐照表应安装在专用的台柱上，距地坪不低于1.5m；温度计、湿度计应置于百叶箱内，距离地面不低于1.5m；风速、风向传感器安装在牢固的高杆或塔架上，距地面不低于3m。

（6）安防监控设备的安装应符合GB 50348—2018《安全防范工程技术标准》的相关规定。

（二）调试阶段

（1）新投产设备在调试前，调试单位应针对设备的特点及系统配置，编制详细的调试方案及调试计划。调试方案的内容应包括各部分的调试步骤、完成时间和质量标准；调试计划应明确调试项目、范围和质量要求，并在计划安排中保证各系统、装置有充足的调试时间和验收时间。

（2）系统调试工作，应由有相应资质的调试机构承担。调试单位和监督、监理单位应参与工程前期的设计审查及验收等工作。系统调试应编制完整的调试方案，调试结束应提交完整的报告和记录。调试开始前应严格按照设计图纸资料进行系统通电前检查，相关性能指标应满足规程和设备技术要求。

（3）监控自动化各子系统应进行电力二次安全防护功能调试，包括横向隔离装置、纵向加密装置调试，软、硬件防火墙调试，网络安全在线监测装置调试等。

（4）监控系统调试包括对设备的通电检查和硬件性能测试，内容包含设备运行情况、网络通信情况、各应用软件工作情况检查，硬件功能性测试、冗余切换测试等；对系统软件功能静态调试，内容包含计算机监控系统监控画面、运行报表、实时数据存储、历史数据记录、AGC功能、AVC功能、冗余切换、控制与调节功能、防误闭锁等功能调试；对系统软件功能的动态调试，应按照光伏发电站监控系统功能要求、设计合同中监控系统的功能要求进行逐项调试；对外围联络回路的检查调试，根据现场设备的接口特性，检查、测试柜内接线和外部接线，更改和完善错误部分；对与各级调度及其他外部系统和设备的通信性能调试检查。

（5）调度自动化系统调试包括对设备通电检查和硬件性能测试，内容包含设备运行情况、网络连接、电源接线回路、硬件配置检查，网络通信性能测试、时钟同步系统测试，调度自动化系统厂站端测量回路精度调试等。

（6）系统软件测试检查，包括软件版本检查、冗余切换测试、系统负荷率指标测试，指标应满足设计要求。

（7）安全性检查，包括检查系统是否按要求进行设计安装，并对性能进行测试；还应检查系统的权限设置功能是否满足调度管理规程要求。

（8）远程控制及调节功能测试，包括设备控制权、调节权闭锁切换测试等。

（9）通信系统性能测试，包括主通道、备用通道故障冗余切换测试、通信信道延迟时间测试、通信数据传输误码率测试等。

（10）远动传动调试，以保证系统操作动作的正确性和响应速度。

（11）试运期结束前，光伏发电站的 AGC 和 AVC 系统应具备完善的功能，其性能指标达到并网调度协议或其他有关规定的要求，并可随时投入运行。

（12）火灾自动报警系统的施工应符合 GB 50166—2019《火灾自动报警系统施工及验收规范》的规定。进行调试时，应先分别对探测器、区域报警控制器、集中报警控制器、火灾报警装置和消防控制设备等逐个进行单机通电检查，正常后方可进行系统调试。系统通电后，应按照 GB 4717—2005《火灾报警控制器》的相关规定进行检测。对报警控制器主要进行以下功能检查：

1）火灾报警自检功能，消声、复位功能。

2）故障报警功能。

3）火灾优先功能。

4）报警记忆功能。

5）电源自动切换和备用电源的自动充电功能。

6）备用电源的欠电压和过电压报警功能。

二、运行及检修阶段

（一）运行维护阶段

（1）光伏发电站调度自动化系统的运维管理按照 DL/T 516—2017《电力调度自动化运行管理规程》、DL/T 547—2020《电力系统光纤通信运行管理规程》、DL/T 1040—2007《电网运行准则》的要求进行。系统运行时，运维人员应进行定期巡回检查和维护，对重要运行、监视画面进行定期检查、分析。

（2）对于监控系统、调度自动化系统的重要报警信号，如设备掉电、存储器故障、系统通信中断、重要遥信、遥测、遥控及遥调量异常等，应及时处理。事后应详细记录故障现象、原因及处理过程，必要时编制故障分析报告。每月应统计分析监控自动化系统各项指标并以月报形式报送至上级管理单位和技术监督服务单位。

（3）参加 AGC、AVC 运行的光伏发电站应保证其设备的正常投入。若需修改厂站 AGC、AVC 系统的控制策略，应报电网调度机构同意后方可实施。更改后，需要对安全控制逻辑、闭锁策略、二次系统安全防护等方面进行全面测试，验证合格后方可投入运行。应确保 AGC、AVC 系统在启动过程、系统维护、版本升级、切换、异常工况等过程中不发出或执行控制指令。

（4）定期对应用软件、数据进行备份，软件、数据改动后应立即进行备份，在软件无改动的情况下，应至少每半年备份一次，备份介质实行异地存放。

（5）非监控系统工作人员未经批准，不得进入机房进行工作（运行人员巡回检查除外）。

（6）光伏电站应制订有相应的系统故障应急处理措施，当系统发生影响光伏电站运行的异常情况时，应按规定采取措施，并及时联系维护单位进行处理。光伏电站应建立完善的安全管理制度，应指定专人负责网络安全管理，严禁使用非监控系统专用设备接入计算机监控系统网络和主机。

（7）应根据电网调度机构的要求，结合光伏发电站的检修情况，定期开展遥测、遥信等信息的核对工作。

（8）光伏电站运行人员应每天检查光功率预测系统，按要求向电网调度机构滚动上报发电功率预测曲线；每月末检查光功率预测系统的短期、超短期预测月均方根误差和月合格率及预测上传率。

（二）定期检修阶段

（1）监控自动化系统开展检修作业前，应按检修规程相关要求完成检修准备工作，根据作业指导书的要求进行系统软件、数据库备份，开展涉及控制回路、控制参数等的修改工作应履行相应的审批手续。检修后投运前，监控自动化装置技术指标及控制系统性能应满足设计要求，并验收合格；对不满足性能指标要求的应核查原因。检修结束后，应出具检修试验报告，并对检修期间的资料如检修试验记录、检修试验报告、事故处理记录、技术改造资料等按设备及年份分类并归档保存。

（2）调度自动化系统检修开展前应编制检修计划，对于可能影响与电网调度系统通信联络的系统检修项目，应按电网调度机构规定和要求提前与电网调度主管部门联系，并上报检修计划，检修工作应经调度机构审批通过并经调度值班人员许可后方可开展。与一次设备相关的调度自动化子站设备的检测，宜结合一次设备检修共同开展。开展调度自动化系统服务器及通信系统设备检修工作时，应做好数据库、应用软件、装置参数配置的备份工作。

（3）通信设备冗余切换试验，应做好通信中断应急处理措施。

（4）通信设备测试内容包括设备性能、网管与监视功能测试等，应对通信设备测试结果进行分析，发现问题应及时进行整改。

（5）光纤通信通道测试内容包含线路衰减、熔接点损耗、光纤长度等，测试结果应满足 DL/T 547—2020《电力系统光纤通信运行管理规定》的相关技术指标要求。

（6）系统硬软件的更新，应取得上级调度机构及对侧的许可后方可进行，并保证上行数据和下行指令及时、准确。系统更新完毕应进行系统安全防护检查工作，并做好系统功能性复核工作。

（7）监控自动化系统进行系统升级改造前，应对系统电源容量配置、服务器及数据信息传输网络负荷、二次系统安全防护等进行评估，制订技术方案并经上级主管部门或上级调度机构审核后方可执行。

（8）光功率预测系统辐照表应定期委托有资质的法定计量机构校准，校准周期为2年。

第三节　监控自动化技术监督试验

一、执行标准

（一）设计及选型阶段

（1）监控及自动化系统站控层设备安装场地、运行环境应符合 GB 50797—2012《光伏发电站设计规范》、GB 50174—2017《数据中心设计规范》、GB/T 28448—2019《信息安全技术　网络安全等级保护测评要求》的规定。

（2）监控及自动化系统设备电源的供电方式、电源规格、过电压防护应符合 GB/T 31366—2015《光伏发电站监控系统技术要求》、GB 50174—2017、GB/T 28448—2019 的规定。

（3）设备机房接地网、设备外壳、各类金属管线、线槽、构件及线缆外屏蔽层的接地方式应符合 DL/T 5149—2020《变电站监控系统设计规程》的规定。

（4）监控及自动化系统设备性能指标、结构配置、系统功能、软件接口、安全防护应符合 GB/T 31366—2015、DL/T 1404—2015《变电站监控系统防止电气误操作技术规范》的要求。

（5）光伏发电功率预测系统应配置反向隔离装置、硬件防火墙等边界防护设备，系统功能和预测性能指标应满足 NB/T 32011—2013《光伏发电站功率预测系统技术要求》、GB/T 19964—2024《光伏发电站接入电力系统技术规定》及当地电网调度机构的要求。

（6）太阳资源观测应符合 GB 50797—2012、GB/T 30153—2013《光伏发电站太阳能资源实时监测技术要求》和 NB/T 32012—2013《光伏发电站太阳能资源实时监测技术规范》的技术要求。

（7）入侵报警系统应能与视频安防系统、出入口控制系统联动，并在主控室内装有紧急按钮，系统功能应符合 GB 50394—2007《入侵报警系统工程设计规范》的要求。

（8）视频安防监控系统宜与灯光系统联动，并通过加装辅助照明或应急照明设施确保监视场所最低环境照度高于摄像机要求，系统功能应符合 GB 50797—2012、GB 50395—2007《视频安防监控系统工程设计规范》的要求。

（9）出入口控制系统宜与火灾报警及其他紧急疏散系统联动，其功能应符合 GB 50396—2007《出入口控制系统工程设计规范》的要求。

（二）安装及调试阶段

（1）监控及自动化系统各类设备、设施、机柜到场后，应对其进行开箱检查及到货验收，验收过程应有记录，转运、储存应符合 GB 50794—2012《光伏发电站施工规范》的要求。

（2）监控及自动化系统安装前应进行设备验收和资料审查，包括：

1）设备清点和外观检查。

2）设备通电测试。

3）线缆、材料、工器具清点和质量抽检。

4）出厂合格证、设备说明书、系统维护手册审查等。

（3）监控及自动化系统机柜、设备安装完成后应设置标识牌，柜内线缆布置应牢固、整齐、美观，相应端子的起点、终点位置标识应清晰、准确，各设备、设施和机柜的安装、接线工艺应符合 GB 50794—2012 的要求。

（4）监控及自动化系统的机柜、设备外壳、各类金属管线、线槽、金属构件以及通信线缆的外屏蔽层应可靠接地，接地方式和接地电阻应符合 DL/T 381—2010《电子设备防雷技术导则》的要求。

（5）监控系统经站内调试及调度主站联调后应留存调试报告。

（6）硬件防火墙、安全隔离装置和纵向认证加密设备等边界防护装置调试完成后，应妥善保管管理员账户、密码和物理密钥并导出配置规则，配置的防护功能应符合 DL/T 1941—2018《可再生能源发电站电力监控系统网络安全防护技术规范》的要求。

（7）时间同步装置调试完成后，宜预留备用输出接口，时间同步精准度应符合 DL/T 1100.1—2018《电力系统的时间同步系统　第 1 部分：技术规范》的要求。

（8）光缆线路、光通信设备、通信电源等设备、设施架设安装完成后应开展验收和功能测试并留存验收记录表，验收内容以及相关技术指标应符合 DL/T 5344—2018《电力光纤通信工程验收规范》的要求。

（9）光功率预测系统调试完成后，数据采集、信息存储、功率预测、指标上报等系统功能应符合 NB/T 32011—2013 和当地电网调度机构的要求。

（10）入侵报警系统、视频安防监控系统、出入口控制系统的设备安装应平稳牢固，系统安装和调试应符合 GB 50348—2018《安全防范工程技术标准》的要求。

二、试验项目及要求

（一）运行阶段试验项目及周期

（1）监控及自动化系统投入运行后应建立完整的运行管理记录台账，包括各系统及设备的异常和故障处理情况。

（2）监控及自动化系统的日常巡视检查和特殊巡视检查的项目、频率应符合 GB/T 38335—2019 的《光伏发电站运行规程》要求。

（3）电站应建立监控及自动化系统现场运行规程、日常管理规范、设备巡回检查制度、设备定期维护及轮换制度、设备缺陷管理制度、运行分析制度、技术资料管理制度、反事故措施等相关文件内容应符合 GB/T 38335—2019 的要求。

（4）光功率预测系统运行期间应加强巡视检查，定期查看天气预报数据和环境资源

监测数据及接收、预测准确率、合格率、上报率，确认各功能模块运行状态正常。

（5）电站应定期开展监控及自动化系统网络安全自查或测评，并制订网络与信息安全应急预案，定期开展演练，应急预案及演练的主要内容应符合 GB/T 28448—2019《信息安全技术　网络安全等级保护测评要求》的要求。

（二）检修维护阶段试验项目及周期

（1）监控系统检修周期宜结合电气一次设备检修试验进行，检修项目宜包括间隔层测控装置准确度测量、信号电缆及接线端子检查、二次回路绝缘测试、遥信和遥控联动试验等，检修计划应符合 GB/T 33599—2017《光伏发电站并网运行控制规范》、DL/T 516—2017《电力调度自动化运行管理规程》和当地电网调度机构的规定。

（2）监控系统维护项目宜包括屏柜清灰除尘、数据备份、服务器冗余切换、电源冗余切换、时钟对时功能检查等，系统维护应在设备停电期间开展。

（3）时间同步系统宜定期开展同步功能测试，进行主、从时钟切换并检查系统设备与标准时钟的偏差。

（4）通信电源蓄电池的测试周期应符合 DL/T 724—2021《电力系统用蓄电池直流电源装置运行与维护技术规程》的规定，定期对蓄电池进行核对性充放电试验，不间断电源装置（UPS）的切换试验指标和要求应符合 DL/T 1074—2019《电力用直流和交流一体化不间断电源》的规定。

（5）太阳能资源观测期间应定期对仪器设备进行检查、维护和校验，检查、维护项目和周期应符合 NB/T 32012—2013 的规定。

（6）应定期对光功率预测系统的环境监测站数据、数值气象预报数据导出备份，宜在光伏发电站定检期间开展预测模型修正、数据完整性及合理性校验工作，数据校验和模型修正的工作内容应符合 NB/T 32011—2013 的要求。

第四节　典型技术监督问题汇总

一、监控自动化设备接地不规范

通信设备和通信线路接地是为了防雷击、防强电、防电磁感应、防电腐蚀、防通信干扰，以及为了通信正常工作和保护人身安全而设。GB 50174—2017 第 8.4.4 条也明确要求：“数据中心内所有设备的金属外壳、各类金属管道、金属线槽、建筑物金属结构必须等电位联结并接地”。部分光伏电站存在未设置接地铜牌、接地铜排未与站内接地网连接（见图 10–1）、监控设施未有效接地（见图 10–2）等现象，应严格按照要求设置通信设施接地。

图 10-1　接地母排未与站内接地网连接

图 10-2　交换机未有效接地

二、监控自动化设备对时异常

随着光伏电站自动化程度的提高，计算机监控系统、微机保护装置、微机故障录波装置以及各类数据管理机得到了广泛的应用，而这些自动装置的配合工作需要有一个精确统一的时间。当电力系统发生故障时，既可实现全站各系统在统一时间基准下的运行监控和事故后故障分析，可以通过各保护动作、开关分合的先后顺序及准确时间来分析事故的原因及过程。NB/T 32016——2013《并网光伏发电监控系统技术规范》第 5.1.3.7 条也提出监控系统对时“应设置 GPS 或北斗对时设备”的要求，监控系统应支持接收卫星定位系统或基于调度部门的对时系统的信号并进行对时，并以此同步站内设备的时钟。部分光伏电站未按要求配置对时系统（见图 10-3），导致各监控设备之间时间存在偏差，应按照相关要求配置对时系统，实现各监控系统协调运行。

图 10-3　监控系统对时异常

第十一章

光伏电站能效监督

第一节　技术监督总体要求

一、光伏电站能效技术监督实施

能效监督就是依据国家、行业和发电集团标准、规章制度和有关要求采用技术措施或技术手段，对光伏电站在规划、设计、制造、建设、运行、检修和技术改造过程中有关能效的重要参数、性能和指标进行监测、检查、分析、评价和调整，做到合理优化用能，降低资源消耗。其目的是以质量监督为中心，对与光伏电站经济性有关的设备及管理工作进行监督，涵盖系统能效、组串及方阵能效、串并联失配损失、组件效率、逆变器转换效率、变压器损耗、直流电能损耗、交流电能损耗、灰尘损失、温升损失、遮挡损失、弃光率等。

二、光伏电站能效技术监督范围

能效技术监督用于对光伏电站的运行指标和能源利用效率进行监督，监督范围主要包括：能效指标后统计与分析、各项损失测试及电站运行评价。

三、光伏电站能效技术监督指标

光伏电站能效技术监督指标包括：

（1）全年能效技术监督项目完成率 100%。

（2）全年设备能效问题整改率或消除率 100%。

第二节 各阶段技术监督重点要求

一、设计、监造阶段

（1）光伏发电站选址时应分析地形、周边障碍物、空气污染等因素的影响，合理选择折减系数，场址所在区域的太阳能资源分析方法和太阳辐射现场观测站的设置要求应符合 GB 50797—2012《光伏发电站设计规范》的规定。

（2）电站方阵的布置应通过阵列间距遮挡影响分析、多种安装倾角电量比较、不同跟踪形式电量比较等选择最优布置方式，分析和计算方法应符合 GB 50797—2012 的要求。

（3）光伏电站的最佳容配比应考虑当地辐照度和限电情况，并开展投资分析和效益估算。

（4）光伏电站设置清洗系统或配置清洗设备时应考虑大气环境和人工清洁成本，有清洗方案对比和灰尘遮挡损耗的估算。

（5）站内电缆、集电线路应优化路径和线径，在保证经济性的前提下，尽可能降低直流和交流线路电能损耗。

（6）设备选型应贯彻节能降耗的原则，选用的设备和装置应有国家或省、市质量技术监督部门的合格鉴定或认证，禁止使用已公布淘汰的用能产品。

二、安装与调试阶段

移交生产验收时应开展全站发电效率检测，检测内容至少包含电站效率、组串及方阵效率、串并联失配损失、组件效率、逆变器转换效率、变压器损耗、直流电能损耗、交流电能损耗、灰尘损失、温升损失、遮挡损失等。检测可根据设备厂家、型号以及光伏方阵分布情况，抽选能反映全站发电效率平均水平的方阵进行测试。

三、运行及检修阶段

（一）系统性能监测

（1）光伏电站应依据标准及规范要求，定期开展重要运行参数的监测工作。

（2）主要监测内容应包括辐照度、大气温度、风速、组件温度、电流和电压、电功率、电量等。测试方法参照 IEC 60904—2：2015《光伏设备　第 2 部分：光伏基准设备的要求》、GB/T 18210—2000《晶体硅光伏（PV）方阵 *I–V* 特性的现场测量》、GB/T 20513—2006《光伏系统性能监测　测量、数据交换和分析导则》相关规定执行。

（二）发电站运行分析

（1）应对发电场（站）开展包括电量指标、效率指标、运行指标等指标的运行数据

分析。

（2）光伏发电站的运行相关指标可按 GB/T 20513—2006 以及表 11-1 进行计算和分析。

表 11-1　　指标计算和统计分析

类别	指标	统计说明	计算方法
电量指标	上网电量	统计周期内光伏发电站向电网输送的全部电能，可从光伏发电站与电网的关口表计计取	关口表读数
	用网电量	统计周期内电网向光伏发电站输送的全部电能，可从光伏发电站与电网的关口表计计取	关口表读数
	发电量	统计周期内发电设备向变压器输送的全部电能，可从箱式变压器低压侧计量表计计取	计量表或交流采样装置读数
效率指标	等效年利用小时数	统计周期内设备满负荷运行条件下的运行小时数	统计周期内光伏发电站发电量 ÷ 装机容量
	综合站用电率	统计周期内电站耗电量与发电量的比值	[（统计周期内光伏发电站发电量＋用网电量－上网电量）÷ 统计周期内光伏发电站发电量]×100%
	生产站用电率	统计周期内电站生产耗电量与发电量的比值	（统计周期内光伏发电站生产站用电量 ÷ 统计周期内光伏发电站发电量）×100%
	弃光率	统计周期内电站弃光电量与理论发电量的比值	[统计周期内弃光电量 ÷（统计周期内弃光电量＋统计周期内实发电量）]×100%
	主要设备可利用率	统计周期内主要设备实际使用时间占计划用时的百分比	{1-（主要设备自身责任停机小时数 × 停机设备个数）÷[（统计周期小时数－设备非自身责任停机小时数）× 主要设备总数]}×100%
运行指标	计划停运系数	设备因处于计划检修或维护而停运的状态	（计划停运小时数 ÷ 统计周期小时数）×100%
	非计划停运系数	设备不可用而且不是计划停运的状态	（非计划停运小时数 ÷ 统计周期小时数）×100%
	运行系数	设备正常运行小时数占统计小时数的百分比	（运行小时数 ÷ 统计周期小时数）×100%

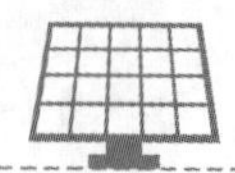

（3）对发电量、站用电率等主要综合经济技术指标影响较大的重要参数，应每月进行定量的分析比较，从而发现问题，并提出解决措施。

（4）应建立健全能耗指标记录、统计制度，完善统计台账，为能耗指标分析提供可靠依据。

（5）运行人员应加强巡检和对参数的监视，及时进行分析、判断和调整；发现缺陷应按规定填写缺陷单并做好记录，及时联系检修单位处理，确保发电系统安全经济运行。

第三节　能效监督试验

一、执行标准

（一）设计、选型阶段

（1）光伏电站的选址、方阵的布置、容配比设计、电缆及集电线路的设计应符合GB 50797—2012的要求。

（2）光伏电站能效监督应符合GB/T 35694—2017《光伏发电站安全规程》的要求。

（二）安装及调试阶段

（1）支架及跟踪系统、组件、逆变器及汇流箱的到货验收检查项目和记录应符合NB/T 10634—2021《光伏发电站支架及跟踪系统技术监督规程》、NB/T 10636—2021《光伏发电站逆变器及汇流箱技术监督规程》的要求。

（2）电站设备的安装质量和验收要求应符合GB 50794—2012《光伏发电站施工规范》、GB 50796—2012《光伏发电工程验收规范》的规定。

（3）组件效率、*I–V*特性测试应满足NB/T 32034—2016《光伏发电站现场组件检测规程》的要求，逆变器转换效率、电能质量测试应满足GB/T 30427—2013《并网光伏发电专用逆变器技术要求和试验方法》和NB/T 32032—2016《光伏发电站逆变器效率检测技术要求》的要求。

（三）运行及检修阶段

（1）电站运行规程应符合GB/T 38335—2019《光伏发电站运行规程》的要求，生产运行记录、运行指标应统计完整，运行评价分析应定期开展。

（2）电站检修规程、检修报告、检修记录应符合GB/T 36567—2018《光伏组件验收规程》、GB/T 36568—2018《光伏方阵检修规程》、GB/T 38330—2019《光伏发电站逆变器检修维护规程》的要求，光伏方阵宜开展状态检修。

二、检测项目及要求

（1）变压器应有空载电流和空载损耗、短路阻抗和负载损耗等项目的测试报告。

（2）组件和逆变器安装调试完成后，应开展组件和变器性能的抽检复核工作，其中组件一致性、组件效率、*I–V* 特性测试应满足 NB/T 32034—2016 的要求，逆变器转换效率、电能质量测试应满足 GB/T 30427—2013 和 NB/T 32032—2016 的要求。

（3）移交生产验收时宜开展全站发电效率检测，检测内容至少包含组件效率、串并联失配损失、逆变器转换效率、变压器损耗、直流线路损耗、交流线路损耗等。检测可根据设备厂家、型号以及光伏方阵分布情况对能反映全站发电效率平均水平的方阵进行测试。

（4）宜每两年开展一次光伏组件红外热成像和电致发光（EL）的抽检测试，组件热斑、隐裂等影响安全或发电量时应及时跟踪处理。

（5）电站运行评价发现系统效率或发电单元效率异常变化时，应开展发电效率测试，查找异常变化原因并提出预防措施或检修方案。

三、能效监督指标计算方法

（1）利用小时数是指统计周期内，光伏发电站发电量折算到全部装机满负荷条件下的发电小时数，具体计算见式（11–1）。

$$H=\frac{E_P}{Q} \tag{11-1}$$

式中：H 为利用小时数，h；E_P 为发电量，kWh；Q 为装机容量，kW。

（2）生产站用电率是指统计周期内，光伏发电站生产站用电量占发电量的百分比（不包括基建、技改用电量），具体计算见式（11–2）。

$$R_C=\frac{E_C}{E_P}\times 100\% \tag{11-2}$$

式中：R_C 为生产站用电率，%；E_C 为生产站用电量，kWh；E_P 为发电量，kWh。

（3）综合站用电率是指统计周期内，光伏发电站综合站用电量占发电量的百分比，具体计算见式（11–3）。

$$R=\frac{E_P+E_{IN}-E_{OUT}}{E_P}\times 100\% \tag{11-3}$$

式中：R 为综合站用电率，%；E_{IN} 为下网电量，kWh；E_{OUT} 为上网电量，kWh；E_P 为发电量，kWh。

（4）弃光率是指统计周期内，光伏发电站弃光电量占发电量的百分比，具体计算见式（11–4）。

$$R_q=\frac{E_q}{E_q+E_P}\times 100\% \tag{11-4}$$

式中：R_q 为弃光率，%；E_q 为弃光电量，kWh；E_P 为光伏发电站发电量，kWh。

（5）性能比是指统计周期内，光伏发电站利用小时数占理论发电小时数的百分比，具体计算见式（11–5）。

$$PR = \frac{H}{H_T} \times 100\% \tag{11–5}$$

式中：PR 为性能比，%；H 为利用小时数，h；H_T 为理论发电小时数，h。

第四节　典型技术监督问题汇总

一、基建期未按要求开展能效监督工作

部分光伏场站未按要求开展基建期能效分析工作。NB/T 10638—2021《光伏发电站能效技术监督规程》对基建阶段需开展的能效监督工作进行了规定，应按要求执行，具体包括第 6.5 条“组件和逆变器安装调试完成后，应开展组件和逆变器性能的抽检复核工作，其中组串一致性、组件效率、$I–V$ 特性测试应满足 NB/T 32004 的要求，逆变器转换效率、电能质量测试应满足 GB/T 30427 和 NB/T 32032 的要求。”和第 6.6 条“移交生产验收时宜开展全站发电效率检测，检测内容至少包含组件效率、串并联失配损失、逆变器转换效率、变压器损耗、直流线路损耗、交流线路损耗等。检测可根据设备厂家、型号以及光伏方阵分布情况，对能反映全站发电效率平均水平的方阵进行测试。”。基建阶段及时开展全站能效分析，一方面，能够了解电站建设情况，协助光伏项目验收；另一方面，能够实现关口前移，避免影响发电量的因素遗留至生产期。

二、气象站维护工作不到位

天气状况直接影响光伏电站的发电量，因此光伏电站性能评估的核心参数离不开准确的气象数据和太阳辐照度数据。在光伏电站监测系统中气象传感器发挥重要作用，精确的气象实测数据是跟踪、评估和控制光伏电站性能参数的关键，因而也是光伏电站能效监督的重要内容。然而部分光伏电站对于气象站的维护工作仍存在不到位的情况，主要体现在两方面：

（1）光伏场站对气象站定期维护工作不够重视，气象站总体状况较差。气象站安装完成之后就处于“放养”状态，未制订气象站维护相关制度及规程，未制订气象站定期维护计划，导致气象站维护工作浮于表面，严重影响设备的运行状况，如图 11–1 和图 11–2 所示。

（2）全辐照表未按要求开展定期维护和校验，应依照 NB/T 10638—2021 和 NB/T 32012—2013《光伏发电站太阳能资源实时监测技术规范》的相关要求开展，具体要求如下：

1）观测期间应按照全辐照表规定的校验周期进行定期校验，当发生异常情况时应对仪器进行重新校验，宜每 2 年进行一次校准。

图 11-1　气象站基础损坏

图 11-2　气象站监测设备污物附着

2）定期检查全辐照表朝向和倾角，出现偏差应及时进行调整。

3）定期检查全辐照表是否清洁，玻璃窗口如有尘土、霜、雾、雪和雨滴时，应用专用的擦布及时清除干净，且不应划伤或磨损玻璃。

4）检查直接辐照表光筒追踪太阳是否准确，否则应及时调整（对光点）。

5）检查散射辐射表遮光环阴影是否完全遮住仪器的感应面与玻璃罩，否则应立即调整好。

第十二章

光伏电站化学及生态环保监督

第一节　技术监督总体要求

光伏电站化学与生态环保技术监督贯穿于规划、设计、基建、生产运行的全过程。为促进光伏产业绿色健康发展、延长设备使用寿命、提高设备运行的安全性和经济性，以生态保护、排放达标、水土流失防治、能源节约为目标，采取先进的生态环境监测、水土保持监测手段，对光伏产业的生态环境保护措施（设施）的落实和运行情况和油、SF_6、设备腐蚀率的检测等情况进行监督，是光伏电站保证安全、经济、稳定、环保运行的重要基础工作之一。

一、光伏电站化学及生态环保技术监督实施

合理开展光伏电站化学及生态环保技术监督可以有效促进光伏产业绿色健康发展、延长设备使用寿命、提高设备运行的安全性和经济性。

光伏电站开展化学及生态环保技术监督，以法律法规、标准规范为依据，以生态保护、排放达标、水土流失防治、能源节约为目标，采取先进的生态环境监测、水土保持监测手段，对光伏产业的生态环境保护措施落实和设施运行情况进行监督、检查、评价，解决现实或潜在的问题隐患，促进光伏产业绿色健康发展。

光伏电站化学技术监督应建立质量、标准、计量三位一体的技术监督体系，加强对绝缘油、SF_6气体和设备化学腐蚀等对象的监督。防止和减缓油、气劣化，及时发现变压器、互感器等充油设备的潜伏性故障，防止SF_6设备中气体湿度超标，保证光伏电站发电设备油气品质合格；关注设备化学腐蚀防护，避免光伏追踪支架锈蚀卡死、接地连接锈蚀失效等问题影响设备安全运行。

二、光伏电站化学及生态环保技术监督范围

（一）化学技术监督范围

化学技术监督的范围包括针对绝缘油、SF_6、设备化学腐蚀等对象开展从设计审查、设备选型、设备订购、设备监造、安装调试、交接验收、运行维护、技术改造等全方位、全过程的技术监督。

（二）生态环保技术监督范围

1. 环保措施落实情况

包括生态保护措施（含复垦及植被恢复措施）、污染防治措施（大气环境保护措施、水环境保护措施、声环境保护措施、土壤环境保护措施、固体废物处置措施、固沙措施）等各项环保措施的落实情况。

2. 环保设施及相关指标

环保设施包括废污水处理设施、噪声治理设施、固体废物处置设施等。环保技术监督指标包括陆生和水生生态指标，污染物排放（废污水、废气、噪声、固体废物、工频电场及磁场等）指标，环境质量（环境空气、地表水和地下水水质、环境噪声、土壤等）指标，水土流失指标等。

三、光伏电站化学及生态环保技术监督指标

（一）化学技术监督指标

（1）绝缘油合格率为100%。

（2）SF_6合格率为100%。

（3）设备化学防腐有效率为100%。

（二）生态环保技术监督指标

（1）生态环境保护及水土保持设施完好率为100%。

（2）各项污染物排放指标达标率为100%。

（3）生态环境监测完成率为100%。

（4）固体废物及危险废物合规处置率为100%。

第二节　各阶段技术监督重点要求

一、设计、监造阶段

（一）设计、监造阶段化学技术监督重点事项

1. 绝缘油的选用

（1）光伏电站应根据当地气候环境条件和不同设备的使用要求，选用合适的绝缘

油，油品符合 GB 2536—2011《电工流体　变压器和开关用的未使用过的矿物绝缘油》与 DL/T 1094—2018《电力变压器用绝缘油选用导则》的规定。为便于维护管理，宜选择同一厂家、同一油基、同一牌号、同一添加剂类型的绝缘油。

（2）交货接收时，应核查每一批交付油品的生产商名称、牌号、批次、合格证和油质试验报告（应包含添加剂类别及含量），油品包装应符合 NB/SH/T 0164—2019《石油及相关产品包装、储运及交货验收规则》的要求。

（3）交货时，按照 GB/T 4756—2015《石油液体手工取样法》、GB/T 7597—2007《电力用油（变压器油、汽轮机油）取样方法》的规定抽样复检，新油按 GB 2536—2011 验收，或按照国际标准、合同规定验收。

2. 六氟化硫的选用

（1）SF_6 气体品质应符合 GB/T 12022—2014《工业六氟化硫》要求，为便于维护管理，宜选择同一厂家、同一牌号的 SF_6 气体。

（2）每一批 SF_6 新气到货后，均应对供应商提供的检验合格证及生产厂家名称、产品名称、气瓶编号、生产日期、净重、检验报告等信息进行核查。

（3）SF_6 新气到货后 15 天内应进行抽检，从同批气瓶抽检时，抽取样品瓶数应符合表 12-1 的规定。除抽检瓶数外，其余瓶数测定湿度和纯度。

表 12-1　　SF_6 新气到货抽检比例

产品批量（瓶）	1	2 ～ 40	40 ～ 70	＞ 70
抽样瓶数（瓶）	1	2	3	4

3. 化学腐蚀防治

（1）光伏电站金属结构设备（包括基础、组件支架、铁塔、杆塔、拉线等）应采取防腐蚀措施。

（2）光伏电站金属结构设备防腐蚀设计应在工程结构设计时同时提出。防腐蚀措施选择应从整体结构的使用寿命、维修难易程度、所处腐蚀环境、投资金额等因素综合考虑。防腐蚀措施应合理、先进、经济。

（3）光伏电站工程金属结构设备大多处于大气区、水位变动区和水下区环境中。大气区和水位变动区宜采用涂料保护或热喷涂金属保护。水下区可采用涂料保护、热喷涂金属保护、阴极保护与涂层（涂料涂层或热喷涂金属层）联合保护。处于海水和污染介质中的金属结构设备宜采用阴极保护与涂层（涂料涂层或热喷涂金属层）联合保护。

（4）金属结构设备的结构形式应尽量简洁，应避免设计产生的腐蚀因素。

（二）设计、监造阶段生态环保技术监督重点事项

（1）建设项目应依据《中华人民共和国环境影响评价法》（中华人民共和国主席令

第 24 号)、《建设项目环境保护管理条例》(国务院令第 682 号)等法律法规，履行环评手续。

(2)建设项目在开工建设前应完成环评审批或备案手续，建设项目的环境影响评价文件(简称环评文件)未依法经审批部门审查或者审查后未予批准的，不得开工建设。

(3)建设项目环评文件经批准后，建设项目的性质、规模、地点、采用的生产工艺或者防治污染、防止生态破坏的措施发生重大变动的，环评文件应当重新报批。

(4)建设项目环评文件自批准之日起超过 5 年方决定该项目开工建设的，其环评文件应当报原审批部门重新审核。

(5)设计图及施工图应落实环评文件、水保方案及其批复文件的要求，所采用的工艺设备等在满足环评文件、水保方案及其批复文件要求的同时，应选用技术先进、可靠且经济实用的方案。

二、安装与调试阶段

(一)安装与调试阶段化学技术监督重点事项

1. 绝缘油的监督

(1)带油运输的新变压器、电抗器本体、设备附件到场后，应取设备内油样进行监督检测。

(2)验收合格的新油在注入电气设备前应用真空滤油设备进行过滤净化，脱除水分、气体和其他颗粒杂质。过滤后新油应符合表 12-2 要求，方可注入设备。

表 12-2　　新油净化后检验标准

项目	设备电压等级(kV)					
	1000	750	500	330	220	≤ 110
击穿电压(kV)	≥ 75	≥ 75	≥ 65	≥ 55	≥ 45	≥ 45
水分(mg/L)	≤ 8	≤ 10	≤ 10	≤ 10	≤ 15	≤ 20
介质损耗因数(90℃)	≤ 0.005					
颗粒污染度(粒)①	≤ 1000	≤ 1000	≤ 2000	—	—	—

注　必要时，新油净化后可按照 DL/T 722—2014《变压器中溶解气体分析和判断导则》进行油中溶解气体组分含量的检验。

①　100mL 油中大于 5μm 的颗粒数。

(3)新油经真空过滤净化处理达到要求后，应从变压器下部阀门注入油箱内，使氮气排尽，最终油位达到制造厂家要求的高度，静置时间应不少于 12h。真空注油后应进行热油循环，热油经过双级真空脱气设备由油箱上部进入，再从油箱下部返回净化设备，一般控制油箱出口温度为 60℃(制造厂另有规定除外)，连续循环时间为 3 个循环周期。新油注入设备经过热油循环后，经检验油的指标结果应符合表 12–3 要求。

表 12–3　热油循环后油质检验标准

项目	设备电压等级（kV）					
	1000	750	500	330	220	≤ 110
击穿电压（kV）	≥ 75	≥ 75	≥ 65	≥ 55	≥ 45	≥ 45
水分（mg/L）	≤ 8	≤ 10	≤ 10	≤ 10	≤ 15	≤ 20
油中含气量（%，体积分数）	≤ 0.8	≤ 1	≤ 1	≤ 1	—	—
介质损耗因数（90℃）	≤ 0.005					
颗粒污染度①（粒）	≤ 1000	≤ 2000	≤ 3000	—	—	—

① 100mL 油中大于 5μm 的颗粒数。

（4）在热油循环后、通电投运前应对已注入的变压器油做一次全分析作为交接试验数据，检测项目及质量指标应符合表 12–4 要求。

表 12–4　变压器投运前的油品质量指标和检测方法

序号	项目	设备电压等级（kV）	质量指标	检验方法
1	外状	各电压等级	透明、无沉淀和悬浮物	外观目视
2	色度 / 号	各电压等级	≤ 2.0	GB/T 6540—1986《石油产品颜色测定法》
3	水溶性酸（pH 值）	各电压等级	＞ 5.4	GB/T 7598—2008《运行中变压器油水溶性酸测定法》
4	酸值（以 KOH 计，mg/g）	各电压等级	≤ 0.03	GB/T 264—1983《石 油 产品酸值测定法》
5	闪点（闭口，℃）	各电压等级	≥ 135	GB/T 261—2021《闪点的测定　宾斯基－马丁闭口杯法》
6	水分（mg/L）	330 ～ 1000	≤ 10	GB/T 7600—2014《运行中变压器油和去汽轮机油水分含量测定法（库仑法）》
		220	≤ 15	
		≤ 110	≤ 20	
7	界面张力（25℃，mN/m）	各电压等级	≥ 35	GB/T 6541—1986《石油产品油对水界面张力测定法（圆环法）》

续表

序号	项目	设备电压等级（kV）	质量指标	检验方法
8	介质损耗因数（90℃）	500 ～ 1000	≤ 0.005	GB/T 5654—2007《液体绝缘材料相对电容率、介质损耗因数和直流电阻的测量》
		≤ 330	≤ 0.010	
9	击穿电压（kV）	750 ～ 1000	≥ 70	GB/T 507—2002《绝缘油击穿电压测定法》
		500	≥ 65	
		330	≥ 55	
		66 ～ 220	≥ 45	
		≤ 35	≥ 40	
10	体积电阻率（90℃，Ω · m）	500 ～ 1000	≥ 6 × 1010	DL/T 421—2009《电力用油体积电阻率测定法》
		≤ 330	≥ 5 × 109	
11	油中含气量（体积分数，%）	≥ 330	＜ 1	DL/T 703—2015《绝缘油中含气量的气相色谱测定法》
12	油泥与沉淀物①（质量分数，%）	各电压等级	—	GB/T 8926—2012《在用的润滑油不溶物测定法》
13	析气性	≥ 500	报告	NB/SH/T 0810—2010《绝缘液在电场和电离作用下析气性测定法》
14	带电倾向（pC/mL）	各电压等级	—	DL/T 385—2010《变压器油带电倾向性检测方法》
15	腐蚀性硫	各电压等级	非腐蚀性	DL/T 285—2012《矿物绝缘油腐蚀性硫检测法　裹绝缘纸铜扁线法》
16	颗粒度 / 粒②（个 /100mL）	500	≤ 3000	DL/T 432—2018《电力用油中颗粒度测定方法》
17	抗氧化添加剂含量（质量分数，含抗氧化添加剂油，%）	各电压等级	—	SH/T 0802（已作废）
18	糠醛含量（质量分数，mg/kg）	各电压等级	报告	NB/SH/T 0812—2010《矿物绝缘油中 2- 糠醛及相关组分测定法》或 DL/T 1355—2014《变压器油中糠醛含量的测定　液相色谱法》

续表

序号	项目	设备电压等级（kV）	质量指标	检验方法
19	二苄基二硫醚（DBDS）含量（质量分数，mg/kg）	各电压等级	检测不出③	IEC 62697-1：2012《未使用和试用过的绝缘液中腐蚀性硫化物的定量测定方法　第一部分：二苄基二硫醚（DBDS）的定量测定方法》

① 按照 GB/T 8926-2012《在用的润滑油不溶物测定法》中方法 A 对“正戊烷不溶物”进行检测。
② 100mL 油中大于 5μm 的颗粒数。
③ 指 DBDS 含量小于 5mg/kg。

（5）新安装的电压等级 66kV 及以上的设备，投运前应至少做一次绝缘油中溶解气体组分含量检测。若设备在现场进行感应耐压和局部放电试验，则应在试验前和试验完毕 24h 后各取样做一次油中溶解气体组分含量检测。制造厂规定不取样的全密封互感器和套管可不做检测。

（6）新安装的电压等级 66kV 及以上的设备，在投入运行后第 1、4、10、30 天各取一次油样进行溶解气体检测，且检测结果应符合表 12-5 要求。

表 12-5　新设备投运前油中溶解气体含量要求　μL/L

设备	气体组分	含量	
		330kV 及以上	220kV 及以下
变压器和电抗器	氢气	＜10	＜30
	乙炔	＜0.1	＜0.1
	总烃	＜10	＜20
互感器	氢气	＜50	＜100
	乙炔	＜0.1	＜0.1
	总烃	＜10	＜10
套管	氢气	＜50	＜150
	乙炔	＜0.1	＜0.1
	总烃	＜10	＜10

（7）变压器油中溶解气体在线监测装置的选用应符合 DL/Z 249—2012《变压器油中溶解气体在线监测装置选用导则》要求。

2. SF_6气体监督

投运前、交接时应按照 GB/T 8905—2012《六氟化硫电气设备中气体管理和检测导则》要求对电气设备充气过程进行监督，SF_6气体分析项目、质量指标按表 12-6 中要求执行。

表 12-6　　投运前、交接时六氟化硫分析项目及质量要求（不含混合气体）

序号	项目	周期	单位	标准	检测方法
1	气体泄漏	投运前	—	无	GB/T 11023—2018《高压开关设备六氟化硫气体密封试验方法》
2	湿度（20℃）	投运前	μL/L	灭弧气室≤150 非灭弧气室≤250	DL/T 506—2018《六氟化硫电气设备中绝缘气体湿度测量方法》
3	酸度（以 HF 计）	必要时	%（重量比）	≤0.00003	DL/T 916—2005《六氟化硫气体酸度测定法》
4	四氟化碳	必要时	%（重量比）	≤0.05	DL/T 920—2019《六氟化硫气体中空气、四氟化碳、六氟乙烷和八氟丙烷的测定相色法》
5	空气	必要时	%（重量比）	≤0.05	
6	可水解氟化物（以 HF 计）	必要时	%（重量比）	≤0.0001	DL/T 918—2005《六氟化硫气体中可水解氟化物含量测定法》
7	矿物油含量	必要时	%（重量比）	≤0.001	DL/T 919—2005《六氟化硫气体中矿物油含量测定法（红外光谱分析法）》
8	气体分解物	必要时	小于 5μL/L，或（SO_2+SOF_2）小于 2μL/L、HF 小于 2μL/L		电化学传感器、气相色谱、红外光谱等

（二）安装与调试阶段生态环保技术监督重点事项

（1）对照环评文件、水保方案及其批复文件，检查、监督初步设计说明书中各项生态环境保护措施及水土保护措施的落实情况，确保与主体工程同时设计、同时施工、同时投入使用。

（2）设计图及施工图应落实环评文件、水保方案及其批复文件的要求，所采用的工艺设备等在满足环评文件、水保方案及其批复文件要求的同时，应选用技术先进、可靠且经济实用的方案。

（3）施工期应遵循“保护优先，防治结合”的原则，采用新技术、新工艺、新材料、新设备，要求低占用、低消耗、低排放、高效率、循环利用资源科学有序施工，减少施工阶段不利生态环境和水土流失影响。

（4）环保水保设施应采用可行技术，选用运行可靠、经济合理的方案和安全、高效、环境友好的设备，并具有前瞻性和先进性，降低环境影响并避免二次污染，有效防治水土流失。

（5）依据批准的环评文件、水保方案及有关文件的要求，对施工期的各项生态环境保护措施（包括但不限于生态保护措施、复垦及植被恢复措施、大气环境保护措施、水环境保护措施、声环境保护措施、土壤环境保护措施 / 固体废物处置措施、水土保持措施等、固沙措施）的落实情况进行监督。

（6）依据法律法规和标准规范、环评文件、水保方案及其批复文件的相关监测要求，开展施工期环境监测、水土保持监测，监测内容主要包括生态环境质量、污染物排放、水土流失等，不达标或不满足要求的指标应整改闭环。

（7）依据技术协议及设计文件的生态保护、污染防治、水土保持要求，对供应商提供的设备和关键材料进行监督、检测和验收。

（8）依据技术协议及设计文件的生态保护、污染防治、水土保持要求，对于现场制作的建（构）筑物等污染防治、水土流失治理设施进行监督、检测和验收。

（9）环保水保设施及相关仪器仪表的安装质量应符合 DL 5190《电力建设施工技术规范》等相关规定。

（10）涉及重要生态环境敏感区的建设项目，在建设过程中产生不符合经审批的环评文件情形的，应当开展环境影响后评价，并报原审批部门备案。

三、运行及检修阶段

（一）运行阶段化学技术监督重点事项

1. 绝缘油监督

（1）光伏电站电压等级 66kV 及以上的变压器设备检验台数为全检，电压等级 35kV 的变压器每年检验台数为总台数的 1/3。

（2）运行中变压器油的质量标准和检验方法见表 12-7，断路器油质量标准见表 12-8，运行中变压器油、断路器油检测周期及检验项目见表 12-9。油量少于 60kg 的断路器应三年检测一次油品击穿电压或以换油代替预防性试验；互感器和套管用油的检验项目及检测周期按照 DL/T 596—2021《电力设备预防性试验规程》的规定执行。

表 12-7　　　　　　　　运行中变压器油的质量标准和检验方法

序号	检验项目	设备电压等级（kV）	质量标准	检验方法
1	外状	各电压等级	透明、无沉淀物和悬浮物	外观目视
2	色度（号）	各电压等级	≤ 2.0	GB/T 6540—1986《石油产品颜色测定法》
3	水溶性酸（pH 值）	各电压等级	≥ 4.2	GB/T 7598—2008《运行中变压器油水溶性酸测定法》
4	酸值（以 KOH 计，mg/g）	各电压等级	≤ 0.1	GB/T 264—1983《石油产品酸值测定法》
5	闪点（闭口，℃）	各电压等级	≥ 135	GB/T 261—2021《闪点的测定　宾斯基－马丁闭口杯法》
6	水分（mg/L）	330 ～ 1000	≤ 15	GB/T 7600—2014《运行中变压器油和汽轮机油水分含量测定法（库仑法）》
		220	≤ 25	
		≤ 110	≤ 35	
7	界面张力（25℃，mN/m）	各电压等级	≥ 25	
8	介质损耗因数（90℃）	500 ～ 1000	≤ 0.020	GB/T 5654—2007《液体绝缘材料　相对电容率、介质损耗因数和直流电阻率的测量》
		≤ 330	≤ 0.040	
9	击穿电压（kV）	500	≥ 55	GB/T 507—2002《绝缘油　击穿电压测定法》
		330	≥ 50	
		66 ～ 220	≥ 40	
		≤ 35	≥ 35	
10	体积电阻率（90℃，Ω · m）	500 ～ 1000	≥ 1 × 1010	DL/T 507—2002《绝缘油　击穿电压测定法》
		≤ 330	≥ 5 × 109	
11	油中含气量（体积分数，%）	330 ～ 500	≤ 3	DL/T 703—2015《绝缘油中含气量的气相色谱测定法》
		（电抗器）	≤ 5	
12	抗氧化添加剂含量（质量分数，%，含抗氧化添加剂油）	各电压等级	＞新油原始值的 60%	SH/T 0802

续表

序号	检验项目	设备电压等级（kV）	质量标准	检验方法
13	糠醛含量（质量分数，mg/kg）	各电压等级	—	NB/SH/T 0812—2021《绝缘液在电场合电离作用下析气性测定法》或 DL/T 1355—2014《变压器油中糠醛含量的测定液色相谱法》

表 12-8　　运行中断路器油质量标准

序号	检验项目	设备电压等级（kV）	质量标准	检验方法
1	外观	各电压等级	透明、无游离水分、无杂质或悬浮物	外观目视
2	水溶性酸（pH 值）	各电压等级	≥ 4.2	GB/T 7598—2008《运行中变压器油水溶性酸测定法》
3	击穿电压	＞110	投运前或大修后≥ 45kV 运行中≥ 40kV	GB/T 507—2002《绝缘油　击穿电压测定法》
		≤ 110	投运前或大修后≥ 40kV 运行中≥ 35kV	

表 12-9　　运行中变压器油、断路器油检测周期及检验项目

设备类型	设备电压等级（kV）	检测周期	检验项目
变压器、电抗器	330 ～ 1000	投运前或大修后	外观、色度、水溶性酸、酸值、闪点、水分、界面张力、介质损耗因数、击穿电压、体积电阻率、油中含气量、颗粒污染度①、糠醛含量
		每年至少一次	外观、色度、水分、介质损耗因数、击穿电压、油中含气量
		必要时	水溶性酸、酸值、闪点、界面张力、体积电阻率、油泥与沉淀物、析气性、带电倾向、腐蚀性硫、颗粒污染度①、抗氧化添加剂含量、糠醛含量、二苄基二硫醚含量、金属钝化剂②
变压器、电抗器	66 ～ 220	投运前或大修后	外观、色度、水溶性酸、闪点、水分、界面张力、介质损耗因数、击穿电压、体积电阻率、糠醛含量

续表

设备类型	设备电压等级（kV）	检测周期	检验项目
变压器、电抗器	66～220	每年至少一次	外观、色度、水分、介质损耗因数、击穿电压
		必要时	水溶性酸、酸值、界面张力、体积电阻率、油泥与沉淀物、带电倾向、腐蚀性硫、抗氧化添加剂含量、糠醛含量、二苄基二硫醚含量、金属钝化剂[②]
	≤35	三年至少一次	水分、介质损耗因数、击穿电压
断路器	＞110	投运前或大修后	外观、水溶性酸、击穿电压
		每年一次	击穿电压
	≤110kV	投运前或大修后	外观、水溶性酸、击穿电压
		三年至少一次	击穿电压

① 电压等级500kV及以上变压器油颗粒污染度的检测周期参考DL/T 1096—2018《变压器油中颗粒度限值》的规定执行。

② 特指含金属钝化剂的油。油中金属钝化剂含量应大于新油原始值的70%，检测方法为DL/T 1459—2015《矿物绝缘油中金属钝化机含量的测定 高效液相色谱法》。

（3）电压等级66kV及以上电气设备应按照DL/T 722—2014要求定期取样，按照GB/T 17623—2017《绝缘油中溶解气体组分含量的气相色谱测定法》检测绝缘油中溶解气体组分含量，参考表12-10溶解气体的注意值、表12-11产气速率注意值，参照GB/T 7252、DL/T 722—2014，并结合其他检测手段进行故障识别与诊断；固体绝缘老化监督按照DL/T 596—2021、DL/T 984—2018《油浸式变压器绝缘老化判断导则》规定执行。

表12-10　运行设备油中溶解气体含量注意值　μL/L

设备	气体组分	含量	
		330kV及以上	220kV及以下
变压器和电抗器	氢	150	150
	乙炔	1	5
	总烃	150	150
变压器和电抗器	一氧化碳	见DL/T 722—2014第10.2.3.1条	见DL/T 722—2014第10.2.3.1条
	二氧化碳		

续表

设备	气体组分	含量	
		330kV 及以上	220kV 及以下
电流互感器	氢	150	300
	乙炔	1	2
	总烃	100	100
电压互感器	氢	150	150
	乙炔	2	3
	总烃	100	100
套管	氢	500	500
	乙炔	1	2
	甲烷	100	100

注　本表所列数值不适用于从气体继电器放气嘴取出的气样。

表 12-11　　运行中设备油中溶解气体绝对产气速率注意值　　mL/d

气体组分	开放式	密封式
氢	5	10
乙炔	0.1	0.2
总烃	6	12
一氧化碳	50	100
二氧化碳	100	200

注　1. 对乙炔 <0.1μL/L 且总烃小于新设备投运要求时，总烃的绝对产气率可不作分析判断。
2. 新设备投运初期，一氧化碳和二氧化碳的产气速率可能会超过表中的注意值。
3. 当检测周期已缩短时，本表中注意值仅供参考，周期较短时，不适用。

（4）电压等级 110kV 及以上的变压器及电抗器投运一年后、大修滤油前应进行油中糠醛含量分析；当设备异常，怀疑伤及固体绝缘时，应进行油中糠醛含量分析；有条件的单位还可进行绝缘纸聚合度的测试。

（5）部分试验项目及检验频次可根据当地实际、设备运行负荷等情况，结合制造厂商要求适当调整。

2. SF_6 气体监督

（1）运行中 SF_6 气体的监督按照 GB/T 8905—2012、DL/T 595—2016《六氟化硫电

气设备气体监督导则》、DL/T 603—2017、DL/T 639—2016《六氟化硫电气设备运行、试验及检修人员安全防护导则》等规定执行，电气设备用 SF_6 气体取样方法应符合 DL/T 1032—2006《电气设备用六氟化硫（SF_6）气体取样方法》的规定。

（2）运行中 SF_6 气体分析项目、质量标准、检测周期按表 12-12 要求执行。

（3）设备生产厂家有特殊要求的，应按照其提供的质量标准执行。

（4）SF_6 电气设备运行一年内复核一次气体湿度，稳定后 1 ～ 3 年检测一次气体湿度。

（5）对于电压等级 35kV 及以下、充气压力低于 0.35MPa、用气量较少的 SF_6 电气设备，如交接验收时气体湿度合格，且不存在泄漏，除在发现异常时外，运行中可不检测气体湿度。

表 12-12 运行中 SF_6 气分析项目及质量指标

序号	项目	质量标准		检测周期	检测方法
1	湿度①（μL/L）	灭弧气室	≤ 300	投运后一年内复测 1 次；正常运行 3 年 1 次；必要时	DL/T 506—2018《六氟化硫电气设备中觉远气体湿度测量方法》
		非灭弧气室	≤ 500		
2	气体年泄漏率（%）	≤ 0.5（可按照每个监测点泄漏值 ≤ 30μL/L 执行）		日常监控、必要时	GB 11023—2018《高压开关设备六氟化硫气体密封试验方法》
3	空气（质量分数，%）	≤ 0.2		必要时	DL/T 920—2019《六氟化硫气体中空气、四氟化碳、六氟乙烷和八氟丙烷的测定 气相色法》
4	四氟化碳（质量分数，%）	≤ 0.1		必要时	
5	矿物油（μg/g）	≤ 10		必要时	DL/T 919—2005《六氟化硫气体中矿物油含量测定法（红外光谱分析法）》
6	酸度（以 HF 计，μg/g）	≤ 0.3		必要时	DL/T 916—2005《六氟化硫气体酸度测定法》
7	可水解氟化物（以 HF 计，μg/g）	≤ 1.0		必要时	DL/T 918—2005《六氟化硫气体中可水解氟化物含量测定法》
8	分解产物	注意设备中分解产物的变化增量		必要时	电化学传感器、气相色谱等

① 水分标准指 20℃、101.3kPa 情况下，其他情况按照设备生产厂家提供的温、湿度曲线换算。

（6）运行 SF_6 电气设备气体分解产物检测与分析可参考 DL/T 1359—2014《六氟化硫电气设备故障气体分析和判断方法》执行。

（7）SF_6 电气设备监督应注意以下内容：

1）设备运行期间应无异响、异味，设备温度、压力正常，断路器液压操动机构油位正常，无漏油现象。

2）装有在线监测系统的 SF_6 电气设备，监测系统应正常投运，并定期对检测数据进行比对或校准，如发现数据偏差较大，应及时分析原因并处理。

3）如发现设备压力下降，应立即查找原因、缩短湿度的检测周期，并全面检漏，一旦发现漏气点应尽快处理。

4）SF_6 电气设备每个气室的年漏气率应不超过 0.5%。操作间空气中 SF_6 气体浓度应不大于 1000μL/L 或 6g/m^3。

3. 设备化学腐蚀

（1）应定期对防腐的设备和部件进行检查和维护，确保其在设计使用年限内有效运行。

（2）应定期测量并记录金属结构设备的保护电位，若测量结果不满足规定要求时应及时查明原因，采取措施。

（3）应定期对保护系统的设备和部件进行检查和维护，确保其在设计使用年限内有效运行。参比电极应定期率定和更换。

（4）应定期测量和记录电源设备的输出电压、输出电流和金属结构设备的保护电位，测量结果不满足要求时应及时查明原因，采取措施。

（5）电源设备的输出电压超过 36V 时，严禁人员在水下作业。确需进行水下作业时，必须切断设备的电源。

（二）检修阶段化学技术监督重点事项

1. 绝缘油监督

（1）对于不需要油导出的变压器检修，建议在停运前取样对击穿电压、水分、油中溶解气体含量等重要指标进行一次检测，待恢复运行一周内再次取样检测，检测结果应与停运前基本一致。

（2）对于需要将油全部导出的变压器检修，应将导出的变压器油临时存放在密封良好、洁净的油罐内，待检修完成将变压器油重新过滤、脱水、脱气，并经检验合格后方可投入运行，大修后变压器油质指标要求参考新投运设备执行，防止流转过程中被油罐、滤油机等交叉污染。

2. SF_6 电气设备检修监督

（1）SF_6 电气设备检修应按照 GB/T 8905—2012、DL/T 639—2016 等规定执行。

（2）SF_6 设备检修前，应对设备内 SF_6 气体进行必要的分析检测，根据有毒气体含量，采取相应的安全防护措施。

（3）SF_6 气体设备检修和退役时，应对 SF_6 气体进行回收，严禁随意排放，防止回收过程中 SF_6 气体外泄。断路器、隔离开关等气室检修，如需对检修气室中的气体

完全回收，为确保相邻气室和运行气室的安全，需对检修气室的相邻气室进行降压处理。

（4）回收的 SF_6 气体一般应充入钢瓶储存。钢瓶设计压力为 8MPa 时，充装系数不大于 1.17kg/L；钢瓶设计压力为 12.5MPa 时，充装系数不大于 1.33kg/L。

（5）SF_6 气体的充装及处理应按照 GB/T 8905—2012 执行。重复使用气体杂质最大容许要求应符合投运前、交接时 SF_6 分析项目及质量指标。

（6）SF_6 电气设备检修安装完毕，应于充气 24h 后检测 SF_6 气室内的湿度和空气含量，结果合格后方可投入运行。

3. 设备化学腐蚀检修监督

（1）金属表面化学防腐检修后，金属基体表面预处理质量、涂层厚度、涂料种类和涂装的工艺条件等应与原防腐涂层一致。

（2）金属结构表面清洁度和表面粗糙度处理参照 DL/T 5358—2006《水电水利工程金属结构设备防腐蚀技术规程》要求，喷射除锈方法参见 GB/T 18839.2—2002《涂覆涂料前钢材表面处理　表面处理方法 磨料喷射清理》。

（3）表面预处理后裸露的基体金属暴露在潮湿环境中极易再次生锈，因此对工作环境有一定的要求。空气的相对湿度和金属结构表面温度是评定结露可能性的依据，空气相对湿度大于 85% 时，温度稍有降低（空气温度在 0 ～ 35℃范围内，空气温度与露点之差小于 3℃）就会结露；当金属结构表面温度接近露点时，也易结露。因此要求工作环境相对湿度小于 85% 且金属结构表面温度应高于露点至少 3℃。

（4）对热喷涂金属材料的要求可参考 GB/T 12608—2003《热喷涂　火焰和电弧喷涂用线材、棒材和芯材　分类和供货技术条件》。选择封闭处理的封孔剂和涂装涂料时应注意与金属涂层之间的相容性，否则会加速涂层系统失效。

（三）运行及检修阶段生态环保技术监督重点事项

1. 环保水保监督

（1）依据法律法规、标准规范、发电集团相关规定以及批准的环评、水保等相关文件的要求，对生产期生态保护、污染防治、水土保持等各项环保水保措施的落实情况进行监督，不达标或不满足要求的应整改闭环。

（2）应有健全的环保水保相关管理制度，完善的设备台账、运行检修规程及维护记录。

（3）环保水保设施应符合批准的环评文件、水保方案及其批复文件要求，可靠投入、正常运行存在地质灾害隐患的应采取必要的水保措施，水保设施功能完备、状态良好。

（4）废气处理设施投运率应达到 100%，废气排放口应符合排污口规范化整治要求。SF_6 气体应 100% 回收，禁止向大气排放。

（5）废污水处理设施投运率应达到 100%，废污水排放口应符合排污口规范化整治要求，废污水处理设施产生的污泥应根据其性质规范处置。应检查事故油池、油品库等的完好情况，确保无泄漏、无溢流。

（6）噪声防治设施的安装情况及降噪效果应符合要求。

（7）固体废物贮存场所应满足 GB 18599—2020《一般工业固体废物贮存和填埋污染控制标准》要求，具有完善的防渗措施、防洪措施、扬尘污染防治等措施，停用时需封场并实施生态恢复。危险废物（如废油、废铅蓄电池等）的储存场所应满足 GB 18597—2023《危险废物贮存污染控制标准》要求，具有耐腐蚀、防水、防泄漏以及必要的泄漏液体收集、气体净化等功能，不相容的危险废物必须分开存放。

2. 污染物排放监督

（1）排污单位应依法取得排污许可证，并依据 HJ 819—2017《排污单位自行监测技术指南　总则》等相关国家及地方标准规范、环评等相关文件要求制订监测计划，明确监测项目、频次，开展自行监测。

（2）废气有组织排放和无组织排放应达到 GB 16297—1996《大气污染物综合排放标准》或相关国家及地方排放标准要求。

（3）废污水排放应满足 GB 8978—1996《污水综合排放标准》或相关国家及地方排放标准要求。

3. 噪声及固体废弃物排放监督

（1）施工场界噪声应满足 GB 12523—2011《建筑施工场界环境噪声排放标准》，厂界噪声应满足 GB 12348—2008《工业企业厂界环境噪声排放标准》，厂界外 200m 范围内居住区等声环境敏感点的环境噪声应达到 GB 3096—2008《声环境质量标准》相应功能区要求。

（2）一般固体废物应立足综合利用，依法妥善处理或处置；危险废物收集、贮存、转移、利用、处置等环节应符合 HJ 2025—2012《危险废物收集、贮存、运输技术规范》的要求，细化管理台账、如实申报登记。危险废物需要在厂内暂存的，应确保暂存设施合规、可靠；委托第三方处置的，应严格核验其危险废物经营许可资质，严格履行转移相关许可手续，确保最终安全处置。

（3）工频电场、磁场应符合 GB 8702—2014《电磁环境控制限值》等相关国家及地方规定。

第三节　化学及环保监督检测试验

一、执行标准

1. 化学监督执行标准

（1）变压器油的选用应按照 DL/T 1094—2018 进行。

（2）新变压器油、低温开关油的验收按 GB 2536—2011 的规定进行。新油组成不明的按照 DL/T 929—2018《矿物绝缘油、润滑油结构族组成的测定 红外光谱法》确定组成。

（3）运行中矿物变压器油质量标准，见表 12-13。

（4）运行中断路器用油质量标准，见表 12-14。

（5）运行中矿物变压器油断路器用油的维护管理按照 GB/T 14542—2017《变压器油维护管理导则》的规定执行。

（6）500kV 及以上电压等级变压器油中颗粒度应达到的技术要求检验周期按照 DL/T 1096—2018 的规定执行。

表 12-13　　运行中变压器油的质量标准和检验方法

序号	检验项目	设备电压等级（kV）	质量标准	检验方法
1	外状	各电压等级	透明、无沉淀物和悬浮物	外观目视
2	色度（号）	各电压等级	≤ 2.0	GB/T 6540—1986《石油产品颜色测定法》
3	水溶性酸（pH 值）	各电压等级	≥ 4.2	GB/T 7598—2008《运行中变压器油水溶性酸测定法》
4	酸值（以 KOH 计，mg/g）	各电压等级	≤ 0.1	GB/T 264—1983《石油产品酸值测定法》
5	闪点（闭口，℃）	各电压等级	≥ 135	GB/T 261—2021《闪点的测定　宾斯基－马丁闭口杯法》
6	水分（mg/L）	330 ～ 1000	≤ 15	GB/T 7600—2014《运行中变压器油和汽轮机油水分含量测定法（库仑法）》
		220	≤ 25	
		≤ 110	≤ 35	
7	界面张力（25℃，mN/m）	各电压等级	≥ 25	GB/T 6541—1986《石油产品油对水界面张力测定法（圆环法）》
8	介质损耗因数（90℃）	500 ～ 1000	≤ 0.020	GB/T 5654—2007《液体绝缘材料　相对电容率、介质损耗因数和直流电阻率的测量》
		≤ 330	≤ 0.040	
9	击穿电压（kV）	500	≥ 55	GB/T 507—2002《绝缘油　击穿电压测定法》
		330	≥ 50	
		66 ～ 220	≥ 40	
		≤ 35	≥ 35	

续表

序号	检验项目	设备电压等级（kV）	质量标准	检验方法
10	体积电阻率（90℃，Ω·m）	500～1000	≥1×1010	DL/T 421—2009《电力用油体积电阻率测定法》
		≤330	≥5×109	
11	油中含气量（体积分数，%）	330～500	≤3	DL/T 703—2015《绝缘油中含气量的气相色谱测定法》
		（电抗器）	≤5	
12	抗氧化添加剂含量（质量分数，含抗氧化添加剂油 %）	各电压等级	＞新油原始值的 60%	NB/SH/T 0802—2019 绝缘油中 2，6- 二叔丁基对甲酚的测定　红外光谱法
13	糠醛含量（质量分数，mg/kg）	各电压等级	—	NB/SH/T 0812—2010《矿物绝缘油中 2- 糠醛及相关组分测定法》或 DL/T 1355—2014《变压器油中糠醛含量的测定　液相色谱法》

表 12-14　　运行中断路器油质量标准

序号	检验项目	设备电压等级（kV）	质量标准	检验方法
1	外观	各电压等级	透明、无游离水分、无杂质或悬浮物	外观目视
2	水溶性酸（pH 值）	各电压等级	≥4.2	GB/T 7598—2008《运行中变压器油水溶性酸测定法》
3	击穿电压	＞110	投运前或大修后≥45kV 运行中≥40kV	GB/T 507—2002《绝缘油　击穿电压测定法》
		≤110	投运前或大修后≥40kV 运行中≥35kV	

2. SF_6 监督执行标准

（1）工业 SF_6 采样按 GB/T 6681—2003《气体化工产品采样通则》规定执行。

（2）工业 SF_6 的采样安全应符合 GB/T 3723—1999《工业用化学产品采样安全通则》的有关规定。

（3）采样管线应采用不锈钢管或聚四氟乙烯管。

（4）检验样品应液相取样。

（5）投运前、交接时应按照 GB/T 8905—2012 要求对电气设备充气过程进行监督，SF_6 气体分析项目、质量指标按表 12-15 中要求执行。

表 12-15　　投运前、交接时 SF_6 分析项目及质量要求（不含混合气体）

序号	项目	周期	单位	标准	检测方法
1	气体泄漏	投运前	—	无	GB 11023—2018《高压开关设备六氟化硫气体密封试验方法》
2	湿度（20℃）	投运前	μL/L	灭弧气室≤ 150 非灭弧气室≤ 250	DL/T 506—2018《六氟化硫电气设备中绝缘气体湿度测量方法》
3	酸度（以 HF 计）	必要时	%（重量比）	≤ 0.00003	DL/T 916—2005《六氟化硫气体酸度测定法》
4	四氟化碳	必要时	%（重量比）	≤ 0.05	DL/T 920—2019《六氟化硫气体中空气、四氟化碳、六氟乙烷、八氟丙烷的测定　气相色法》
5	空气	必要时	%（重量比）	≤ 0.05	
6	可水解氟化物（以 HF 计）	必要时	%（重量比）	≤ 0.0001	DL/T 918—2005《六氟化硫气体中可水解氟化物含量测定法》
7	矿物油含量	必要时	%（重量比）	≤ 0.001	DL/T 919—2005《六氟化硫气体中矿物油含量测定法（红外光谱分析法）》
8	气体分解物	必要时	小于 5μL/L，或（SO_2+SOF_2）小于 2μL/L、HF 小于 2μL/L		电化学传感器、气相色谱、红外光谱等

3. 环保监督执行标准

（1）环保水保设施及相关仪器仪表的安装质量应符合 DL 5190《电力建设施工技术规范》的要求。

（2）固体废物贮存场所应满足 GB 18599—2020 要求，具有完善的防渗措施、防洪措施、扬尘污染防治等措施，停用时需封场并实施生态恢复。危险废物（如废油、废铅蓄电池等）的贮存场所应满足 GB 18597—2023 要求，具有耐腐蚀、防水、防泄漏以及必要的泄漏液体收集、气体净化等功能，不相容的危险废物必须分开存放。

（3）排污单位应依法取得排污许可证，并依据 HJ 819—2017 等相关国家及地方标准规范、环评等相关文件要求制订监测计划，明确监测项目、频次，开展自行监测。

（4）废气有组织排放和无组织排放应达到 GB 16297—1996 或相关国家及地方排放标准要求。

（5）废污水排放应满足 GB 8978—1996 或相关国家及地方排放标准要求。

（6）施工场界噪声应满足 GB 12523—2011，厂界噪声应满足 GB 12348—2008，厂界外 200m 范围内居住区等声环境敏感点的环境噪声应达到 GB 3096—2008 相应功能区要求。

（7）一般固体废物应立足综合利用，依法妥善处理或处置；危险废物的其产生、贮存、转移、利用、处置等各环节应符合 HJ 2025—2012 等技术规范要求，细化管理台账、如实申报登记。危险废物需要在厂内暂存的，应确保暂存设施合规、可靠；委托第三方处置的，应严格核验其危险废物经营许可资质，严格履行转移相关许可手续，确保最终安全处置。

（8）工频电场、磁场应符合 GB 8702—2014 等相关国家及地方规定。

二、试验项目及周期

化学及生态环保监督定期工作项目及周期可参考表 12–16 执行。

表 12–16　　　　化学生态环保监督主要试验项目及周期

序号	试验项目	试验周期	成果方式	备注
1	66kV～110kV 变压器油分析监督	年度	记录	
2	220kV 以上变压器油分析监督	半年度	记录	
3	厂界工频电场、磁场测试	年度	记录	
4	厂界噪声检测	年度	记录	
5	废水检测（生活污水）	半年度	记录	
6	SF_6 气体分析监督	1 次 /（1～3）年	记录	

三、化学监督典型试验方法

（一）变压器油色谱分析

（1）取油样。将变压器取油口的“死油”经三通阀排掉；转动三通阀使少量油进入注射器；转动三通阀并推压注射器芯子，排出注射器内的空气和油；转动三通阀使油样在压力作用下自动进入注射器（不应拉注射器芯子，以免吸入空气）。当取到足够的油样时，关闭三通阀和取样阀，取下注射器，用小胶头封闭注射器（尽量排尽小胶头内的空气）。整个操作过程应特别注意保持注射器芯子干净，以免卡涩。

（2）油样的保存。装有油样的注射器上应贴有包括变电站设备名称、取样时间、取样部位等相关信息的标签，并放置于专用油箱中，注意避光和密封保存。为保证试验数据的准确性，应避免雨天取油。

（3）脱气。利用气相色谱法分析油中溶解气体，必须先将溶解的气体从油中脱出来，再注入色谱仪进行组分和含量的分析。目前油化分析室常用的脱气方法为溶解平衡法。

（4）调节试油体积。将 100mL 玻璃注射器中的多余油样推出，准确调节注射器芯至 40mL 刻度处，立即用橡胶封帽将注射器出口密封。

（5）注入平衡载气。用载气清洗注气用注射器 1 ～ 2 次后，将 5mL 平衡载气缓慢注入体积为 40mL 的试油中。

（6）振荡平衡。将经过步骤（5）处理过的注射器放入恒温定时振荡器内，且将注射器头部出口小嘴至于下方。启动振荡器，在 50℃下连续振荡 20min，再静置 10min。

（7）进样标定。待色谱仪工况稳定后，准确抽取 1mL 已知各组分浓度的标准混合气（在使用期内）对仪器进行标定。进样前检验密封性能，保证进样注射器和针头密封性，如密封不好应更换针头或注射器。标定仪器应在仪器运行工况稳定且相同的条件下进行，两次标定的重复性应在其平均值的 ±2% 以内。

（8）转移平衡气。将震荡并静置后的油样取出，立即将其中的平衡气体通过双头针转移到另一 5mL 注射器内，在室温下放置 2min 后准确读取其体积（精确到 0.1mL），以备色谱分析用。在平衡气体转移过程中，采用微正压法转移，不允许拉动取气注射器芯塞。

（9）进样操作。用规格为 1mL 的注射器取 1mL（特殊情况可小于 1mL）平衡气体注入色谱仪内进行组分分析、浓度计算。为保证数据的真实性，应注意所使用注射器的清洁度，防止标气与样品气或样品气间可能产生的交叉污染。样品分析应与仪器标定使用同一支进样注射器，取相同进样体积。

（10）重复性和再现性。取两次平行试验结果的算术平均值为测定值。①重复性：油中溶解气体浓度大于 10μL/L 时，两次测定值之差应小于平均值的 10%；油中溶解气体浓度小于等于 10μL/L 时，两次测定值之差应小于平均值的 15% 加两倍该组分气体最小检测浓度之和。②再现性：两个试验室测定值之差的相对偏差，在油中溶解气体浓度大于 10μL/L 时，应小于 15%；小于等于 10μL/L 时，应小于 30%。

（11）对试验数据进行分析判断，得出结论，具体可分为以下情况：

1）油中产生的主要气体是甲烷，其次是乙烯、乙烷和少量氢气时，可能油中出现 600℃以下的过热情况。

2）当油产生的气体以氢气和乙炔为主，伴有少量的甲烷、乙烯时，油中可能出现了电弧放电或者火花放电情况。

3）若油中气体无乙炔，但甲烷较多，可能出现了局部放电。

（二）油、气成分检测分析

（1）验收合格的新油在注入电气设备前应用真空滤油设备进行过滤净化，脱除水分、气体和其他颗粒杂质。过滤后新油应符合表 12-17 要求，方可注入设备。

表 12-17　　新油净化后检验标准

项目	设备电压等级（kV）					
	1000	750	500	330	220	≤ 110
击穿电压（kV）	≥ 75	≥ 75	≥ 65	≥ 55	≥ 45	≥ 45
水分（mg/L）	≤ 8	≤ 10	≤ 10	≤ 10	≤ 15	≤ 20
介质损耗因数（90℃）	≤ 0.005					
颗粒污染度①（粒）	≤ 1000	≤ 1000	≤ 2000	—	—	—

注　必要时，新油净化后可按照 DL/T 722—2014《变压器油中溶解气体分析和判断导则》进行油中溶解气体组分含量的检验。

①　100mL 油中大于 5μm 的颗粒数。

（2）新油经真空过滤净化处理达到要求后，应从变压器下部阀门注入油箱内，使氮气排尽，最终油位达到制造厂家要求的高度，静置时间应不少于 12h，真空注油后应进行热油循环，热油经过双级真空脱气设备由油箱上部进入，再从油箱下部返回净化设备，一般控制油箱出口温度为 60℃（制造厂另有规定除外），连续循环时间为三个循环周期。新油注入设备经过热油循环后，经检验油的指标结果应符合表 12-18 要求。

表 12-18　　热油循环后油质检验标准

项目	设备电压等级（kV）					
	1000	750	500	330	220	≤ 110
击穿电压（kV）	≥ 75	≥ 75	≥ 65	≥ 55	≥ 45	≥ 45
水分（mg/L）	≤ 8	≤ 10	≤ 10	≤ 10	≤ 15	≤ 20
油中含气量（%，体积分数）	≤ 0.8	≤ 1	≤ 1	≤ 1	—	—
介质损耗因数（90℃）	≤ 0.005					
颗粒污染度①（粒）	≤ 1000	≤ 2000	≤ 3000	—	—	—

①　100mL 油中大于 5μm 的颗粒数。

（3）新安装或大修后的电压等级 66kV 及以上的设备，投运前应至少做一次绝缘油中溶解气体组分含量检测。若设备在现场进行感应耐压和局部放电试验，则应在试验前和试验完毕 24h 后各取样做一次油中溶解气体组分含量检测。制造厂规定不取样的全密封互感器和套管可不做检测。

（4）新安装或大修后的电压等级 66kV 及以上的设备，在投入运行后第 1、4、10、30 天各取一次油样进行溶解气体检测，且检测结果应符合表 12-19 要求。

表 12-19　新设备投运前油中溶解气体含量要求　μL/L

设备	气体组分	含　量	
		330kV 及以上	220kV 及以下
变压器和电抗器	氢气	＜10	＜30
	乙炔	＜0.1	＜0.1
	总烃	＜10	＜20
互感器	氢气	＜50	＜100
	乙炔	＜0.1	＜0.1
	总烃	＜10	＜10
套管	氢气	＜50	＜150
	乙炔	＜0.1	＜0.1
	总烃	＜10	＜10

（5）油量少于 60kg 的断路器三年检测一次油品击穿电压或以换油代替预防性试验；互感器和套管用油的检验项目及检测周期按照 DL/T 596—2021 的规定执行。

（6）SF_6 电气设备运行一年内复核一次气体湿度，稳定后 1 ～ 3 年检测一次气体湿度。

（7）应定期对防腐的设备和部件进行检查和维护，确保其在设计使用年限内有效运行。

（8）应定期对保护系统的设备和部件进行检查和维护，确保其在设计使用年限内有效运行。参比电极应定期率定和更换。

（9）运行设备经过连续两次补加气体或单次补加气体超过设备气体总量 10% 时，补气后应对气室内气体水分、空气含量和 SF_6 纯度进行检测。

（10）SF_6 电气设备检修安装完毕，应于充气 24h 后检测 SF_6 气室内的湿度和空气含量，结果合格后方可投入运行。

第四节　技术监督事件典型案例

以变压器绝缘油中溶解气体含量超标为例，分析原因并给出相应的处理措施，以供读者借鉴。

1. 原因分析

（1）部分新能源电站光伏方阵采用美式箱式变压器，其高压负荷开关、熔断器、变压器铁芯、绕组位于一个油箱体内，变压器绕组的油室不独立。当高压负荷开关及熔断

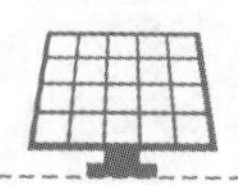

器动作时，电弧导致的高温将使得绝缘油分解，由此导致油中溶解气体含量超标。另一个可能的原因是负荷开关接触电阻过大导致的低温过热，也会造成绝缘油中溶解气体含量超标。

（2）变压器外壳的防腐工艺不良造成锈蚀，锈渣可能引起局部低温过热，导致绝缘油中溶解气体含量超标，此外煤接工艺不良也可产生类似问题。

（3）绝缘油本身存在缺陷。注油前，油中气体含量已经不符合规范要求，甚至存在采用二次油未处理就注入箱体的情况。

（4）设备绝缘老化、箱式变压器密封不良、油中含有水分等原因引起氢气及总烃含量超标。

（5）箱式变压器内部故障，由于绝缘缺陷造成的电弧放电及其他高温过热缺陷导致绝缘油中乙炔含量超标。

2. 应对措施

（1）绝缘油色谱分析主要依据 DL/T 722—2014《变压器油中溶解气体分析和判断导则》，35kV 变压器参照执行。GB/T 14542—2017《变压器油维护管理导则》规定，对 35kV 及以下运行变压器，每 3 年至少检测 1 次耐压、水分、介损。

（2）对于负荷开关与变压器绕组共用油室的美式箱式变压器，油色谱数据不可作为绝缘状况的判断依据：应结合油样的耐压值、含水量和介损值等来综合分析其绝缘性能是否下降。

（3）对于具有独立油箱的变压器，当色谱数据超出规程要求时，应缩短取样周期，结合三比值法分析可能的原因。

（4）对于本身油中乙炔含量较高的光伏电站，若油色谱数据异常的箱式变压器较多，除上述建议外，有条件时可采用超声波局部放电等方法进行带电检测。

第十三章

防止光伏电站设备事故重点要求

第一节　防止光伏电站火灾事故重点要求

一、防止光伏组件火灾事故重点要求

（一）设计选型阶段

（1）光伏电站场区边缘宜设置5m宽防火隔离带，场区内每个光伏单元应设置消防通道。

（2）光伏电站消防系统设计方案应根据光伏电站所在地区公共消防资源配置、火灾应急处置能力、光伏电站类型、自然气象等条件确定，应满足“降低设备故障、快速灭火、防止火灾扩大”的设计原则。

（3）光伏组件背板、封装胶、接线盒、MC4接头及线缆宜选用防火材质。

（4）光伏系统（包含光伏组件、汇流箱、逆变器）直流回路中宜采用拉弧监测和保护装置。

（5）分布式光伏电站宜采用红外热成像火灾预警系统，预警信号应远程传输至信息接收端。

（二）基建安装阶段

（1）光伏组件出厂时应进行火灾试验（包括温度试验、热斑耐久试验、防火试验、旁路二极管热试验、反向电流过载试验），试验条件、试验方法及结果评价应符合IEC 61730—2《光伏（PV）组件安全鉴定　第2部分：试验要求》。光伏组件厂商须提供各项测试报告。

（2）新安装光伏组件外观应无 EVA 脱层，玻璃无破碎、划伤、腐蚀；边框无挤压形变、腐蚀或结构异常现象；背板无变色、脱层、划伤；电池片无隐裂、破损、焦痕、气泡，无栅线氧化或蜗牛纹痕迹等情况。

（3）光伏组件安装前应确保质量良好，严禁对光伏组件进行外力冲击或私自破拆。

（三）调试验收阶段

（1）应检查组件的外观、接线盒、MC4 接头是否损坏，MC4 接头连接套管与连接芯柱间应无间隙。

（2）光伏组件安装完成后应对所有 MC4 接头插接情况进行检查，确保 MC4 接头插接牢固，接触良好，防止直流电弧产生。

（四）运行检修阶段

（1）定期检查光伏组件接线盒与 MC4 接头完整性，重点关注以下内容：接线盒不应出现变形、扭曲、开裂、老化及烧毁等情况；线缆应牢固可靠且绝缘层包裹完好，无破损搭连，避免接线盒、MC4 接头局部发热，引发光伏组件、直流电缆起火。

（2）定期开展光伏组件红外热成像扫描检查，测量光伏组件表面、背板、接线盒等部位实际温度，温度异常时应及时分析处理，排除隐患。大型光伏电站宜采用无人机热成像检测等先进手段进行全面检测。

（3）定期组织光伏区除草工作，秋冬枯草期应加强除草频次，除草后的杂草应及时清运出场。杂草密集区域应设置防火隔离带。

（4）光伏组件检修时断开所属组串与上级光伏汇流箱或逆变器的电气连接后，方可开展检修作业，严禁带负荷拔插光伏组件 MC4 接头。

（5）严格按照要求清洗光伏组件，光伏组件清洗水质应干净且无腐蚀性，清洗水流压力不得超过组件最大承受压力的 60%，避免组件清洗过程中造成组件损伤。

二、防止光伏汇流箱火灾事故重点要求

（一）设计选型阶段

（1）光伏汇流箱内部所有元器件的设计选型应满足 GB 50797—2012《光伏发电站设计规范》的要求，包括短路电流、耐压等级以及防火需求等。

（2）光伏汇流箱内部绝缘件（如绝缘子、套管、隔板及触头罩等）应严格采用阻燃绝缘材料。

（3）室外光伏汇流箱应有防腐、防锈、防暴晒等措施，箱体的防护等级不低于 IP54。

（4）光伏汇流箱至少应具备下列保护功能：

1）防雷保护。

2）输入回路防逆流及过流保护。

3）输出回路隔离保护。

4）超温报警。

（5）光伏汇流箱最大输入功率应与接入组串功率相匹配，避免因过载导致内部超温。

（二）基建安装阶段

（1）光伏汇流箱的安装应符合 GB 50794—2012《光伏发电站施工规范》和 GB 50254—2014《电气装置安装工程　低压电器施工及验收规范》的规定。

（2）光伏汇流箱安装前应确认箱内开关、熔断器处于断开状态；光伏汇流箱内电缆接引前，必须确认光伏组件侧有明显断开点。

（3）光伏汇流箱与光伏组件的电气连接应可靠，连接件应能承受所规定的电、热、机械和振动的影响。

（4）光伏汇流箱本体的预留孔洞及电缆管口应进行防火封堵。

（三）调试验收阶段

（1）光伏汇流箱的出厂试验应符合 GB/T 34936—2017《光伏发电站汇流箱技术要求》的要求，包括外观和结构检查、电气间隙和爬电距离、耐受电压、绝缘电阻、通信显示（智能型汇流设备）测试。

（2）光伏汇流箱安装完成后应检查电缆进、出线口封堵措施有效性。光伏汇流箱内部接线应紧固，无搭连现象，熔断器盒应完好无破损，防火封堵严密无脱落。

（3）光伏汇流箱的调试应符合 GB 50794—2012《光伏发电站施工规范》、GB/T 50796—2012《光伏发电工程验收规范》的规定，调试重点要求包括：

1）设备及系统调试，宜在天气晴朗、太阳辐照强度不低于 400W/m^2 的条件下进行。若环境条件允许，建议按照太阳辐照强度不低于 700W/m^2 的要求执行；

2）光伏汇流箱内测试光伏组串的极性应正确；

3）光伏汇流箱电涌保护器（SPD）各项功能应正常。

（四）运行检修阶段

（1）密切关注光伏汇流箱支路电流、电压变化情况，发现光伏汇流箱通信中断时，应及时到场检查、处理。

（2）对运行中的光伏汇流箱及附属低压设备检查内容应包括：

1）箱体应安装牢固，表面应光滑平整，无剥落、锈蚀及裂痕等；箱体外表面的安全警示标识应完整清晰无破损，连接构件和连接螺栓不应损坏、松动、生锈，焊缝不应开焊；

2）箱体应密封良好，防护等级符合设计要求；

3）箱体内部不应出现锈蚀、积灰等现象；

4）面板应平整，文字和符号应完整清晰；

5）铭牌、警告标识、标记应完整清晰；

6）电缆孔洞封堵严密，防火泥无脱落现象；

7）熔断器、电涌保护器、断路器等各元器件应处于正常状态，无损坏痕迹；

8）各种连接端子应连接牢靠，无变色、烧熔等损坏痕迹；

9）各母线及接地线应完好；

10）光伏汇流箱内熔丝规格应符合设计要求并处于有效状态；

11）电涌保护器应符合设计要求并处于有效状态；

12）设备箱体应可靠接地，其接地电阻不应大于 4Ω。

（3）光伏汇流箱及附属低压设备的维护检修应按制造厂家要求执行，参照厂家规定的年度检修项目，编制年度维护检修计划；日常维护宜选择在夜晚或阴天进行。光伏汇流箱检修内容如下：

1）检查线缆有无脱落、松动、损坏、破裂和绝缘老化。

2）箱内积灰清扫。

3）对损坏的接线端子、断路器，失效的熔断器、电涌保护器及时进行更换。

4）及时处理光伏汇流箱防火封堵失效部位。

三、防止光伏逆变器火灾事故重点要求

（一）设计选型阶段

（1）用于并网光伏发电系统的逆变器接入公用电网性能应符合 NB/T 32004—2018《光伏发电并网逆变器技术规范》与 GB/T 33599—2017《光伏发电站并网运行控制规范》的相关技术规范，并且具备有功功率和无功功率连续可调功能。用于大、中型光伏发电站的逆变器，还应具备高 / 低电压穿越功能。

（2）光伏逆变器应根据环境温度、相对湿度、海拔高度、地震烈度、污秽等级等投运环境进行严格校验。

（3）湿热带、工业污秽严重地区使用的光伏逆变器，应考虑潮湿、污秽的影响，避免短路起火。

（4）海拔高度在 2000m 及以上高原地区光伏电站使用的逆变器，应选用高原型（G）产品或采取降容使用措施。

（二）基建安装阶段

（1）光伏逆变器的安装质量和技术要求应符合 GB 50794—2012《光伏发电站施工规范》和 GB 50254—2014《电气装置安装工程低压电器施工及验收规范》的规定。

（2）逆变器安装前严格核查光伏逆变器设计选型参数，确保型式、容量、相数、频率、冷却方式、功率因数、过载能力、温升、效率、输入 / 输出电压、最大功率点跟踪（MPPT）、保护和监测功能、通信接口、防护等级以及关键部件（开关设备、逆变器柜、变压器等）的实际技术参数与设计相符。

（3）应注意逆变器安装区域周围环境，避免暴晒、雨淋、潮湿、酸雾腐蚀等。严禁在有易燃、易爆性气体的环境下使用，谨防火焰和火花。

（4）光伏逆变器交直流电缆安装应重点关注以下内容：

1）电缆接引前，必须确认光伏逆变器侧有明显断开点；

2）逆变器交流侧和直流侧电缆接线前应检查电缆绝缘，校对电缆相序和极性。集中式逆变器直流侧电缆接线前必须确认光伏汇流箱侧有明显断开点；

3）光伏逆变器及直流柜内部接线应紧固，各部件无发热现象，避免由于导线接触不良造成短路、接地、拉弧导致逆变器局部过热引发火情；

4）逆变器电缆接引完毕后，逆变器本体的预留孔洞及电缆管口应进行防火封堵。

（三）调试验收阶段

（1）光伏逆变器的调试应符合 GB 50794—2012《光伏发电站施工规范》、GB/T 50796—2012《光伏发电工程验收规范》的规定。

（2）设备及系统调试，宜在天气晴朗、太阳辐照强度不低于 400W/㎡的条件下进行。若环境条件允许，建议在太阳辐照强度不低于 700W/㎡的条件下执行。

（3）光伏逆变器电气设备外壳接地电阻不应大于 4Ω，电气设备各部温度正常，电气设备的引线接头、电缆、母线均无发热现象。

（4）逆变器应能够准确测定 IGBT 温度、散热器温度与环境温度等并传输至场站运行监视系统；参数报警和保护设置全面，各项功能应符合厂家技术文件要求。

（四）运行检修阶段

（1）运行中逆变器应重点检查以下内容：

1）逆变器外观无损坏或变形，柜体应牢固，表面应光洁平整，无剥落、锈蚀、裂痕等现象；

2）运行过程中无异常声音或较大振动；

3）逆变器运行时，无异常告警，检查各项参数是否设置正确，核对遥测值与面板显示值；

4）使用红外热成像仪检测设备发热情况，检查逆变器柜体表面温度是否正常；

5）检查进出风道是否畅通，是否定期清理、更换空气滤网；

6）组串式逆变器运行中有无异音，壳体温度是否正常，散热片上是否存在遮挡及灰尘脏污；

7）检查逆变器功率单元插头温度是否正常，并且定期在插头处涂抹抗氧化剂防止腐蚀；

8）检查逆变器内部交、直流侧防雷器是否完好。

（2）光伏逆变器的维护检修应按制造厂要求执行，参照厂家规定的年度检修项目，编制年度维护检修计划；日常维护宜选择在夜晚或阴天进行。

1）检查线缆有无脱落、松动、损坏、破裂和绝缘老化，重点检查电缆与金属表面接触的表皮是否有割伤的痕迹，必要时进行更换；

2）定期对断路器、接触器、散热风扇等部件的功能进行测试，保证其良好运行；

3）检查接地线缆是否可靠接地；

4）检查金属元件的锈蚀情况；

5）定期对机箱内部进行清洁，必要时使用压缩空气对逆变器内部进行清扫；

6）检查冷却风机的功能和运行噪声，检查风扇叶片，如有异常情况及时更换。

（3）逆变器在运行状态下，严禁断开无灭弧能力的汇流箱总开关或熔断器。

（4）根据光伏逆变器的现场工作环境，密切监视设备运行温度、清洁度，定期清理机柜滤网，保证室内通风正常，逆变器散热环境良好。

（5）设置光伏逆变器超温、烟雾、故障报警程序以及过载保护，对于参数异常或故障停机的逆变器应及时安排人员到现场检查确认，必要时应联系厂家分析处理。

（6）发现逆变器冒烟或产生异味，应及时排查，迅速切断故障逆变器及相邻逆变器交、直流开关，待查明原因并消除隐患后，方可继续投入工作。

四、防止电力电缆火灾事故重点要求

（一）设计选型阶段

（1）光伏电站电缆选择应符合 GB 50217—2018《电力工程电缆设计规范》要求。光伏组串输出电缆应采用光伏专用电缆，严格按照设计要求完成各项电缆防火措施。电站控制室、光伏区及其他易燃易爆场所内的控制电缆、动力电缆均应选用阻燃电缆，消防相关负荷供电线缆应选用耐火型。

（2）光伏电站电缆敷设设计应符合 GB 50217—2018《电力工程电缆设计规范》要求。采用排管、电缆沟、隧道、桥梁及桥架敷设的阻燃电缆，其成束阻燃性能应不低于 C 级。与动力电缆同通道敷设的低压电缆、控制电缆、非阻燃通信光缆等应穿入阻燃管，或采取其他防火隔离措施。光伏组件之间、组件与光伏汇流箱之间的连接电缆应具备完善的固定措施与防晒措施。

（3）电缆容量应根据实际运行容量需求合理选择，投入使用的电缆容量应满足最大连续运行容量。

（4）严格把控电缆接头制作环境条件、制作材料、工艺质量，选用优质品牌电缆接头及附件，电缆接头的使用寿命不应低于电缆使用寿命、接头的额定电压及绝缘水平，不得低于所连接电缆额定电压及其要求的绝缘水平。

（5）光伏电站电缆夹层宜安装温度、烟气监测报警器，重要区域应安装温度在线监测装置，定期对监测装置进行检测，确保其动作可靠、信号准确。

（6）应设置完善的防鼠、蛇窜入设施，防止小动物破坏电缆绝缘引发火灾事故。

（7）光伏组串汇集电缆接头应使用冷缩管或耐风化的绝缘热缩保护管。

（二）基建安装阶段

（1）电缆贮存、敷设时依据 GB 50168—2018《电气装置安装工程　电缆线路施工及验收规范》要求进行，避免出现机械损伤及磨损。

（2）工程施工中禁止出现动力电缆与控制电缆混放、电缆分布不均、堆积乱放等现象；动力电缆与控制电缆之间应设置层间耐火隔板以及防火涂层，控制电缆与动力电缆分列布置。

（3）光伏发电站内各类电缆应严格按设计图册和规程要求施工，做到布线整齐，同一通道内不同电压等级的电缆，应按照电压等级的高低将电力电缆、控制电缆、弱电电缆由上而下顺序排列，分层敷设在电缆支架上，电缆的弯曲半径应符合要求，避免任意交叉并留出足够的人行通道。

（4）电缆头及中间接头由厂家人员或由厂家培训合格的人员进行制作。非直埋电缆接头最外层应包覆阻燃材料，敷设密集的中压电缆接头应使用耐火防爆槽盒封闭。

（5）对于集电线路采用直埋电缆的场站，在电缆中间接头的位置宜设置观察井或设计电缆转接柜，若不具备条件则应记录安装位置并做好标记，保存影像资料，便于后期检查维护。

（6）电缆竖井与电缆沟应分段做防火隔离，敷设在隧道与控制室构架上的电缆应采取分段阻燃措施。

（7）电缆转向受力的支撑部位应采取防磨、防振动措施。

（8）在电缆通道、夹层内执行动火作业必须办理动火工作票，并采取可靠的防火措施。在电缆通道、夹层内使用的临时电源应满足绝缘、防火、防潮要求。工作人员撤离时应立即断开电源。

（三）调试验收阶段

（1）控制电缆不应有中间接头，1 ～ 35kV 长距离电缆应尽量减少电缆中间接头的数量。严格按照工艺要求制作、安装电缆接头，经质量验收合格后，再用耐火防爆槽盒将其封闭。

（2）验收时重点检查控制室、开关室等通往电缆夹层、隧道、穿越楼板、墙壁、柜、盘等处的所有电缆孔洞和盘面之间的缝隙（含电缆穿墙套管与电缆之间缝隙），必须采用合格的不燃或阻燃材料封堵。封堵质量及工艺应满足设计及规范要求。控制盘柜底部应铺设防火隔板，防火隔板缝隙使用有机堵料密实地嵌于孔隙中，并做线脚，电缆周围的有机堵料应呈几何图形，面层平整。

（3）扩建工程敷设电缆时，应与业主单位密切配合，在原有电缆通道内敷设新电缆需经业主单位许可。对贯穿在役电站的电缆孔洞以及损伤的阻火墙，应及时恢复封堵，并由业主单位验收。

（四）运行检修阶段

（1）建立健全电缆维护、检查及防火、报警等各项规章制度。严格按照运行规程对电缆夹层、通道进行定期巡检，检测电缆和接头实际温度，按规定进行预防性试验。

（2）定期检测电缆绝缘水平，并做好台账记录，对于绝缘不合格或绝缘值明显下降的电缆，应及时更换并查明原因。

（3）定期用热成像仪检测电缆头发热情况。

五、防止变压器及其他带油电气设备火灾事故重点要求

（一）设计选型阶段

（1）光伏电站升压站主变压器的选型应符合下列要求：

1）选用变压器时，应考虑变压器的额定容量、短路阻抗、负载损耗、温升限值等主要参数；

2）当无励磁调压变压器不能满足电力系统调压要求时，应采用有载调压变压器；

3）主变压器容量可按光伏电站的最大连续输出容量进行选取，且宜选取标准容量；

4）主变压器应优先选取自然冷却方式，不宜选用强油风冷方式。

（2）光伏方阵内箱式变压器的选型应符合下列要求：

1）选用变压器时，应考虑变压器的额定容量、短路阻抗、负载损耗、温升限值等主要参数；

2）变压器容量可按光伏方阵单元模块最大输出功率选择；

3）就地升压变压器宜采用无励磁调压变压器，也可选用双绕组变压器或分裂变压器；

4）箱式变压器低压框架断路器宜选用固定式框架断路器；

5）对于在沿海或风沙大的光伏电站，当采用户外布置时，沿海防护等级应达到IP65，风沙大的光伏电站防护等级应达到IP54。

（3）35kV以上室内配电装置必须安装在有不燃烧实体墙的间隔内，不燃烧实体墙的高度严禁低于配电装置中带油设备的高度。总油量超过100kg的室内油浸变压器必须设置单独的变压器室，并设置灭火设施。

（4）主变压器周围应设置有完整的火灾探测装置和灭火介质，且需定期进行切换和启动试验，确保在火情发生时能迅速投入并发挥作用。

（5）强油循环及自然风冷的冷却系统必须配置两个相互独立的电源，并具备自动切换功能。

（6）对于箱式变压器技改后的电气设备电源容量，要满足箱式变压器的开关容量要求，防止超负荷发热引起火灾事故。

（7）分布式光伏预制舱、配电室、箱式变压器、无功补偿装置等地面设备设施，应按照规范配置消防灭火装置。

（二）基建安装阶段

（1）油量为2500kg及以上的屋外油浸变压器之间的最小间距应符合表13-1的规定。

表 13–1　　　　2500kg 及以上的屋外油浸变压器之间的最小间距参考表

电压等级	最小距离（m）
35kV 及以下	5
110kV	8
220kV 及以上	10

（2）油量为 2500kg 及以上的屋外油浸变压器之间的防火间距不能满足表 13–1 的要求时，应设置防火墙。防火墙的高度应高于变压器油枕，其长度不应小于变压器的储油池两侧各 1m。

（3）油量为 2500kg 及以上的屋外油浸变压器与本回路油量为 600kg 以上且 2500kg 以下的带油电气设备之间的防火间距不应小于 5m。

（4）室内单台总油量为 1000kg 以上的电气设备应设置贮油或挡油设施。挡油设施的容积宜按油量的 20% 设计，并应设置将事故油池油排至安全处的设施。当不能满足上述要求时，应设置能容纳全部油量的贮油设施。贮油或挡油设施应大于变压器外廓每边各 1m。

（5）贮油设施内应铺设卵石层，其厚度不应小于 250mm，卵石直径宜为 50 ～ 80mm。主变压器的贮油设施内卵石层下部应加格栅板，格栅板距离池底高度应不小于 200mm。

（三）调试验收阶段

（1）瓦斯继电器、突发压力继电器和压力释放阀应校验合格，方可投运，并做好日常检查与定期校验，严禁变压器无保护投入运行。

（2）系统调试期间应进行油箱热点检查，记录油箱发热情况并及时处理发热缺陷。留存大负荷试验油箱发热红外图片。

（四）运行检修阶段

（1）严格按照运行规程要求操作电气设备与巡检，严禁带负荷分 / 合隔离开关、带电挂接地线、带地线送电，避免误操作引发电气火灾。

（2）定期对电抗器、电容器、避雷器等电气设备进行检测校验，并且开展预防性试验。

（3）瓦斯继电器、突发压力继电器和压力释放阀校验合格后，方可投运。做好日常检查与定期校验，严禁变压器无保护投入运行。

（4）变压器油温表及绕组温度表需定期校验，跟踪并记录油温和绕组温度，高温天气及高负荷运行期间应增加检查频次。

（5）定期对箱式变压器低压框架断路器回路进行直流电阻检测。宜在框架断路器外部导体处粘贴测温贴以便于巡查。

第二节　防止光伏支架倒塌和变形事故重点要求

一、设计选型阶段

（1）光伏支架应按承载能力极限状态计算结构和构件的强度、稳定性以及连接强度，按正常使用极限状态计算结构和构件的变形。

（2）光伏支架的承重应满足实际可能的最大载荷要求，支架及跟踪系统应具有防风、防腐及防湿热等措施。

（3）光伏支架材质的选用和支架设计应符合 GB 50017—2017《钢结构设计标准》的规定。钢结构支架所选用主材材质性能应不低于 Q235B，焊材选用与主材匹配的型号。支架制作和安装所用的材料，必须具有合格的质量证明书、中文标志、检验报告等，方能在支架制作和安装中使用。

（4）沿海地区、南方地区等环境湿度大、腐蚀性较强的区域，光伏支架在满足设计强度要求的情况下优先考虑采用铝合金支架。

（5）光伏支架基础的设计应充分考虑混凝土强度、桩基深度、承载能力、设计使用年限、基础预埋螺栓抗拉强度、支架载荷等技术因素。在既有建筑物上增设光伏发电系统时，必须进行屋面承重和设备绝缘复核，满足建筑结构及电气安全的要求。

（6）高海拔地区具有气候寒冷、地形复杂、土壤多样化等特征，光伏支架基础设计时应考虑冻胀、土壤腐蚀对支架的影响。必要时支架基础及地基还应进行现场试验和检测。

二、基建安装阶段

（1）做好光伏支架材料入场管理，特别是钢结构、支架、螺栓等金属部件的入场验收工作，严格审查支架质量检测报告、出厂合格证等技术资料，确保金属部件材料机械性能满足规范要求。

（2）光伏支架钢材料进场时，应按现行国家标准 GB 1499《钢筋混凝土用钢》系列标准的规定抽取试件作力学性能检验。

（3）固定式及手动可调支架安装应关注以下内容：

1）采用型钢结构的支架，其紧固度应符合设计图纸要求及 GB 50205—2020《钢结构工程施工质量验收标准》的相关规定；

2）支架安装过程中不应强行敲打，不应气割扩孔。对热镀锌材质的支架，现场不宜打孔，如确需，应采取有效防腐措施；

3）支架安装过程中不应破坏支架防腐层；

4）手动可调式支架调整动作应灵活，高度角调节范围应满足设计要求；

5）支架倾斜角度偏差度不应大于 ±1°。

（4）跟踪式支架的安装应关注以下内容：

1）跟踪式支架与基础之间应固定牢固、可靠；

2）跟踪式支架安装的允许偏差应符合设计文件的规定；

3）跟踪式支架电机的安装应牢固、可靠，传动部分应动作灵活；

4）聚光式跟踪系统的聚光部件安装完成后，应采取相应防护措施。

（5）光伏支架基础应严格按照设计要求施工，应确保基础尺寸、埋深度满足设计要求。现场浇筑支架基础应严格按标准要求开展同养试块送检，混凝土养护周期需达到设计要求，并留存好过程资料，特别是验收影像资料。

（6）混凝土独立基础、条形基础的施工应按照现行国家标准 GB 50204—2015《混凝土结构工程施工质量验收规范》的相关规定执行，需关注以下内容：

1）在混凝土浇筑前应先进行基槽验收，轴线、基坑尺寸、基底标高应符合设计要求。基坑内浮土、杂物应清除干净；

2）在同一支架基础混凝土浇筑时，宜一次浇筑完成，混凝土浇筑间歇时间不应超过混凝土初凝时间，超过混凝土初凝时间应做施工缝处理；

3）混凝土浇筑完毕后，应及时采取有效的养护措施；

4）支架基础在安装支架前，混凝土养护应达到 70% 强度。

（7）桩式基础的施工应执行国家现行标准 GB 50202—2018《建筑地基基础工程施工质量验收标准》及 JGJ 94—2008《建筑桩基技术规范》的相关规定，需关注以下内容：

1）压（打、旋）式桩在进场后和施工前应进行外观及桩体质量检查；

2）成桩设备的就位应稳固，设备在成桩过程中不应出现倾斜和偏移；

3）压（打、旋）入桩施工过程中，桩身应保持竖直，不应偏心加载；

4）灌注桩施工中应对成孔、清渣、放置钢筋笼、灌注混凝土（水泥浆）等进行全过程检查；

5）灌注桩成孔质量检查合格后，应尽快灌注混凝土（水泥浆）；

6）采用桩式支架基础的强度和承载力检测，宜按照控制施工质量的原则，分区域进行抽检。

（8）屋面光伏支架基础施工应关注以下内容：

1）支架基础的施工不应损害原建筑物主体结构；

2）新建屋面的支架基础宜与主体结构一起施工；

3）接地的扁钢、角钢均应进行防腐处理。

（9）阵列区基础、支架及跟踪系统安装完成后，应对结构连接紧固度进行检查和检测，检测方法与检测结果应符合 GB 50205—2020《钢结构工程施工质量验收标准》的要求。

三、调试验收阶段

（1）使用追踪支架的光伏系统，追踪系统调试前应具备以下条件：

1）跟踪支架应固定牢固、可靠，并接地良好；

2）与转动部位连接的电缆应固定牢固并有适当预留长度；

3）转动范围内不应有障碍物。

（2）追踪系统调试应重点关注以下内容：

1）跟踪系统动作方向应正确，传动装置转动机构应灵活可靠，无卡滞现象；

2）跟踪系统跟踪转动的最大角度和跟踪精度应满足设计要求；

3）设有避风功能的跟踪系统，在风速超出正常工作范围时，跟踪系统应启动避风功能；风速减弱至正常工作允许范围时，跟踪系统应在设定时间内恢复到正确跟踪位置；

4）设有避雪功能的跟踪系统，在雪压超出正常工作范围时，跟踪系统应启动避雪功能；雪压减弱至正常工作允许范围时，跟踪系统应在设定时间内恢复到正确跟踪位置；

5）设有自动复位功能的跟踪系统在跟踪结束后应能够自动返回到跟踪初始设定位置。

四、运行检修阶段

（1）光伏支架及基础的日常维护包含以下内容：

1）宜定期检查光伏支架紧固件和连接处，如发现支架连接螺栓松动、丢失应及时紧固、补充。

2）光伏支架表面的防腐层有开裂、脱落或其他形式破损时，应按照 GB/T 13912—2020《金属覆盖层　钢铁制件热浸镀锌层　技术要求及试验方法》的要求进行防腐层厚度检测，分析原因并处理破损部位。

3）宜结合地域气候特点及金属部件锈蚀情况，定期开展光伏支架、连接螺栓等金属部件的除锈防腐工作。

4）宜定期对单轴、双轴跟踪式光伏支架的方位角转动机构、高度角转动机构进行检查，出现磨损、断裂及润滑油不足等问题时应及时处理；宜定期开展跟踪支架主动避险功能测试及跟踪系统状态检查，发现故障应及时处理。

5）光伏方阵定期检修周期应根据上次检修情况、状态监测以及环境气象条件制订，定期检修周期应不超过 3 年，新投运的光伏发电系统应在投运后 1 年内对光伏方阵开展首次检修。对方阵出现的破损、变形、沉降、位移等异常应及时处理。

（2）雷雨、大风频发季节前宜对支架、基础及跟踪系统开展预防性检查，对存在的缺陷及时进行处理。采用平单轴跟踪支架的光伏场站，要保证跟踪机构完好，台风期间保持水平位置。

（3）在大风、冰雹、大雨及雷电等恶劣天气过后，应对光伏组件进行一次全面外观检查，及时检查光伏支架螺栓连接是否紧固、螺栓是否缺失，支架有无变形，支架主要连接节点的焊缝有无开裂以及支架跟踪系统运行状态，如发现以上问题及时更换处理。

（4）应依据 GB 50204—2015《混凝土结构工程施工质量验收规范》的规定，对腐蚀严重的水泥基础及时修补加固。

第三节　光伏电站防台防汛重点要求

一、设计选型阶段

（1）光伏项目设计规划期应充分了解项目所在地历年台风信息、影响记录数据。

（2）光伏场站应尽可能避开蓄滞洪区等低洼位置。若项目用地受限，无法避开蓄滞洪区等区域，建议升压站与光伏区分开建设，将升压站建在蓄滞洪区之外。有洪水淹没风险的升压站选址时应做防洪评价，按 50 年一遇洪水考虑。

（3）光伏组件、汇流箱、逆变器等主要发电设备的选型在符合本重点要求相关条款要求的前提下，应充分考虑安装地区极端天气下的耐候性要求。

（4）渔光互补光伏场区组件及设备安装高度要根据防洪评价要求设计，渔光互补光伏项目所采用的组串式逆变器安装高度不能满足防洪要求，建议采用集中式逆变器并抬高基础平台，提高防汛抗洪能力。

二、基建安装阶段

（1）做好设备入场管理，严格审查光伏组件、支架、汇流箱及逆变器等主要发电设备的质量检测报告、出厂合格证等技术资料，确保主要发电设备性能满足规范要求。

（2）依据相关标准规范，组织制订完善光伏电站施工维护标准，包含运维单位检查与整改工作到位标准、工作频次、工具要求、记录表格模板，以及所属单位不合格判定标准、考核方法等。

（3）施工现场做好光伏组件、逆变器防汛措施，特别要做好电池背板、连接线、逆变器接线口等的密封措施，MC4 接头布置应避开组件间的空隙处，防止雨水浸入。

（4）施工期应做好汛期防灾避险工作，预报有强降雨前应及时对截排水系统等进行全面检查，加强施工区域的隐患排查治理和突发事件应急处置。

三、调试验收阶段

（1）安装完成后，确保光伏支架、光伏组件、逆变器及汇流箱等主要发电设备的施工质量达到验收要求，重点关注逆变器及汇流箱的固定螺栓是否紧固、光伏组件固定螺栓及压块是否安装牢固，追踪支架的紧急避险功能是否正常运行。

（2）光伏汇流箱安装完成后应对其电缆进、出线口采取有效封堵措施，防止台风暴雨天气进水。

四、运行检修阶段

（1）编制防台防汛应急处置卡，组织全员开展防台防汛应急演练，不断归纳修订完善应急预案，建立常态化防台防汛机制，提升防台防汛技能水平。

（2）随时关注台风信息，掌握台风动态。加强天气预报的监视，与地方气象局建立良好的沟通机制，共享气象信息，及时发布本单位气象预警，确保极端天气来临前及时采取应对措施。及时采购所需应急生活物资，通过与各属地应急部门及救援组织建立联系，上下联动，紧密配合，提升各场站人员的应急逃生与救援能力。

（3）台风、暴雨等极端恶劣天气来临前，光伏场站运维人员应及时对场站内易进水部位进行防汛封堵，场站升压站各门窗进行紧固，使用防汛沙袋密封，关闭门窗。排查光伏区低洼地区，要加强大坝监控和巡查，确保泄洪设施可靠。同时排查光伏区各箱式设备的密封情况，针对密封不完善的设备及时处理。清理光伏区、屋顶杂物，捆扎整理升压站内物品。

（4）台风、暴雨等极端恶劣天气发生时，抢险救灾人员救灾时应提前完成箱变、逆变器停电。加强光伏区设备监控，光伏区安装监控系统时应配置自供电应急监控，防止因区域管制、电源失电等导致光伏场区监控失效。

（5）极端恶劣天气期间，各场站、项目所有人员撤离到安全区域，严禁任何户外作业（风力达五级）和活动（风力达七级）。

（6）台风、暴雨等极端恶劣天气结束后，应及时检查电缆沟、设备基础等低洼地段，及时开展排水工作，在恢复组串接线时，充分考虑受潮和异常情况，做好验电及人员安全防护等措施。恢复送电前应开展汇流箱逆变器等设备的绝缘电阻和接地电阻检测。

第三篇

光伏电站技术监督先进技术应用

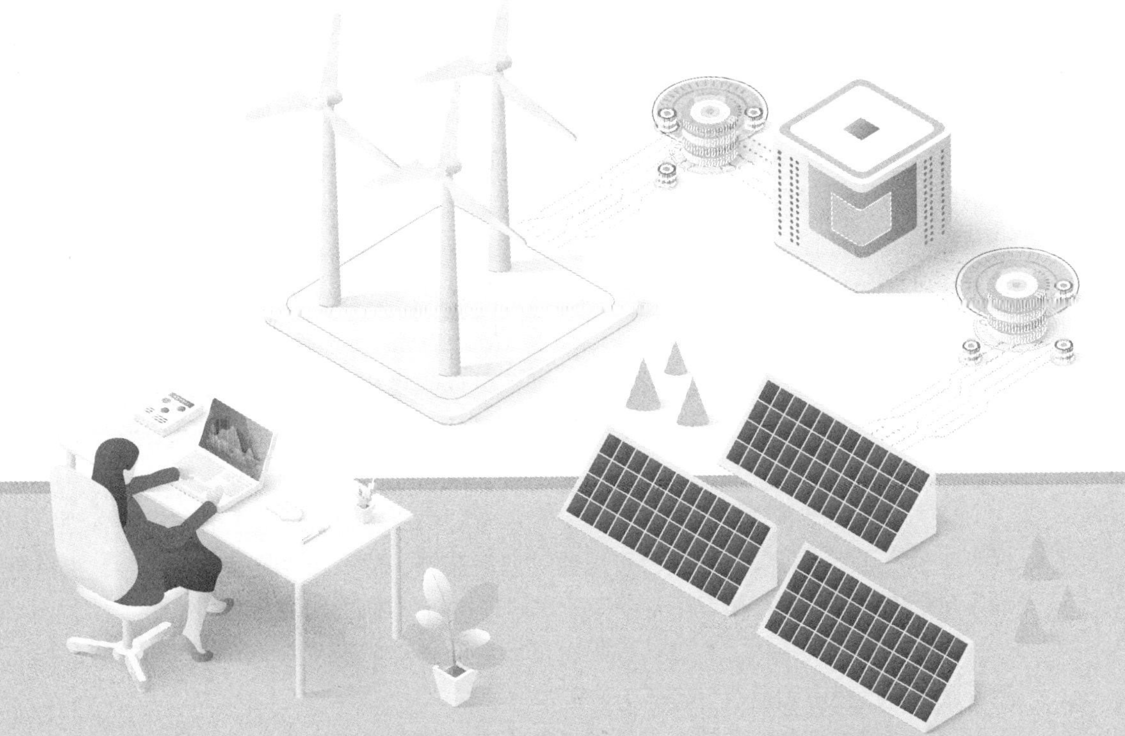

第十四章

新能源智慧运维平台应用

第一节　新能源智慧运维平台建设意义

近年来，在新能源发电领域，随着国家政策的大力扶持，以及相对开放利好的市场环境，新建的光伏电站数量、规模都在逐年增加。光伏企业因设备数量多、分布散等特点，传统管理模式的局限性日益显现，对运维管理的挑战不断加大，现有的信息化和管理模式无法满足光伏企业资产高效管控的需求和精细化管理的要求。因此，建设新能源智慧运维平台势在必行。以实时生产数据为基础，软件平台为依托，通过“大数据平台+集约化管理”开发智能诊断、故障预警、辅助决策等功能，对光伏企业的安全生产、检修技改等进行把控，切实提高光伏企业生产运维管理水平，达到“提高发电总量，降低运维成本”的目的。建设新能源智慧运维平台有以下重大意义：

（1）提高发电效率和能源利用率。光伏企业需要不断优化其发电效率和能源利用率，以提高能源生产的效益。智慧运维平台可以收集和分析大量的数据，通过智能化算法对数据进行分析和处理，为企业提供更准确的决策依据，从而提高发电效率和能源利用率。

（2）优化运维管理。光伏企业需要对设备、系统和网络进行全面的运维管理，以确保生产稳定运行。智慧运维平台可以通过数据监测、预警和故障诊断等功能，提供更为细致和精确的设备运行情况，帮助企业更好地进行运维管理，提高生产效率。

（3）降低生产成本。智慧运维平台可以帮助光伏企业进行生产计划和能源消耗的预测，避免过度投资和浪费，降低生产成本。

（4）推进能源转型。光伏企业在推进能源转型方面具有重要意义，智慧运维平台可以通过对市场和行业的数据进行分析，提供更为准确的市场信息和决策支持，为企业提

供更有力的发展保障。

（5）提高能源安全。智慧运维平台可以帮助光伏企业对能源安全进行全面的监测和管理，提前发现潜在的安全隐患重新生成相应的风险，保障生产安全。

第二节　典型平台设计方案

一、整体方案架构

以边缘计算、大数据、微服务、容器云、DevOps 及低代码开发等先进技术为支撑，将企业现有各种业务和数据能力进行融合，快速响应业务需求；以数据服务的形式为业务提供支撑，不断发挥数据价值，进而支持业务的决策和优化，同时通过业务与数据能力的复用与共享，更好地支持企业规模化创新，降低试错成本，使企业自身能力与用户的需求持续对接。最终提供一体化中台跨领域的服务能力，为企业产业互联和生态体系内不同业务价值链节点的用户提供更加便利、高效、优质的智能化服务，全面支撑企业的智能化转型。

整体解决方案技术架构如图 14–1 所示，通过“一个中台 +N 个边缘计算平台”为企业数字化转型提供智能化底座。

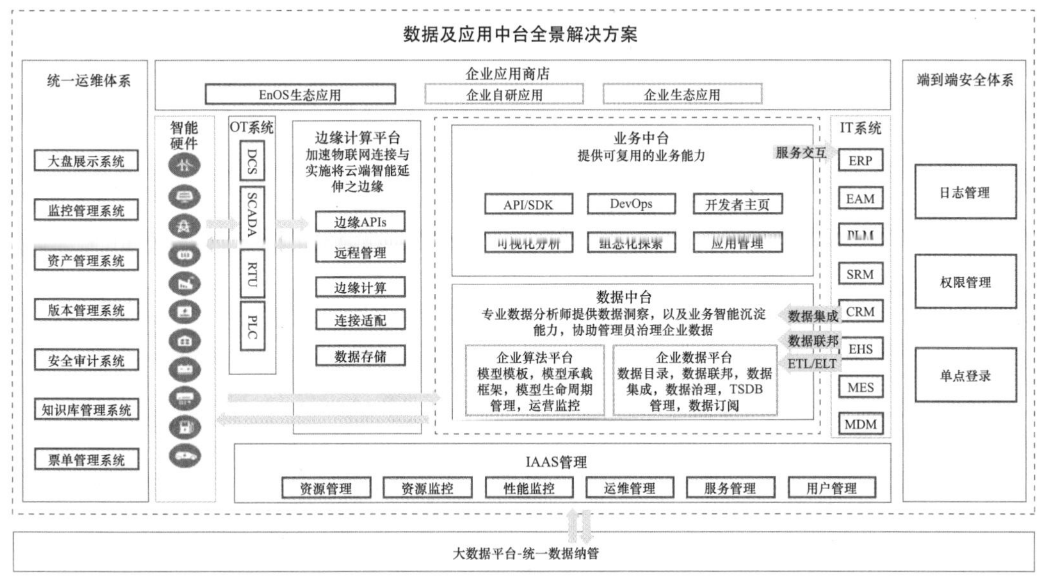

图 14–1　整体解决方案技术架构

其中，边缘计算平台的技术架构如图 14–2 所示。

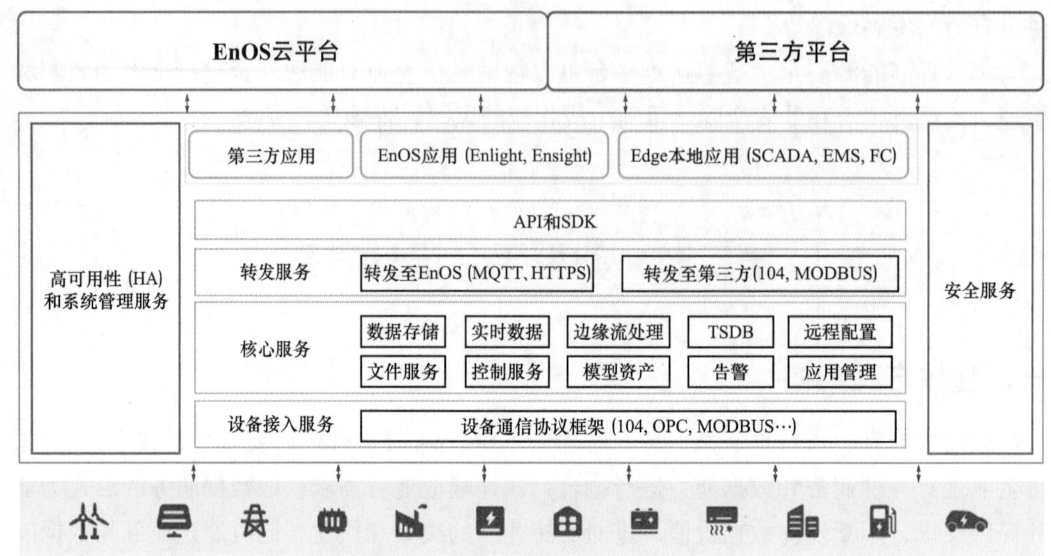

图 14–2　边缘计算平台的技术架构

边缘计算模块除了提供默认的算子服务外，还提供公式计算、自定义脚本计算、模型同步、OTA 升级、断点续传等功能。

在数据架构层面，大数据中台的数据架构强调从数据源接入、采集、传输、加工、存储一直到使用“端到端”的提升，对各种数据模型的处理能力，强化整体的数据治理策略，提升数据治理，实现云边协同。整体的数据架构如图 14–3 所示。

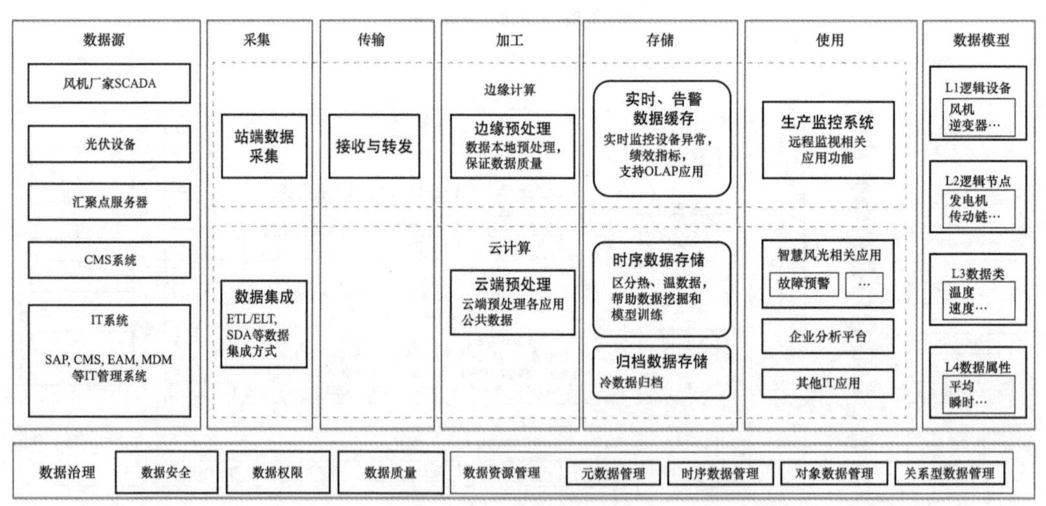

图 14–3　整体数据架构

为保证数据质量，数据的预处理将在边缘计算中完成（见图 14–4），包括：设备遥测统计量计算、设备标准状态计算、变电站电量计算、设备电量计算。此外，还承担通信状态监测与标记、数据清洗与插补，以及与设备主数据的关联。

云端负责管理数据计算的各类模型（设备模型、知识模型、算法模型、实施模板），以及生产应用的处理（见图 14–4），如停机记录、实时统计、精确匹配、告警事件、效能分析等。

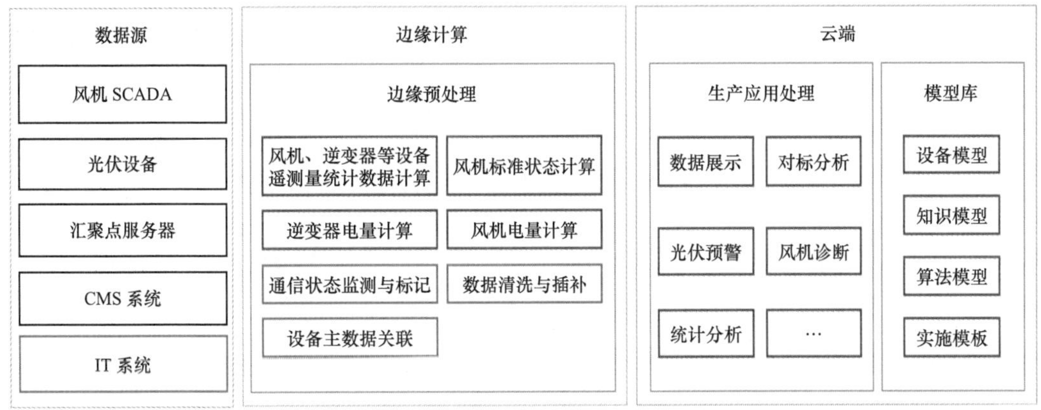

图 14–4　数据架构

（一）方案功能架构

新能源智慧运维平台中心侧相关说明如下：

（1）运行数据由数据汇聚点或场站将安全Ⅰ区数据穿网闸到信息安全 Ⅲ区，本项目在信息安全Ⅲ区部署采集与边缘计算装置，并转发同步。

（2）新能源智慧运维平台基于转发至中心侧的数据，实现监控、预警、分析考核、自动报表等功能。

（3）新能源智慧运维平台需要与光伏企业统一生产管理系统数据打通，实现自动触发工单以及与各种工作类型关联。

总体功能架构设计如图 14–5 所示。

（二）整体部署架构

设计系统结构如图 14–6 所示。网络结构主要分为两级：中心侧和数据汇聚端。中心侧主要部署实时监视、报表分析、绩效管理、健康度预警等高级应用模块，中心侧所需数据从各数据汇聚端或站端Ⅲ区的服务器获取。

数据传输链路说明如下：

（1）各数据汇聚端或站端部署在Ⅲ区的采集装置，通过标准 MQTT 协议，将实时数据经由运营商专线上送至中国电力数据中心的前置采集服务器。

（2）数据中心服务器集群从前置采集服务器中获取相关数据，用于监视、指标分析、故障预警等高级应用。

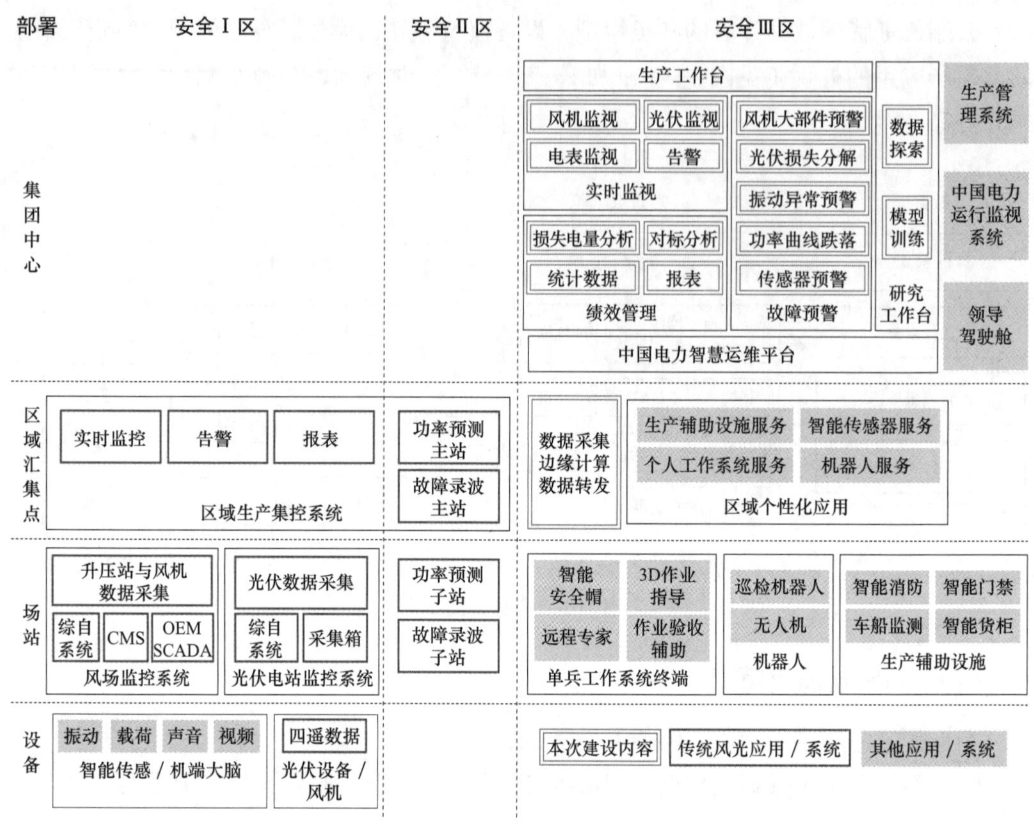

图 14-5　总体功能架构

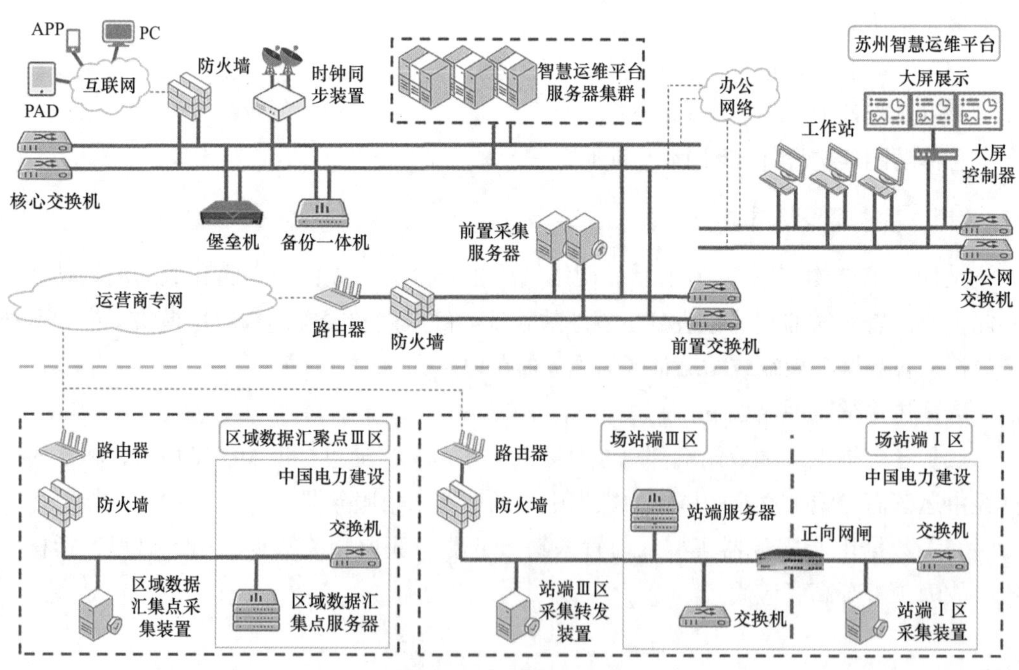

图 14-6　设计系统结构

二、系统接口方案设计

（一）与大数据平台接口

图 14–7 所示为集成某软件架构图。

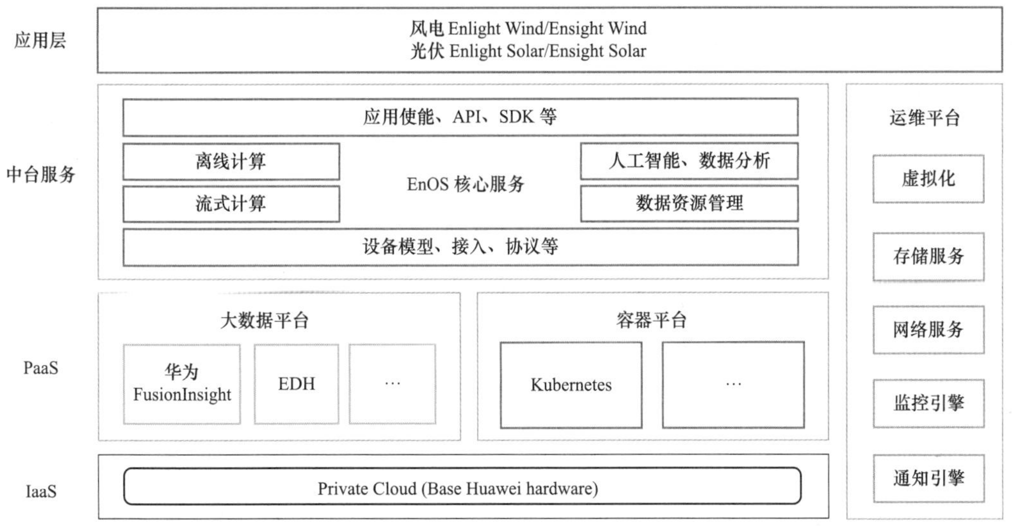

图 14–7　集成某软件架构

新能源智慧运维平台具备从 IaaS 层、PaaS 层、中台服务层到应用层完全打通的能力，同时具备良好的开放性和可扩展性，基于云原生的架构，以微服务架构的设计思想进行设计，具有良好的适应性，可支持主流公有云及私有云、混合云部署。

设备数据经过采集（直连、Edge 网关、设备模拟器）之后上送 loT Hub，通过 MQTT Proxy 进行数据分发，智慧运维平台可以通过 Kafka 直接订阅 MQTT Proxy 上的数据，然后再将数据存储到大数据平台，如图 14–8 所示。

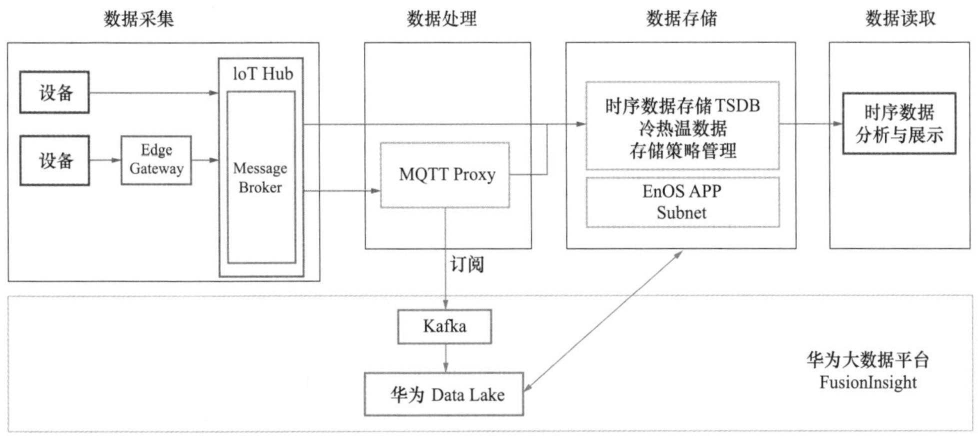

图 14–8　数据传输流图

（二）与生产管理系统接口

新能源智慧运维平台同步监视生产运行系统与生产管理系统的主数据；将光伏电站主要发电设备数据同步至生产管理系统。

集中监视系统中故障告警和故障预警模块会自动生成服务申请单，服务申请单的内容运维系统通过订阅或接口获取：内容包含服务单号、逆变器 ID、偏差量、等级、SR 发生的时间、故障代码、故障描述、发生原因、检修建议等内容。

将监视系统中的停机计划发送给运维系统，内容包含停机记录号、场站名称、逆变器名称、停机时间、恢复时间、故障描述等内容。

在生产管理系统缺陷单或工单处理完毕被关闭以后，调用生产监视系统的接口，将缺陷单或者工单的信息返回监视系统，内容包含服务单号、逆变器 ID、工单号、状态、开始时间、结束时间、工单处理过程描述、停机计划等内容。如有业务需要，生产管理系统按需提供返回数据。

集控系统与生产管理系统业务流程图如图 14-9 和图 14-10 所示。

（三）单点登录接口

系统支持单点登录（single sign on，SSO）功能，支持使用一套用户账号在完成一次身份认证后即可访问所有相互信任的应用系统。SSO 服务用于解决系统与不同业务应用之间的身份认证问题，帮助用户实现只需要登录一次即可访问所有添加的应用。目前 SSO 可支持客户端通过 OpenID Connect1.0、SAML2.0 协议进行对接。

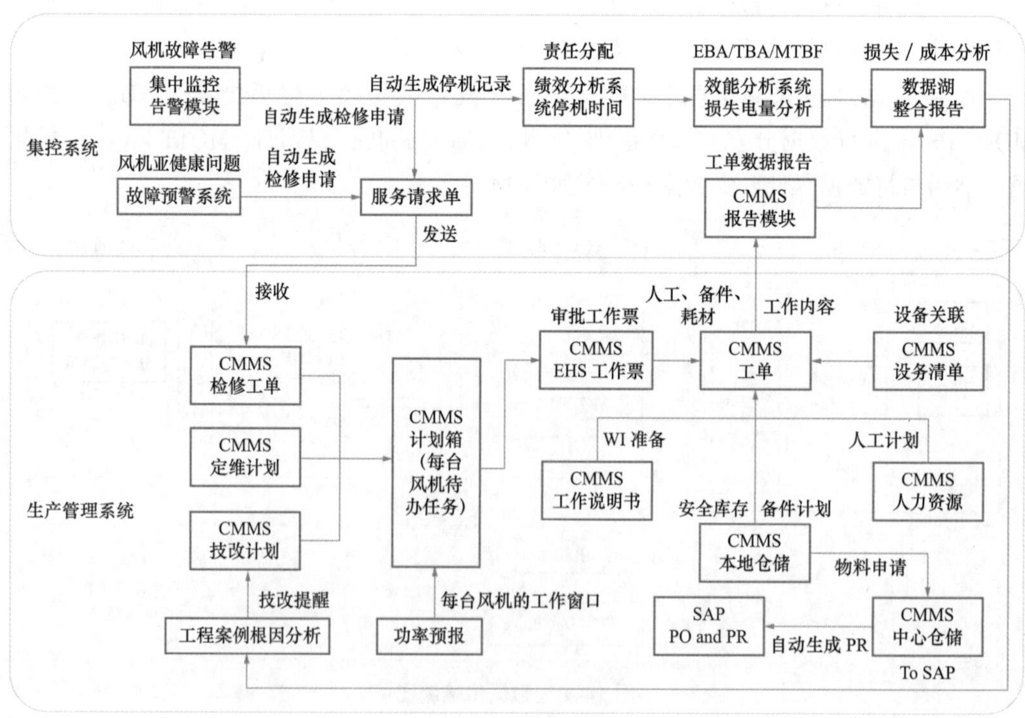

图 14-9　集控系统

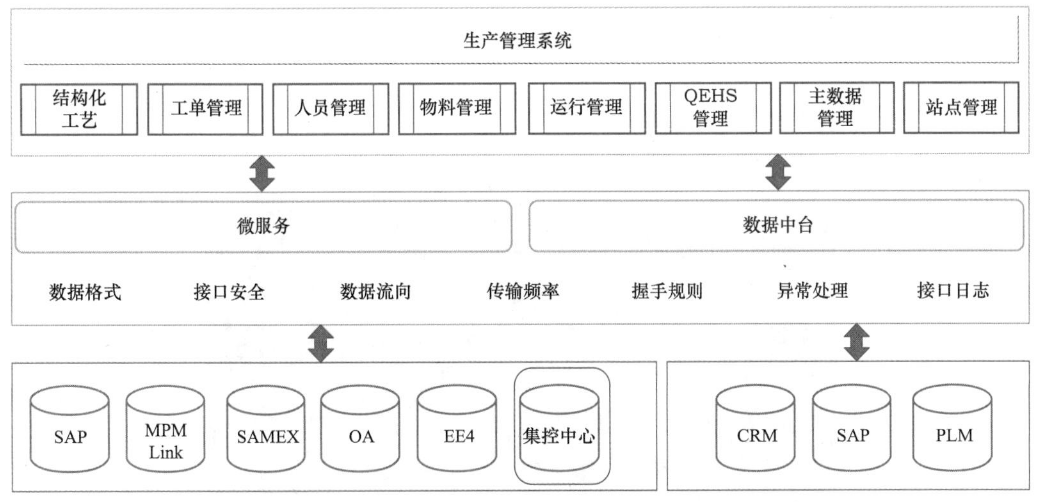

图 14-10　生产管理系统

第三节　业务功能

一、光伏智能预警、诊断功能

智慧运维平台可依据设备全生命周期的相关数据，对设备整体状况进行评价，指导光伏电站工作人员进行运维策略的制定。提供电站关键的 KPI 分析，使用先进算法模型量化光伏系统的各种损失，使运维人员能够清楚了解光伏电站的实际性能表现，并针对影响电站性能的主要因素制订相应的改善措施，以便经济有效地计划和安排运维工作，确保光伏电站的长期稳定运行。平台能够对光伏系统的损失自动分类，根据电量损失类型将电量损失分为支架跟踪损失、雪损、灰尘覆盖、阴影损失、组件热损失、组串断路、组串低性能、逆变器效率损失、削峰损失、无功损失、夜间损失、逆变器停机、电站限电损失等，以准确地定位影响光伏系统性能的因素及可采取的改善措施。

此外，系统还包括以下功能：

（1）灰尘分析，包括电站不同区域的灰尘影响评估、预警。

（2）遮挡分析，包括障碍物、植被、积雪和光伏阵列之间的阴影。

（3）逆变器停机分析。

（4）逆变器效率分析和故障诊断。

（5）组串低效分析与诊断。

（6）组串停机分析与诊断。

（7）组件衰减分析与诊断。

（8）发电预测。

（9）跟踪系统诊断。

（10）通信故障诊断。

（11）运维建议。

功能概览示意如图 14–11 所示。

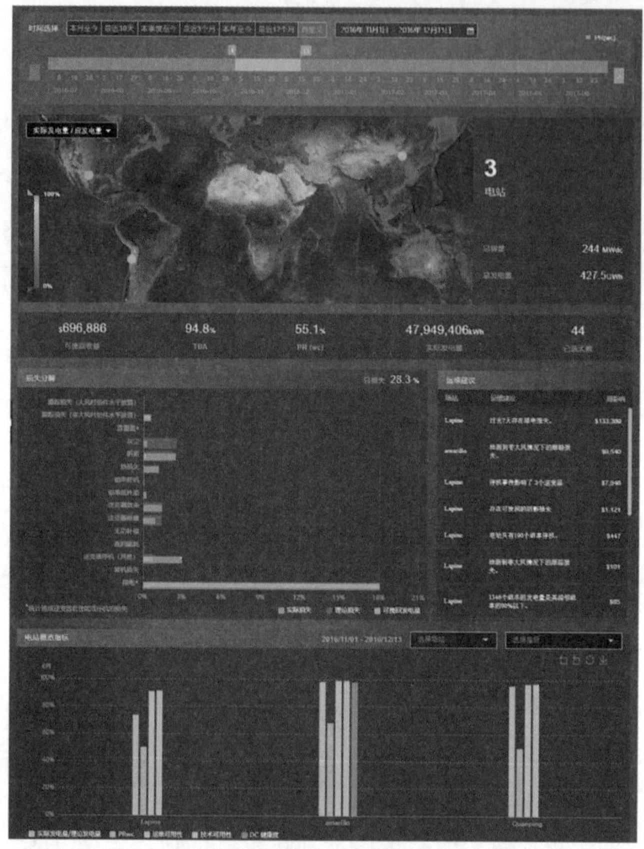

图 14–11　功能概览示意

二、光伏电站数据智能分析

（一）关键指标统计

平台支持基于电站的历史可用数据，展示光伏电站层面的关键性能指标以及损失分解概览，如图 14–12 所示。

概览页面展示电站关键指标，能够使运维人员快速了解电站运行状况及发电情况，通过该页面可查看发电情况、项目收益、节能减排等详细数据，还能查看场站发电量损耗情况及逆变器效率对标。包含且不限于以下内容：

（1）系统效率（温度校正）：为实际发电量与理论发电量之比，理论发电量为电站组件装机的实际容量将光能转化为电能的理论能力。必须对天气条件进行归一化处理，排除天气因素对系统效率造成的影响，以便比较不同季节或年份的系统效率。

（2）可利用率（基于时间）：为系统正常运行时间占总运行时间的百分比。逆变器停机、定维、电网故障等其他因素都可能降低光伏系统的时间可利用率。时间可利用率按照国际标准进行计算。功能概览页面能显示气象站和逆变器关键数据的可利用率。

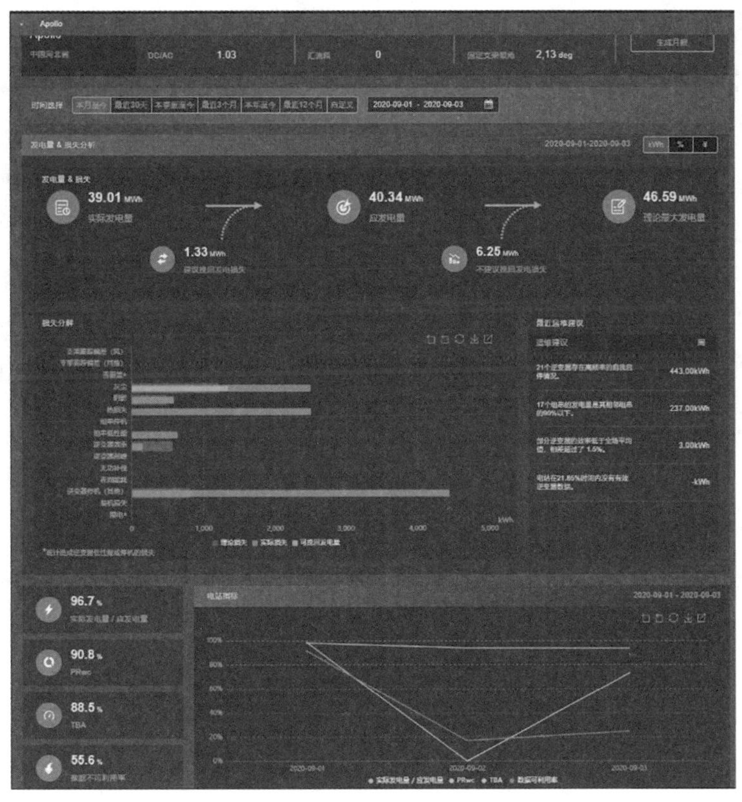

图 14–12　功能概览页面示意

（3）损失概览：展示了电站接入至今的各项损失情况。应发电量、实际发电量和总损失这三个指标也可在概览页面看到。

（4）实际发电量：是在进行数据清洗之后，每个时间戳的所有逆变器的发电量之和或者所有集电线路电量。

（5）应发电量：考虑了天气条件、灰尘污染、阴影、组串工作状态和逆变器削峰、限电、停机等因素。

（6）总损失：表示电站接入至今的损失总量，是各项损失之和。总损失以百分数的形式展示，以应发电量作为参考基准。

（二）光伏电站损失分析

智慧运维平台支持查看任意时间段的损失明细，同时能对时间进行自由筛选，可以快速选择意向时间段，可以通过曲线走势快速发现系统效率较低的时间段，并展开深入分析。平台能够分析并计算单元及电站由于限电、夜间损耗等造成的损失，并能够结合站内由于检修、设备故障等造成的损失，得出限电损失对整个电站发电量的影响。选

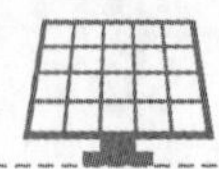

中一个时间段，页面中的损失条形图、应发电量、实际发电量、总损失、收入损失等指标都会立刻刷新，以反映选定的时间段损失情况。图 14–13 所示为光伏电站损失分析界面。

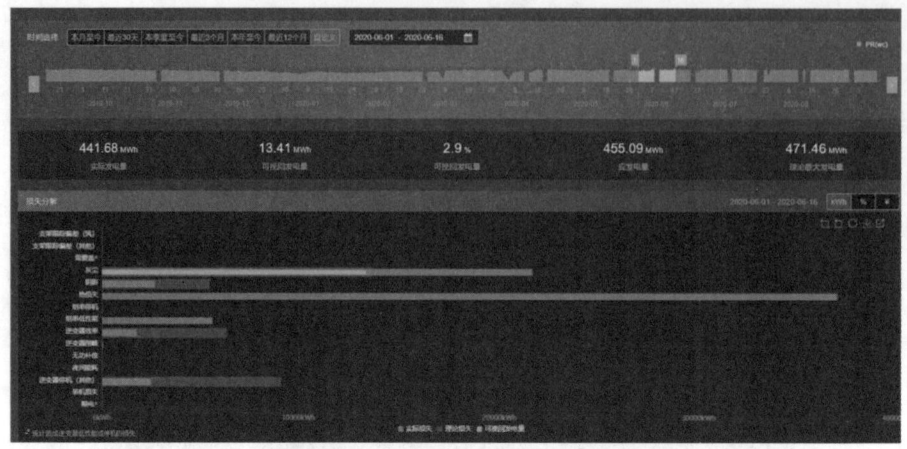

图 14–13　光伏电站损失分析界面

智慧运维平台能够对光伏电站热损失、组串低性能损失、灰尘损失、阴影损失等 16 种电站损失进行统计分析，能够帮助电站运维人员有针对性地进行检查、改善。

第十五章

智能无人机技术

第一节　概　述

一、光伏电站运维现状

随着技术的不断进步和成本的降低，光伏发电在全球范围内得到了广泛应用和推广。目前，各国政府和企业纷纷加大对光伏发电技术的研发和应用力度，推动光伏产业的快速发展。光伏发电已经成为全球能源转型和可持续发展的重要组成部分，对于缓解能源危机、改善环境质量、推动经济发展具有重要意义。然而，大型地面集中式光伏电站一般都建在荒无人烟的戈壁、沙漠、草原、丘陵等地方，生活环境和工作条件较为恶劣。庞大的设备数量及广阔的设备分布面积给光伏电站设备监视、检查、事故处理带来了困难，增加了光伏企业管理运维工作的难度。

光伏电站规模的增加和设备的老化使运维检修工作的复杂性和难度不断上升，定期对设备进行巡视、检查和记录，对设备缺陷及异常处理进行跟踪检查是光伏电站技术监督的一项重要工作。目前，光伏电站的运维工作主要依赖人工巡检和监控系统相结合的方式。尽管这种方式在一定程度上能够监测电站的运行状态，但仍然存在一些问题。首先，人工巡检效率低下，容易受到人为因素和环境因素的影响，难以保证巡检的质量和及时性。其次，现有的监控系统虽然能够监测到部分数据，但对于设备内部的细微变化和潜在故障的预警能力有限，难以做到提前预警和预防。此外，缺乏统一的标准和规范，数据管理不完善，环境因素对运维工作的影响等问题也制约着光伏电站运维水平的提高。

目前，光伏电站运维检修中存在的主要问题有：

（1）人力密集型。传统的光伏电站运维主要依赖人工进行。运维人员需要定期对电站进行巡检，检查设备的运行状态，发现并处理问题。这种方式人力成本高，效率低，且容易出错。

（2）设备老化问题。随着光伏电站运行时间的增加，设备会出现老化问题，导致发电效率降低。因此，如何通过有效的运维，延长设备的使用寿命，提高发电效率，是运维工作的重要任务。

（3）缺乏有效的数据支持。尽管一些大型光伏电站已经开始使用数据采集设备，收集电站的运行数据，但是，如何有效利用这些数据，进行故障预测和诊断，还是一个挑战。

（4）标准化程度不高。目前，光伏电站的运维工作还缺乏统一的标准和规范，各地的运维方式、方法和工具都存在差异，这给提高运维效率和质量带来了困难。

（5）环境因素影响大。光伏电站的运行状态受到环境因素的影响，如光照强度、温度、湿度、风速等，这些都会影响电站的发电效率和设备的运行状态。

（6）难以做到实时监控和及时反应。由于人力和技术的限制，光伏电站往往难以实现实时监控和及时反应。当出现故障时，往往需要一段时间才能发现并处理，这会影响电站的发电效率。

二、智能无人机技术的优势

无人机立体化、高程作业的方式有效地适应了光伏电站设备分布广、应用类型多样的特点，在一定程度上节省了人力，提高了运维效率，降低了巡检风险。

智能无人机技术应用于光伏电站的优势主要体现在以下几个方面。

（一）贯穿全生命周期，解放人力

无人化智慧光伏电站建设全生命周期指的是围绕光伏电站前期、中期、后期，运用科技加快产业技术创新、拓展智能光伏技术耦合，运用于光伏选址勘测、施工进度监管、生产运营和场站运维中。无人机具备数据采集的优势，识别建设、营运、维护等各个阶段存在的风险和隐患因素，运用大数据技术和图像算法技术确定最佳选址范围，预判风险类型及严重程度，从而辅助工作人员制订风险控制决策，缩短光伏电站建设周期，以提升绿色电力生产效率，降低光伏发电中安全事故的发生概率，做到贯穿光伏全生命周期的精细化管理服务。

在光伏电站投入使用后，运维需求明显上升。传统的光伏运维手段是工作人员必须来到光伏场站，高举扫描仪或借助升降车进行太阳能板的检查，危险系数高、效率低、成本高，同时，天气过热或过冷都会对运维人员的作业产生影响，标准化程度低，不利于企业的长久发展。

而相比于这样的人工巡查方式，无人机光伏巡检系统有着巨大的优势。由无人机自动机场、无人机、机载飞行大脑以及云端智能光伏识别系统构成的无人机自动光伏巡检系统，搭载红外热成像及可见光设备，从高空俯瞰光伏电站并快速获取图像或视频数

据，并回传至云端的图像识别系统，精准判别出多种设备故障，如龟裂、污点、蜗牛纹、植被遮挡、损坏、焊带故障等。

（二）智能化故障诊断，实现光伏电站精细化运维

以光伏组件热斑故障为例，在大型光伏电站中，光伏板在阳光照射下，各类物体如污垢、杂质、灰尘等对少数光伏组件产生遮挡，造成光伏组件承受的照射强度不一。被遮挡部分的温度远远大于未被遮盖部分，致使其温度过高，出现烧坏的暗斑。热斑效应会对太阳能电池造成严重破坏，并缩短其使用寿命，若未能及时对热斑进行检查和有效排除，会造成局部电池烧毁、焊点熔化，盖板玻璃炸裂等，给光伏电站带来巨大的经济损失。

而无人机搭载的红外热成像仪，可以利用红外探测器和光学成像物镜检测被测目标的红外辐射能量分布，红外辐射能量分布图形反映到红外探测器的光敏元件上，从而获得红外热像图，这种热像图与物体表面的热分布场相对应。简而言之，就是将物体发出的不可见红外能量转变为可见的热成像，从而锁定有热斑的光伏板。

在大型光伏电站内，无人机基于采集的光伏电站图片，通过软件对巡检区域进行二维建模生成全景图，将该区域的光伏情况以更宏观的形式展示出来，并生成精细化图片。热斑识别算法自动识别出热斑，标记出热斑的大小、形成类别和具体位置，并识别出故障类型，如异常组件存在表面玻璃破损、存在表面污迹或组件内部电池片损坏等，从而为运维人员提供精确到光伏板内部的定位信息，极大地提升工作效率。

（三）提高运维自动化水平，助力光伏电站减负增效

随着无人机自动驾驶技术的成熟、无人机自动机场及热斑智能化识别系统等软硬件配套设施的出现，无人机巡检不再受限于复杂的人工操作，现场勘测、三维地图建模、地图标定、路径规划、任务管理与下达、飞行数据采集、缺陷识别分析、生成报告到日志存储等功能均可以实现无人化。

第二节　无人机技术在光伏电站中的应用

一、设计阶段

设计阶段主要是分析项目可行性，执行对项目的勘查与测绘、设备的选型、系统的设计以及外送线路的规划等任务。目前，大多光伏电站厂区在初期并没有理想的通行条件，勘察与测绘作业只能通过人员步行的方式来完成，效率十分低下，每天用于通行的时间占整个勘察测绘作业总时间的比例很大，若是存在地势复杂的情况，还会增加作业

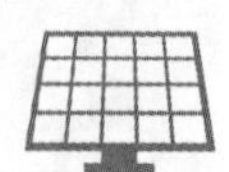

失误现象的发生率。

基于自身所具有的高程作业的优点，将无人机应用于勘察与测绘作业之中显然能够对上述影响予以规避，而且很多无人机都具有对航迹进行规划的功能，可以与 3D 建模数据处理软件相互配合，达到精准化测绘的目的，对提升测绘效率具有积极意义。

二、建设阶段

在光伏电站整个生命周期内，建设期是非常重要的一个阶段，需要对设计意图予以落实，同时，为保证建设成果能够满足光伏电站长期运行，进一步要求建设单位将更多的精力、时间以及资源投入至光伏电站建设阶段。目前，我国正在实施“度电补贴”政策，要求建设单位在规定的时间内实现并网，但是通常而言，光伏电站立项、设计、设备选型以及采购等前期工作需要花费 3 ～ 4 个月的时间，这明显占用了建设时间。受此影响，光伏行业普遍存在赶工期现象。

为了有效减少赶工导致的不规范现象，项目管理人员可以以无人机的高效监控方式为支持，及时、高效地反馈现场实际施工情况。部分无人机有着突出的长距离、实时图像能力，管理人员足不出户便能准确、全面地掌握现场实际建设情况。此外，利用无人机还能够拍摄现场不规范的现象，为后期有效解决相关问题提供证据。

三、运维阶段

运维作业贯穿光伏电站全生命周期，为达成光伏电站预期效益提供重要支持。随着光伏电站的不断发展，巡检运维工作愈发彰显出“无人化、智能化、集中化”的特点。将无人机、智能设备应用于光伏电站运维作业，正成为一个重要选择。

（1）在光伏区设备巡检方面，无人机设备具有机身轻巧、安装简单、携带方便、操作调试简便易学等优点，可以实现多角度航拍、地质勘测、温度监测、声像记录等多功能优势。运维人员通过操作无人机，可以方便地实现对光伏电站设备的日常巡视检查和参数记录，大大地提高了整个电站巡检的安全性和工作效率。面对复杂的巡检环境，无人机可以轻松实现设备全方位巡视检查，包括组件表面脏污和遮挡拍摄、植被生长情况、组件支架及设备基础观察等工作。

（2）在组件热斑检测方面，电站通常采用的方式是使用手持红外成像仪扫描组件表面，再结合 I–V 测试仪检测功率衰减情况进行比对分析。由于光伏区组件安装面积较广，人工检测需要耗费大量的时间。借助于无人机技术，运维人员可以通过在云台上安载可见光及红外双光成像镜头，从多个角度对光伏板进行拍摄，及时发现热斑故障。于无人机红外技术可以确保组件热斑检测的完善性和便捷性，不会对设备运行工况产生干扰，操作灵活性较强，数据和图片保存方便，大大地降低运维人员工作量，减少误差，降低资源成本。

四、光伏电站应急处理

无人机能够在光伏电站发生自然灾害时快速、有效地确认损害的整体情况并进行信息收集。

（1）协助开展灾害受损情况评估。无人机搭载测绘相机创建受灾区域的3D模型地图，确定设备受损情况、对损失进行评估，并为后续光伏电站报损及重建给予数据支撑。

（2）为应急指挥部提供空中图像同步支持。无人机可将光伏电站受灾现场空中俯拍画面接入现场指挥车，通过卫星、专网LTE等方式回传到指挥中心，作为灾害救援战术制订的重要依据。指挥中心通过一线空中视频画面，可对受灾现场进行统筹和指挥。

五、无人机典型应用场景案例分析

光伏电站设备故障诊断是运维阶段技术监督工作的重要组成部分，将无人机灵活的运用其中能够显著提高问题发现概率和消缺效率。无人机协助完成故障诊断的主要方式是巡视检查和红外检测。二者作为相对直接的检测手段，是光伏组件故障诊断的“排头兵”，能够第一时间发现问题，协助运维人员开展后续消缺工作。

（一）基于无人机故障诊断的思路

目前随着无人机巡检技术的发展，无人机已经能够识别点斑、多斑、条斑、空载、缺失、遮挡等主要故障。但是无人机的应用并不代表弃置传统中控消缺的方法。相反地应该将二者相结合，运用智能化手段将光伏电站数据分析系统与无人机检测系统相结合，把无人机作为组件级传感器改善光伏电站数据分析系统感知精细度，同时光伏电站数据分析系统依靠大数据分析实现快速感知的特点能够消除无人机检测滞后性，二者各取所长，共同实现光伏电站组件故障快速诊断及分析。

（二）基于无人机故障诊断的步骤

无人机故障诊断策略大致分为以下三步：

（1）故障查找。首先，通过光伏电站智能诊断分析系统在全站配备的组串级传感器采集光伏组串的运行信息，系统能够智能化分析存在异常的光伏组串并通知运维人员。在接到告警信息后，无人机能够采用运维人员手动释放或者无人机机库自动起飞的方式从集控中心出发，按照站内预设的无人机航线智能选择最短路径飞至故障区域采集图像信息。

（2）故障分析。传感器采集的图像信息传输至数据处理中台，采用图像识别模型对光伏组件故障进行识别。经过识别的红外图像需结合可见光图像及组串级传感器数据进一步判定组件存在的问题。

（3）故障处理。运维人员根据系统分析的结果，制订检修计划并开展消缺作业。检修过程中能够及时通过无人机及监控系统查看消缺结果。

图 15-1 所示为基于无人机的光伏组件故障诊断的策略流程。

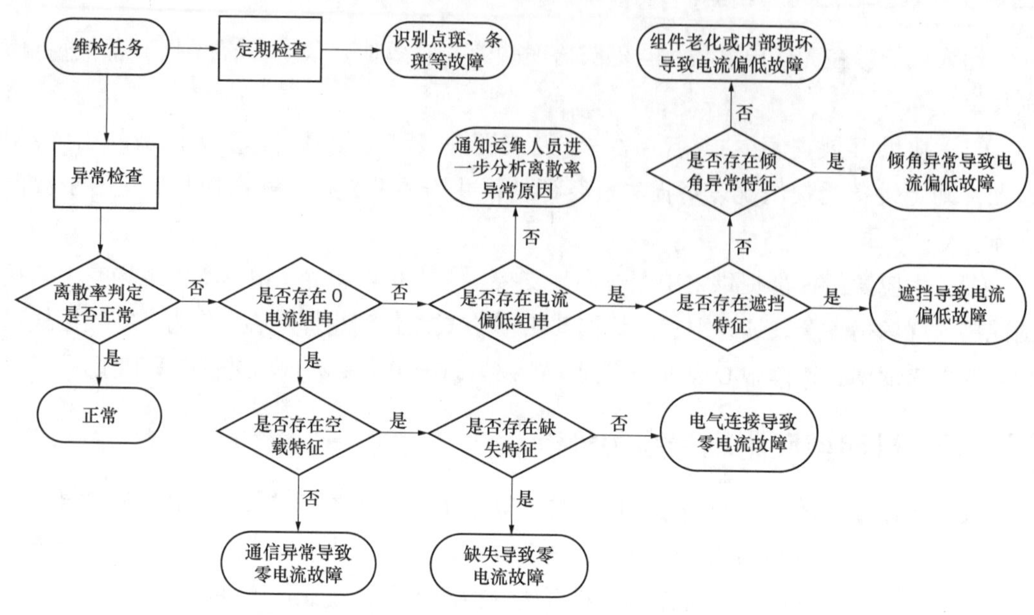

图 15-1　基于无人机的光伏组件故障诊断策略流程

（三）基于无人机故障诊断的策略

（1）诊断策略 1。对于离散率异常的汇流箱或组串式逆变器，若存在电流为 0 的组串，则启动组串级传感器采集故障区域图像信息并根据以下方法进行判定。

1）若故障区域对应组串不存在空载图像特征，则判定为通信故障，需检查汇流箱或组串式逆变器电流采集模块或通信模块。

2）若故障区域对应组串存在空载图像特征，则进一步判断故障区域是否存在组件缺失图像特征，若存在则判定为组件缺失导致的电流为 0 故障。

3）若故障区域对应组串存在空载图像特征，但不存在组件缺失图像特征，则判定为组件之间电气连接或组串与输出端电气连接或汇流箱及逆变器输入端电气连接存在异常导致电流为 0 故障。

（2）诊断策略 2。对于离散率异常的汇流箱或组串式逆变器，若存在电流偏低的组串（低于平均值超过 5%），则启动组串级传感器采集故障区域图像信息并根据以下方法进行判定。

1）若故障区域对应组串存在遮挡图像特征，则判定由于遮挡造成组串电流偏低的故障。

2）若故障区域对应组串不存在遮挡图像特征，但存在倾角异常图像特征，则判定由于倾角异常造成组串电流偏低的故障。

3）若故障区域对应组串不存在遮挡和倾角异常图像特征，则判定由于组件自身老化或内部损坏造成组串电流偏低的故障。

（四）基于无人机的故障诊断案例

1. 光伏电站巡检

某电站装机容量为 40MW，为水面光伏电站，较高的支架给巡检造成了很大困难。首先通过卫星图及场站 CAD 图了解电站规模及组件分布情况，并制订无人机勘测飞行区域。然后现场查看，并用无人机快速勘测，结合三维重现生成场站 3D 地图，精确规划无人机飞行路径开展巡检作业。最终运用无人机测试历时 2 天，共检测出 579 个故障点，故障分布如图 15-2 所示。

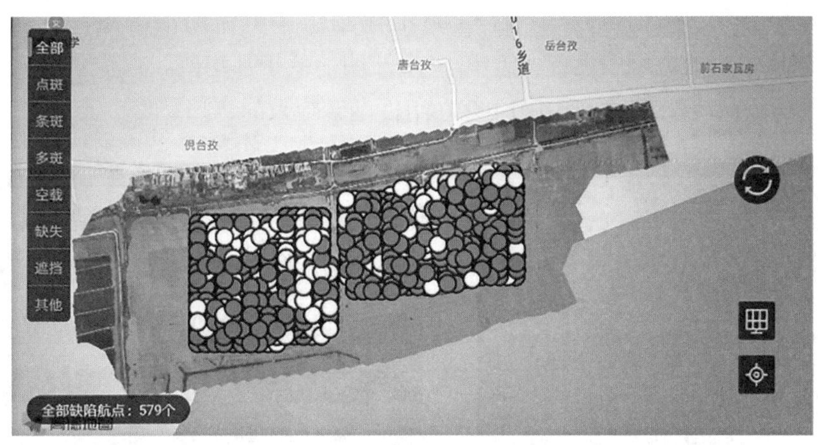

图 15-2　光伏组件故障分布

2. 组件异常诊断

如图 15-3 所示，安徽某渔光互补光伏电站，组件采用固定支架布置，正常情况下距离水面约 7m。整个电站采用单面单晶硅组件，为集中式布置。

（1）监控系统报 16 号方阵 A 侧 HL06 汇流箱组串 13 电流为 0。通过图 15-4 所示该汇流箱下所属组串的运行数据可以看出，组串 13 电流一直处于 0 值状态。通过无人机现场查看，发现该组串存在组件缺失故障，如图 15-5 所示。

图 15-3　某渔光互补光伏电站

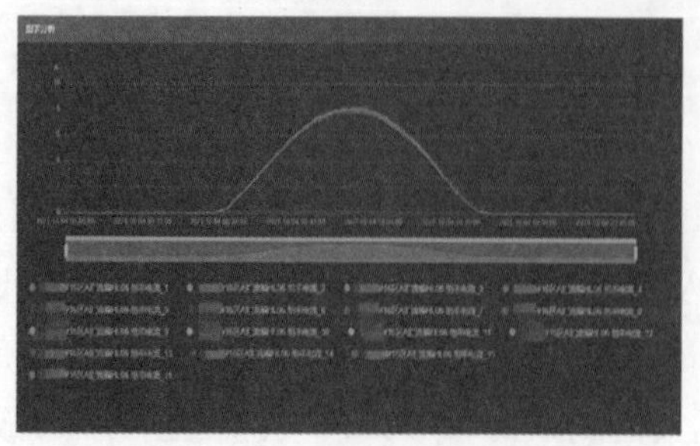

图 15-4　组串运行数据 1

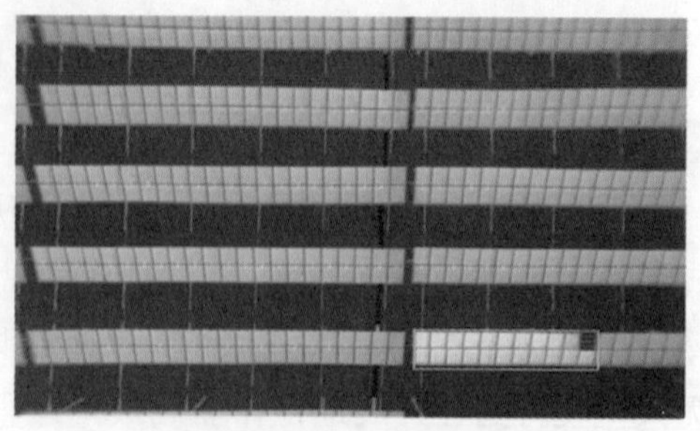

图 15-5　无人机图像 1

（2）监控系统报 67 号方阵 A 侧 HL06 汇流箱组串电流离散率偏高。通过查看图 15-6 所示组串运行参数可以发现，组串 14 电流明显低于平均值。查看图 15-7 所示无人机采集的现场图像可以发现，组串 14 存在组件翻转导致的遮挡。

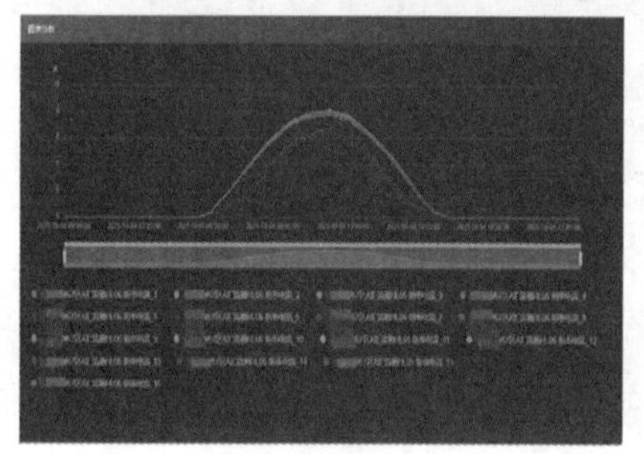

图 15-6　组串运行数据 2

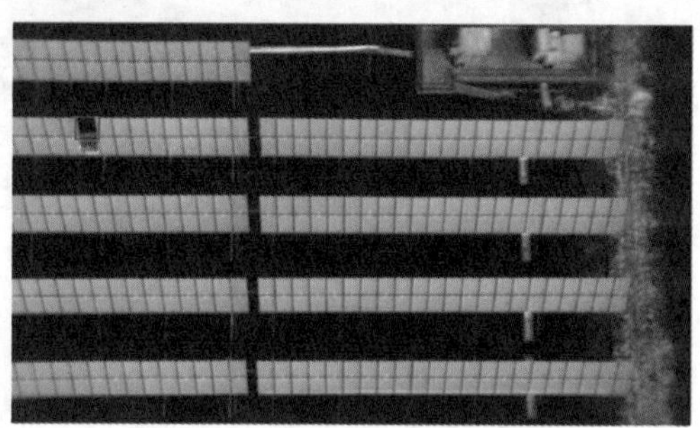

图 15-7　无人机图像 2

第三节　光伏电站智能无人机技术展望

作为当今时代的主要特征，席卷全球的信息技术革命正在向集成化、泛在化、智能化方向演进，并成为社会变革的主要推动力。在这一过程中，云计算、大数据、物联网、移动互联网、人工智能等诸多新思想、新概念、新方法、新技术纷涌而出，新一代信息技术正逐渐成为智能光伏电站的强大引擎，同时极大地推动了无人机技术的创新和发展。

新一代信息技术与无人机的深度融合，势必将持续优化和重构光伏电站智能无人机技术体系与框架，推动无人机应用进入智能化的新阶段，以“大云物移”现代信息技术为支撑的智能运检理念也应运而生。

一、网联无人机智能应用

移动通信技术是提升无人机视频实时传输、飞行状态监控、高精度定位和远程操控的关键。5G 作为新一代移动通信技术，其在带宽、时延、连接密度、网络性能等方面的跃升，将为无人机在光伏行业应用带来革命性转变。在可预见的将来，无人机与 5G

通信技术的紧密结合，将引领以“网联无人机”为核心的光伏电站巡检新时代。

5G 通信技术具有时延性低、超高带宽、大连接等特性，可满足无人机自动驾驶的需求和避障技术的升级，将赋予网联无人机实时超高清图传、状态监控、超远程低时延控制、通信信号长期稳定在线、高精度定位、安全网络、自主避障及集群控制等重要功能，与网络切片、边缘计算能力结合，将加速无人机行业应用的创新和发展。同时，随着人工智能、边缘计算等技术的日趋成熟，其与 5G 技术的深入结合，将推动网联无人机在光伏电站巡检中的应用由网联化向实时化发展，并在不远的将来实现向无人智能化巡检的跨越。

基于 5G 基站大规模的天线阵列及单站或者多站协同定位的方式，有效提高无人机的定位精度，保障超视距无人机作业安全；借助 5G 网络大带宽传输能力、端到端毫秒级时延及高可靠性传输等特性，打破现有无人机点对点通信技术，数传和图传的距离瓶颈，可实时回传现场拍摄高清图像或视频，远程共享无人机拍摄场景，全面掌控作业现场状况；超远程低时延控制无人机飞行路线，开展集群协同作业，实现地面站与管理中心进行内外场协同作业，打通光伏现场和作业后方管理人员的信息壁垒。同时，支持超高移动速率下灵活和高效的 5G 网络技术，结合场景对双连接、协同多点传输等技术增强支持终端高移动性，保持巡检业务的持续性和较高的系统性能。

二、人工智能提高无人机巡检自动化水平

新一轮科技革命和产业变革正在萌发，大数据的形成、理论算法的革新、计算能力的提升及网络设施的演进驱动人工智能发展进入新阶段，智能化成为技术和产业发展的重要方向。2017 年 7 月，国务院发布《新一代人工智能发展规划》；同年 12 月 14 日，工业和信息化部印发《促进新一代人工智能产业发展三年行动计划（2018 ～ 2020 年）》，将人工智能上升到国家战略高度。网联无人机与新一代人工智能技术的深度融合，推动无人机在光伏电站巡检的应用进入智能化的新阶段。

无人机光伏电站巡检技术的发展目前已经越过了人工操作阶段，进入了自动化巡检阶段，实现了基于手动示教、三维航线规划等预编程方式的无人机自动驾驶，以及电力设备部分典型缺陷隐患辅助分析。随着人工智能的不断发展，将驱动无人机光伏电站巡检向由自动化向智能化跨越式发展。一方面，推动光伏电站巡检设备的智能化和作业自主化；另一方面，有效提升机巡大数据智能化处理水平，开创无人机巡检新局面。

三、光伏电站巡检设备的智能化和作业自主化

随着人工智能、5G 通信、大数据等信息技术及传感器技术等的不断发展和深度融合应用，将攻克无人机自主巡检一系列关键技术，全面突破复杂场景实时感知与规避、实时目标智能识别与跟踪、智能路径规划、智能飞行控制与自主决策、动态精准定位、环境自适应拍摄、多机多任务协同控制、协同语义交互等一系列制约无人机应用的技术瓶颈。通过无人机系统在线环境感知和信息处理，全方位感知作业环境并规避障碍物，

实时智能避障和自主航线规划，按照巡检任务要求，自主决策并生成优化的巡检路线和控制策略，实现开放、动态、复杂工况环境下无人机光伏电站巡检的智能化和多机协同巡检的智能化，智能、安全、高效地开展光伏电站巡检，大幅提升光伏电站巡检的智能化程度、巡检效率和质量，有效解决结构性缺员等问题。不断深化和扩展无人机电力行业应用，探索开展智能化无人机异物清除、带电水冲洗等带电作业，基于无人机的复合绝缘子憎水性检测等监测作业，逐步推动无人机检测、检修智能化。

同时，通过研制一体化无人机智慧机场，攻克基于"固定平台"和"移动平台"的无人机自主巡检技术，突破现有无人机续航能力限制，形成无人机持续作业能力。无人机智慧机场是保障无人机持续自主运行的基础设施，为无人机提供起降场地、存放、充电、数据传输等条件。无人机智慧机库可为无人机创造全天候恒温湿的存放空间，具有精准降落引导系统、抓取机构和自主充电（自动电池更换）系统，保障无人机的续航能力。具有独立的环境监测系统自动判断试飞条件，可支持太阳能供电、外接电源等多种供电模式，同时可兼容多种无人机机型。通过部署网络化固定或移动无人机智慧机场，可实现全天候、全天时、全自主多机协同智能巡检，大大提高巡检效率。

四、提升机巡大数据智能化分析水平

目前，巡检数据智能化处理程度低、与业务数据耦合度不高，无法支撑基于数据流驱动的无人机为主的协同智能巡检模式。随着机巡业务的不断扩大，机巡设备的不断增加，光伏电站机巡数据的处理与分析应用必将进入"大数据"时代。当前，无人机巡检数据量呈现指数增长的趋势，为人工智能技术提供了海量学习样本。通过统一、完善影像标注规则，利用人工智能深度图像识别技术，构建并迭代缺陷识别算法，实现光伏发电设备缺陷隐患的快速智能化、标准化分析，并自动生成缺陷隐患报告。同时，探索研究基于人工智能的机载前端缺陷智能识别技术，结合设备编码信息识别等交互式现场作业技术，在巡检过程中可对缺陷及隐患进行实时智能诊断和识别，提高缺陷识别的时效性。通过人工智能技术的引入，全面提升巡检数据处理效率和智能化水平，有效分析和掌握光伏电站缺陷及外部安全隐患，及时掌控光伏发电设备运行状态，保障隐患消缺及时，提高光伏电站运行的稳定性、安全性，节省人力资源，降低巡检成本。

五、物联网、大数据和云计算推动全域物联和态势感知

物联网是一种涉及信息技术多方领域的新兴科技，成为全球进入信息化时代的标志之一，被称为继计算机、互联网之后的第三次电子信息技术浪潮。物联网已成为智能光伏电站建设与运行的重要组成部分。云计算技术，作为一种新兴的计算模式，可以通过虚拟化、海量分布式数据存储、并行编程模型等技术，有效地解决海量数据的存储和大数据的并行计算问题，是支撑智能技术在光伏发电领域应用的基础。引入大数据分析技术，可针对海量的生产运维数据进行深入挖掘，开展态势感知和全局分析，对光伏企业生产运维管理与决策有非常重要的指导意义。这些新兴信息技术，正深刻改变着当前的

光伏企业运维方式。

利用物联网技术，协同多种监测手段，打破数据共享壁垒，构建全方位智能感知监测体系，实现在线监测系统、无人机平台、地面无人巡检平台、卫星遥感平台，以及气象、地质、水文等环境监测等海量多维数据全融合，状态监测全覆盖，实现光伏电站全域物联，数据流和业务流的深度融合，设备全生命周期数据的完整获取，全工况运行参数的感知测量，全场景影响要素的信息交换，为光伏发电的精益化管控提供数据基础。

基于光伏电站全域物联数据，及时、全面掌控光伏发电运维状态，利用大数据、云计算技术，采用系统性全局性分析手段，构建设备状态评价和趋势预测模型；对海量生产运维数据进行深入挖掘和多维度分析，开展态势感知，实现设备状态的实时全面评估评价，事前故障及安全风险预测预警、事中实时监测、事后全面分析的闭环管理，全面提高光伏发电设备状态诊断能力，提高设备状态评价及趋势预测的智能化水平。同时，基于态势感知结果，针对光伏组件、集电线路等不同电力设备的健康状况，制订科学的差异化巡检策略，辅助无人机的差异化巡检，降低运维成本，提高巡检效率，促进光伏电站运维管理智能化升级。

六、全局一体化智能管控平台提升精益化管理水平

现阶段各地区无人机作业水平和管理水平参差不齐，设备精益化管理要求与业务发展水平不匹配。巡检数据存储和管理分散，缺乏有效的整合与共享手段，内外业务脱节，尚未形成统一应用和闭环管理，造成巡检数据无法开展多维度分析和综合应用，不能为光伏电站运维部门提供更为准确的决策依据。

利用人工智能、大数据、物联网、移动互联等技术优势，构建一体化无人机智能管控平台，推进业务规范化、管控信息化、作业智能化、管理精益化。管控平台作为光伏企业运检管理的数据中心和智能化生产监控指挥中心，集成整合光伏电站巡检、在线监测设备和人员等信息，设备运行状态、气象（微气象）数据等多源运维数据，实现海量巡检数据深度融合和全网共享，利用全局化分析手段，对光伏电站运行状态进行多维度智能分析、精准定位，清晰完整展示光伏发电设备运行状态、巡视情况、消缺情况、周期执行情况等，为光伏电站运检集约化指挥提供全面、实时、精确的决策依据。具有强大的可视化功能，实现机巡和人巡实时监控、记录回放、巡检成果二维（三维）可视化展示等功能；对无人机智能巡检设备以及巡检人员进行智能化立体协同管控，建立“人巡＋机巡”的全业务流程的综合集中管控能力，实现运检全局可视可控，巡视采集、数据处理、成果管理、消缺管理各环节高效衔接，有效提高运检效率。实现运检工作内外业、前后端数据的互联互通，形成完整的光伏电站运检工作闭环，全面规范无人机巡检作业，保障作业安全可控，安全、高效、务实地推进智能光伏运维工作，提高运检工作效率和精益化管理水平，使光伏电站运检由原来的粗放型管理模式到信息化精细化转变，实现生产指挥及决策的高度智能化和集约化。

参考文献

[1] 国家能源局 . DL/T 274—2012 ± 800kV 高压直流设备交接试验 [S]. 北京：中国电力出版社，2012.

[2] 中华人民共和国国家市场监督管理总局，中国国家标准化管理委员会 . GB/T 17468—2019 电力变压器选用导则 [S]. 北京：中国标准出版社，2019.

[3] 中华人民共和国国家质量监督检验检疫总局，中国国家标准化管理委员会 . GB/T 1094.3—2017 电力变压器　第 3 部分：绝缘水平、绝缘试验和外绝缘空气间隙 [S]. 北京：中国标准出版社，2018.

[4] 中华人民共和国国家质量监督检验检疫总局，中国国家标准化管理委员会 . GB/T 1094.4—2005 电力变压器　第 4 部分：电力变压器和电抗器的雷电冲击和操作冲击试验导则 [S]. 北京：中国标准出版社，2006.

[5] 中华人民共和国住房和城乡建设部 . GB 50835—2013 1000kV 电力变压器、油浸电抗器、互感器施工及验收规范 [S]. 北京：中国计划出版社，2013.

[6] 中华人民共和国住房和城乡建设部 . GB/T 50832—2013 1000kV 系统电气装置安装工程电气设备交接试验标准 [S]. 北京：中国计划出版社，2013.

[7] 国家市场监督管理总局，国家标准化管理委员会 . GB/T 24846—2018 1000kV 交流电气设备预防性试验规程 [S]. 北京：中国标准出版社，2018.

[8] 国家能源局 . DL/T 5292—2013 1000kV 交流输变电工程系统调试规程 [S]. 北京：中国电力出版社，2013.

[9] 国家能源局 . DL/T 617—2019 气体绝缘金属封闭开关设备技术条件 [S]. 北京：中国电力出版社，2020.

[10] 国家能源局 . DL/T 1180—2012 1000kV 电气设备监造导则 [S]. 北京：中国电力出版社，2012.

[11] 国家能源局 . DL/T 5445—2010 电力工程施工测量技术规范 [S]. 北京：中国计划出版社，2010.

[12] 国家能源局 . DL/T 377—2010 高压直流设备验收试验 [S]. 北京：中国电力出版社，2010.

[13] 国家能源局 . DL/T 728—2013 气体绝缘金属封闭开关设备选用导则 [S]. 北京：中国电力出版社，2014.

[14] 中华人民共和国住房和城乡建设部，国家质量监督检验检疫总 . GB 50147—2010 电气装置安装工程高压电器施工及验收规范 [S]. 北京：中国计划出版社，2010.

[15] 国家能源局 . DL/T 1051—2019 电力技术监督导则 [S]. 北京：中国电力出版社，2019.

[16] 国家能源局 . NB/T 10110—2018 风力发电场技术监督导则 [S]. 北京：中国电力出版社，2019.

[17] 国家能源局 . NB/T 10113—2018 光伏发电站技术监督导则 [S]. 北京：中国电力出版社，2019.

[18] 国家能源局 . DL/T 1054—2021 高压电气设备绝缘技术监督规程 [S]. 北京：中国电力出版社，2021.

[19] 中华人民共和国国家发展和改革委员会 . DL/T 1049—2007 发电机励磁系统技术监督规程 [S]. 北京：中国电力出版社，2007.

[20] 国家能源局 . DL/T 1199—2013 电测技术监督规程 [S]. 北京：中国电力出版社，2013.

[21] 国家能源局 . DL/T 1053—2017 电能质量技术监督规程 [S]. 北京：中国电力出版社，2017.

[22] 国家能源局 . DL/T 338—2010 并网运行汽轮机调节系统技术监督导则 [S]. 北京：中国电力出版社，2011.

[23] 国家能源局 . DL/T 246—2015 化学监督导则 [S]. 北京：中国电力出版社，2015.

[24] 国家能源局 . DL/T 1052—2016 电力节能技术监督导则 [S]. 北京：中国电力出版社，2017.

[25] 国家电网公司 . Q/GDW 11074—2013　交流高压开关设备技术监督导则 [S].

[26] 国家电力投资集团 .《光伏电站技术监督规程》.

[27] 中国华能集团公司 .《光伏发电站技术监督标准汇编》[M]. 北京：中国电力出版社，2016.

[28] 国家能源投资集团有限责任公司 .《电力产业技术监督管理办法》.

[29] 中国大唐集团有限公司 .《三级单位技术监控管理办法》.

[30] 中国华电集团有限公司 .《三级单位技术监控管理办法》.

[31] 国家电网有限公司 .《十八项电网重大反事故措施》. 北京：中国电力出版社，2018.

[32] 中国南方电网有限责任公司 .《技术监督管理办法》.

储能电站技术监督培训教材

光伏电站技术监督培训教材

风力发电场技术监督培训教材

中国电力出版社官方微信

中国电力百科网网址

扫码购买

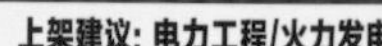

上架建议：电力工程/火力发电

ISBN 978-7-5198-8273-0

定价：90.00 元